职业教育食品类专业系列教材

基础化学

潘亚芬 曹侃 主编

化学工业出版社

·北京·

内容简介

《基础化学》以应用技术为主线，将理论与技能训练进行了一体化编写，主要包括化学基础、化学分析、有机化学三个模块十三个项目。为了方便学习，与本书配套的在线开放课程已经在"学银在线"网站上线，部分微课、微视频等可通过移动终端扫描书中二维码学习使用；电子课件可从 www.cipedu.com.cn 下载参考。教材中有机融入职业素养内容，落实立德树人根本任务。

本书可作为食品智能加工技术、食品检验检测技术、食品营养与健康、食品质量与安全等食品相关专业，生物制药技术、药品生产技术、药品生物技术等药学相关专业以及环境、化工等相关专业的师生用书，也可作为企事业单位的参考用书。

图书在版编目（CIP）数据

基础化学/潘亚芬，曹侃主编．—北京：化学工业出版社，2024.3

职业教育食品类专业系列教材

ISBN 978-7-122-44859-0

Ⅰ.①基… Ⅱ.①潘…②曹… Ⅲ.①化学-职业教育-教材 Ⅳ.①O6

中国国家版本馆 CIP 数据核字（2024）第 046423 号

责任编辑：迟 蕾 李植峰　　文字编辑：张瑞霞
责任校对：宋 玮　　　　　　装帧设计：王晓宇

出版发行：化学工业出版社
　　　　　（北京市东城区青年湖南街 13 号　邮政编码 100011）
印　　装：河北延风印务有限公司
787mm×1092mm　1/16　印张 14　字数 340 千字
2024 年 8 月北京第 1 版第 1 次印刷

购书咨询：010-64518888　　　售后服务：010-64518899
网　　址：http://www.cip.com.cn
凡购买本书，如有缺损质量问题，本社销售中心负责调换。

定　价：48.00 元　　　　　　版权所有　违者必究

前 言

为深入贯彻《国家职业教育改革实施方案》等文件精神，推进职业教育"三教"改革，落实新形态教材在职业教育高质量发展中的基础作用，本书是结合食品药品大类相关专业高职学生特点，以应用技术为主线，将必备知识与技能训练一体化设计而组织编写的。精选无机化学相关知识融入分析技术中，将有机化学结构与基本性质和食品药品相关的结构作为重点，搭配企业最常用的提取分离技术作为技能训练，让高职化学基础薄弱的学生能学懂、会运用。将高职学生必须要掌握的基础知识与技能以纸质教材形式印刷成书，方便学生学习使用；将各知识点、技能点通过思维导图串联，便于学生理解知识的整体架构；通过知识拓展、查一查、想一想、练一练等形式，实现科学认知、专注精神、创新意识、安全意识、大局意识、文化自信、规则意识、社会担当、豁达人生观、美好品德修养、思维方式等方面的育人效果；将一些原理性知识制作成微视频，便于学生理解；将一些操作过程录制成微课，便于指导学生反复进行操作训练。所有电子资源以二维码形式呈现，并直接与教学平台在线开放课程链接，方便学生线上学习和教师间的交流。

本书由黑龙江农垦职业学院潘亚芬担任主编并统稿，编写项目十、附录。芜湖职业技术学院曹侃担任第二主编并编写项目五，商丘职业技术学院刘兵担任副主编并编写项目三、项目六，内蒙古化工职业学院郭俊峰担任副主编并编写项目十一中知识点一，福建生物工程职业技术学院曾燕茹编写项目十一中知识点二、知识点三，黑龙江农垦职业学院袁超编写项目一、项目二，黑龙江民族职业学院邹鹏编写项目四，黑龙江农垦职业学院石冬霞编写项目七、项目八，黑龙江生态职业学院孙鑫、张凌编写项目九，黑龙江农垦职业学院王颖编写项目十二，郑州职业技术学院曹镡雨编写项目十三。电子课件由黑龙江农垦职业学院孟璐制作，微视频由黑龙江农垦职业学院袁超制作，微课由黑龙江农垦职业学院石冬霞、袁超、唐民民等人共同录制。邀请北大荒集团完达山乳业有限公司副总经理王利博士担任主审，提出了许多宝贵意见，谨致谢意！兄弟院校的同仁、相关企业专家也给予了通力协助与指导，在此表示衷心感谢！教材汲取了其他优秀教材的精华，在此向所有同行表示谢意。鉴于编者能力所限，书中不足之处恳请各位专家和广大读者批评指正。

编者

2023 年 12 月

目 录

模块一 化学基础

项目一 物质结构基础 ········· 2
  思维导图 ········· 2
  学习要点 ········· 3
  职业素养目标 ········· 3
  情境导入 ········· 3
  必备知识 ········· 3
    一、核外电子的运动状态 ········· 3
    二、原子核外电子的排布 ········· 6
    三、元素性质的周期性变化 ········· 8
    四、化学键 ········· 11
    五、分子间的作用力 ········· 14
  练习思考 ········· 15

项目二 化学反应速率和化学平衡 ········· 18
  思维导图 ········· 18
  学习要点 ········· 19
  职业素养目标 ········· 19
  情境导入 ········· 19
  必备知识 ········· 19
    一、化学反应速率的表示 ········· 19
    二、影响化学反应速率的因素 ········· 20
    三、可逆反应与化学平衡 ········· 21
    四、化学平衡常数 ········· 21
    五、影响化学平衡的因素 ········· 23
  技能训练 $KI_3 \rightleftharpoons KI + I_2$ 平衡常数测定 ········· 24

| 练习思考 | 26 |

项目三　数据处理　27
思维导图　27
学习要点　27
职业素养目标　28
情境导入　28
必备知识　28
　一、误差的分类　28
　二、准确度与精密度　29
　三、提高分析结果准确度的方法　32
　四、有效数字与数据处理　33
　　技能训练　称样与数据处理　35
练习思考　37

模块二　化学分析

项目四　溶液配制技术　39
思维导图　39
学习要点　39
职业素养目标　39
技能一　一般溶液配制技术　40
情境导入　40
必备知识　40
　一、溶液浓度的表示方法　40
　二、一般溶液的配制方法　41
　　技能训练　一般溶液配制技术　42
技能二　缓冲溶液配制技术　43
情境导入　43
必备知识　43
　一、缓冲溶液　43
　二、缓冲作用原理　44
　　技能训练　缓冲溶液配制技术　45
技能三　标准溶液配制技术　46
情境导入　46
必备知识　46
　一、直接配制法　46
　二、间接配制法　47
　　技能训练　标准溶液配制技术　48
练习思考　50

项目五　滴定分析技术　52

思维导图	52
学习要点	52
职业素养目标	53
技能一　认识滴定分析技术	53
情境导入	53
必备知识	53
一、滴定分析概述	53
二、滴定管操作技术	53
三、滴定分析反应条件与滴定方式	56
四、滴定分析结果的简单计算	56
技能训练　用 HCl 溶液滴定 NaOH 溶液	58
技能二　常用滴定仪器操作技术	59
情境导入	59
必备知识	59
一、移液管操作技术	59
二、容量瓶操作技术	61
技能训练　常用滴定仪器操作技术	62
练习思考	63

项目六　酸碱滴定技术

思维导图	65
学习要点	65
职业素养目标	66
技能一　认识溶液的酸碱性	66
情境导入	66
必备知识	66
一、酸碱质子理论	66
二、弱酸弱碱的解离常数和解离度	68
三、弱酸弱碱解离平衡和溶液 pH 值的计算	69
技能训练　用酸度计测定三种溶液的 pH 值	70
技能二　酸碱滴定技术	71
情境导入	71
必备知识	71
一、酸碱指示剂	71
二、酸碱滴定曲线与指示剂的选择	73
技能训练　测定食醋的总酸含量	77
练习思考	78

项目七　沉淀滴定技术

思维导图	81
学习要点	81

职业素养目标	82
情境导入	82
必备知识	82
一、沉淀-溶解平衡	82
二、溶度积规则	82
三、常见的沉淀滴定分析方法	83
技能训练 水样中氯离子含量的测定	85
练习思考	87

项目八 重量分析技术 89

思维导图	89
学习要点	89
职业素养目标	89
情境导入	90
必备知识	90
一、重量分析法的分类	90
二、重量分析法的特点	90
三、重量分析法的操作技术	91
技能训练 测定面粉中水分含量	93
练习思考	94

项目九 氧化还原滴定技术 96

思维导图	96
学习要点	96
职业素养目标	96
情境导入	97
必备知识	97
技能一 高锰酸钾滴定技术	97
一、高锰酸钾滴定技术的基本原理	97
二、自身指示剂	99
技能训练 测定双氧水中 H_2O_2 的含量	99
技能二 重铬酸钾滴定技术	101
情境导入	101
必备知识	101
一、重铬酸钾滴定技术的基本原理	101
二、氧化还原指示剂	102
技能训练 测定硫酸亚铁中铁的含量	103
技能三 碘量法	104
情境导入	104
必备知识	104
一、直接碘量法	104

二、间接碘量法 ·· 104
　　三、相关标准溶液的配制与标定 ······························ 105
  技能训练　测定白菜中维生素 C 的含量 ················· 107
 练习思考 ·· 108

项目十　配位滴定技术 ··· 110
 思维导图 ·· 110
 学习要点 ·· 111
 职业素养目标 ··· 111
 情境导入 ·· 111
 必备知识 ·· 111
　　一、配位化合物 ·· 111
　　二、EDTA 的性质 ··· 114
　　三、金属指示剂 ·· 114
  技能训练　测定饮用水的总硬度 ····························· 116
 练习思考 ·· 117

模块三　有机化学

项目十一　烃类化合物 ··· 120
 思维导图 ·· 120
 学习要点 ·· 121
 职业素养目标 ··· 121
 知识点一　脂肪烃 ·· 121
 情境导入 ·· 121
 必备知识 ·· 121
　　一、有机化合物 ·· 121
　　二、脂肪烃的结构 ··· 126
　　三、脂肪烃的命名 ··· 129
　　四、脂肪烃的物理性质 ·· 133
　　五、脂肪烃的化学性质 ·· 134
  技能训练　萃取及萃取效率 ···································· 142
 知识点二　环烃 ··· 144
 情境导入 ·· 144
 必备知识 ·· 144
　　一、环烃的分类 ·· 144
　　二、环烃的命名 ·· 145
　　三、苯的结构 ··· 147
　　四、环烃的物理性质 ·· 148
　　五、环烃的化学性质 ·· 148
  技能训练　制备环己烯 ·· 153

  知识点三 卤代烃 ··· 154
  情境导入 ··· 154
  必备知识 ··· 154
    一、卤代烃的分类和命名 ··· 154
    二、卤代烃的物理性质 ·· 156
    三、卤代烃的化学性质 ·· 156
   技能训练 制备正溴丁烷 ··· 158
  练习思考 ··· 160

项目十二 含氧有机物 ·· 162
  思维导图 ··· 162
  学习要点 ··· 163
  职业素养目标 ·· 163
  知识点一 醇、酚、醚 ·· 163
  情境导入 ··· 163
  必备知识 ··· 163
    一、醇 ·· 163
    二、酚 ·· 166
    三、醚 ·· 168
   技能训练 乙醇的蒸馏和沸点测定 ··· 169
  知识点二 醛、酮 ·· 170
  情境导入 ··· 170
  必备知识 ··· 171
    一、醛、酮的分类和命名 ··· 171
    二、醛、酮的物理性质 ·· 173
    三、醛、酮的化学性质 ·· 173
   技能训练 油脂氧化酸败的定性检验及酸值的测定 ······························· 178
  知识点三 羧酸及其衍生物 ·· 179
  情境导入 ··· 179
  必备知识 ··· 180
    一、羧酸 ··· 180
    二、羧酸衍生物 ·· 183
    三、取代酸 ·· 187
   技能训练 乙酸乙酯的制备 ·· 189
  练习思考 ··· 190

项目十三 含氮有机化合物 ··· 193
  思维导图 ··· 193
  学习要点 ··· 194
  职业素养目标 ·· 194
  情境导入 ··· 194

必备知识 ··· 194
    一、硝基化合物 ··· 194
    二、胺 ··· 197
  技能训练　提取茶叶中咖啡因 ··· 202
练习思考 ··· 204
附录 ··· 206
  附录一　常用元素国际原子量表 ·· 206
  附录二　化合物的式量表 ··· 207
  附录三　常见弱酸和弱碱的解离常数（298.15K） ··· 210
  附录四　常用指示剂与指示液的配制 ·· 210
  附录五　难溶电解质的溶度积（298.15K） ··· 211
  附录六　配离子的稳定常数（298.15K） ·· 212
参考文献 ··· 213

模块一

化学基础

项目一

物质结构基础

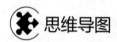 思维导图

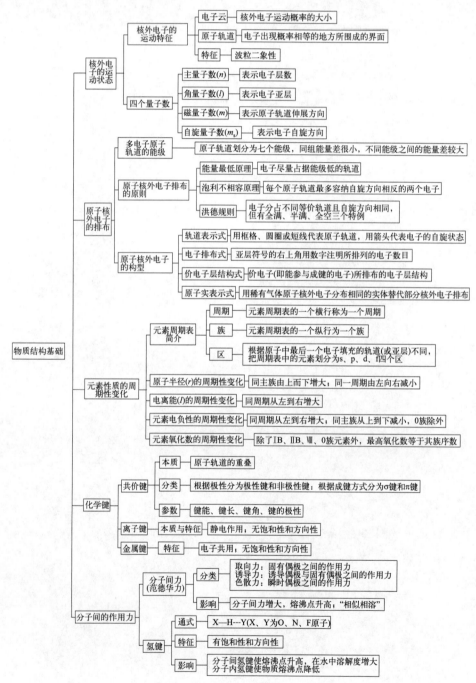

学习要点

1. 了解原子核外电子排布的基本原理、周期性变化规律及与元素性质之间的关系。
2. 掌握离子键、共价键、金属键的基本概念，化学键的形成过程和对物质化学性质的影响。
3. 掌握化学键和分子间力产生的原因，对物质理化性质的影响。

职业素养目标

培养具有严谨、求实、以事实为依据的科学精神，不盲从的辩证唯物主义精神。

情境导入

古希腊人认为宇宙万物由水、火、土、气组成；我们的祖先认为宇宙万物由金、木、水、火、土组成；1811年，意大利物理学家、化学家阿伏加德罗发现了分子，认为这是组成物质的最小粒子；1897年英国科学家汤姆孙发现了电子、1911年英国物理学家卢瑟福发现了原子核，打破了"分子是组成物质的最小粒子"的论断；20世纪初，科学家发现原子核是由质子和中子组成的；20世纪60年代，科学家又发现质子和中子都是由称为"夸克"的更小物质组成的……

必备知识

原子结构是指原子核和核外电子结构。研究证明，化学变化的特点是原子核不变，元素的化学性质主要与核外电子排布及其运动状态有关，所以原子结构的主要内容是核外电子的数目、排布、能量及运动状态。

一、核外电子的运动状态

1. 核外电子的运动特征

波粒二象性是指物质既具有波动性又具有粒子性，其波动性表现在具有一定的波长和频率，比如光的干涉、衍射现象；粒子性是指物质在运动过程中具有动量或动能，如光效应、光的发射和吸收等。法国物理学家德布罗意于1924年提出"微观粒子都具有波粒二象性"，具有波粒二象性的微观粒子，其运动状态和宏观物体的运动状态不同，不能够根据经典力学理论准确地测定它们的位置、动量和轨道。

电子作为微观粒子，不是沿着一定的轨道绕核运转，而是在原子核周围空间的各区域里无规则地运动着，但在不同的区域出现的可能性大小不同，在一定时间内，有些区域出现的机会（或称概率）较大，而在另一些区域出现机会较小，其形象犹如笼罩在核外周围的一层带电云雾，被形象地称为电子云。电子云出现机会最大的区域，就是电子云密度最大的地方。通常用小黑点来表示核外电子运动概率密度的大小。如果把电子出现的概率密度相等

微视频：核外电子的波粒二象性

的地方连接起来，称为等密度面。若在某一个等密度面以内，电子出现的总概率达95%，该密度面亦称作电子云的界面，这个界面所包括的空间范围称为原子轨道。

> **知识拓展**
>
> 与研究宏观物体运动状态的经典力学不同，量子力学是研究微观粒子运动规律的科学。微观粒子的运动不同于宏观物体，其特点为能量变化量子化，运动具有波粒二象性。所谓量子化，是指辐射能的吸收和放出不是连续的，而是按照一个基本量或基本量的整数倍来进行，这个基本量称为量子或光子。

2. 四个量子数

量子力学可以用波函数（ψ）来描述原子核外电子的运动状态。为了保证波函数的解具有特定的物理意义，需要引入四个量子数。

（1）主量子数（n） 在含有多个电子的原子里，电子的能量并不相同。根据电子能量的差异和通常运动的区域离核远近的不同，可以将核外电子分成不同的电子层，各电子就在这些不同的电子层运动。

电子层按离核远近的顺序不同分为若干层，用字母 n 表示，称为主量子数。离核最近的，$n=1$ 为第一层，其余依次类推，$n=2$ 为第二层，$n=3$ 为第三层……习惯上用 K、L、M、N、O、P、Q 等字母来表示。现已知的最复杂的原子，不超过 7 层。电子层数越大，说明电子离核的距离越远，电子的能量也越高，因此主量子数是电子能量高低的主要参数。

（2）角量子数（l） 同一个电子层中，电子的能量还稍有差别，电子云的形状也不相同。根据这个差别，又可以把一个电子层分成一个或几个亚层，分别用 s、p、d、f 等符号表示，称为角量子数（又称为副量子数、电子亚层或亚层），一般角量子数取值为 $l \leqslant n-1$。s、p、d 亚层原子轨道图见图 1-1。s 亚层电子云是以原子核为中心的球形，p 亚层的电子云是纺锤形，d 亚层是花瓣形（图 1-2），f 亚层电子云形状比较复杂，在这里不讨论了。

（3）磁量子数（m） 根据光谱线在磁场中发生分裂的现象得出：处于相同亚层的电子，其原子轨道（或电子云）的形状虽然相同，但在空间伸展方向却不同，电子云的空间伸展方向一般用磁量子数（m）表示。

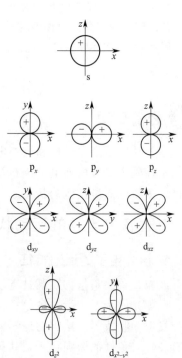

图 1-1　s、p、d 亚层原子轨道图

m 的取值是从 $+l$ 到 $-l$ 包括 0 在内的任何整数值，两者的关系为 $|m| \leqslant l$，即 s 电子云是球形对称的，只有一个伸展方向；p 电子云在空间有三个伸展方向；d 电子云可以有五种伸展方向；f 电子云可以有七种伸展方向。n、l、和 m 的关系如表 1-1 所示。

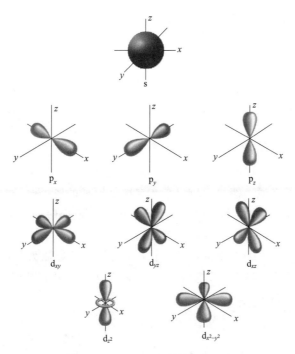

图 1-2　s、p、d 亚层的电子云图

表 1-1　n、l 和 m 的关系

主量子数(n)	1	2		3			4			
电子层符号	K	L		M			N			
角量子数(l)	0	0	1	0	1	2	0	1	2	3
电子亚层符号	1s	2s	2p	3s	3p	3d	4s	4p	4d	4f
磁量子数(m)	0	0	0	0	0	0	0	0	0	0
			±1		±1	±1		±1	±1	±1
						±2			±2	±2
										±3
亚层轨道数($2l+1$)	1	1	3	1	3	5	1	3	5	7
电子层轨道数 n^2	1	4		9			16			

（4）自旋量子数（m_s）　原子中的电子不仅绕核运动，而且还做自旋运动。自旋量子数是描述电子自旋方式的量子数。电子自旋有两种方式，即正时针和逆时针方向，所以 m_s 取值仅有两个，即 $+\dfrac{1}{2}$ 或 $-\dfrac{1}{2}$，用"↑"或"↓"表示。

根据四个量子数 n、l、m 和 m_s 就能全面地确定原子核外每一个电子的运动状态。其中 n、l、m 三个量子数确定电子所处的原子轨道，m_s 确定电子的自旋状态，n 只能确定电子的电子层。

练一练

请写出下列未知量子数的取值范围。

(1) $n=?$，$l=2$，$m=1$，$m_s=-1/2$　　(2) $n=3$，$l=1$，$m=-1$，$m_s=?$

(3) $n=2$，$l=?$，$m=0$，$m_s=+1/2$　　(4) $n=4$，$l=2$，$m=?$，$m_s=-1/2$

二、原子核外电子的排布

1. 多电子原子轨道的能级

由于不同电子层具有不同的能量，而每个电子层中不同亚层的能量也不同。为了表示原子中各电子层和亚层电子能量的差异，把原子中不同电子层亚层的电子按能量高低排成顺序，像台阶一样，称为能级。处于同一能级的电子能量相等，能量相等的轨道也称为等价轨道。

在同一电子层中，各亚层的能量是按 s、p、d、f 的次序增高的。可是对于那些核外电子数较多的元素的原子来说，情况比较复杂。多电子原子的各个电子之间存在着斥力，在研究某个外层电子的运动状态时，必须同时考虑到核对轨道的吸引力及其他电子对它的排斥力。由于其他电子的存在，往往减弱了原子核对外层电子的吸引力，从而使多电子原子的电子所处的能级产生交错现象。图 1-3 为多电子原子电子的近似能级图，图上每一个方框代表一个轨道。应用多电子原子轨道的近似能级图，并根据能量最低原理，就可以确定电子排入各原子轨道的顺序，如图 1-4 所示。

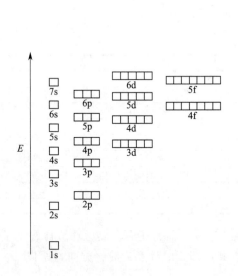

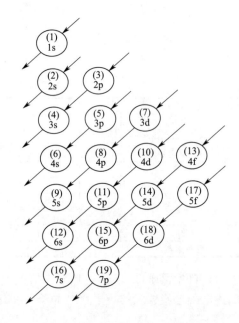

图 1-3 原子轨道近似能级图　　　　图 1-4 电子填入原子轨道的顺序

图中原子轨道位置高低，表示其能级相对大小，等价轨道并列在一起。按由低到高顺序，将能级相近的原子轨道划分为七个能级组，同一能级组内的原子轨道能量差很小，不同能级之间能量差较大。

在多电子原子中，由于电子间的相互作用，引起某些电子层较大的亚层的能级反而低于某些电子层较小的亚层，这种现象称为"能级交错"，一般符合下面的基本规律：

① 角量子数相同时，主量子数越大，轨道的能量（或能级）越高。例如：

$$E_{1s} < E_{2s} < E_{3s} < E_{4s} < \cdots\cdots \quad E_{2p} < E_{3p} < E_{4p} < E_{5p} < \cdots\cdots$$

② 主量子数相同时，角量子数越大，轨道的能量（或能级）越高。例如：

$$E_{3s} < E_{3p} < E_{3d}$$

③ 主量子数和角量子数都不相同时，轨道的能级变化比较复杂。当 $n \geqslant 3$ 时，也可能能级交错，例如：

$$E_{4s} < E_{3d}, E_{5s} < E_{4d}, E_{6s} < E_{4f} < E_{5d}$$

2. 原子核外电子排布的原则

（1）能量最低原理 在一个原子中，离核越近（n 值越小）的电子层能量越低。基态（处于能量最低的稳定态）原子核外电子排布总是优先占据能级最低的轨道，使系统能量处于最低状态，这个规律称为能量最低原理。

（2）泡利不相容原理 泡利（Pauli）于 1925 年根据元素在周期表中的位置和光谱分析的结果提出："在同一个原子中没有运动状态四个方面完全相同的电子存在。"由此可以推出：

① 每个原子轨道只能容纳两个自旋方向相反的电子，因为只有这样原子的能量才最低。

② s、p、d、f 亚层最多容纳的电子数分别为 2、6、10 和 14。泡利不相容原理限制了每一原子轨道中的电子数，各亚层的轨道数又是一定的，则每一亚层中可容纳的最多电子数也就确定了。

③ 各电子层最多容纳 $2n^2$ 个电子。

（3）洪德规则 洪德（Hund）于 1925 年根据大量的光谱实验数据总结出一个规律：电子在等价轨道（即能量相同的原子轨道）上排布时，总是尽可能分占不同的轨道，且自旋方向相同。这种排布体系能量最低，最稳定。

洪德规则的特例：光谱实验还表明，当等价轨道中的电子处于半充满、全充满或全空的状态时具有额外的稳定性，此规则称为全满、半满、全空规则，亦称为洪德规则的特例。

全空　s^0、p^0、d^0、f^0　　半充满　s^1、p^3、d^5、f^7　　全充满　s^2、p^6、d^{10}、f^{14}

3. 原子核外电子的构型

根据基态原子中电子分布的原理，就可以确定各元素基态原子的电子排布情况。电子在原子轨道中的排布方式称为电子层结构，简称电子构型。电子构型的表示形式有三种：

（1）轨道表示式 它是用框格（或圆圈或短线）代表原子轨道，在框格的上方或下方注明轨道的能级，框格内用向上或向下的箭头代表电子的自旋状态。例如氮原子的轨道表示式如下。这种形式形象而直观。

$$\boxed{\uparrow\downarrow}\ \boxed{\uparrow\downarrow}\ \boxed{\uparrow\ \uparrow\ \uparrow}\quad\text{或}\quad \underline{\uparrow\downarrow}\ \underline{\uparrow\downarrow}\ \underline{\uparrow}\ \underline{\uparrow}\ \underline{\uparrow}$$
$$\text{1s}\quad\text{2s}\quad\text{2p}\qquad\qquad\text{1s}\quad\text{2s}\quad\text{2p}$$

（2）电子排布式 它是在亚层符号的右上角用数字注明所排列的电子数目。氮原子的电子排布式为：

$$_7\text{N}\quad 1s^2 2s^2 2p^3$$

（排布的电子数；电子层数；亚层（能级）符号）

（3）价电子层结构式 价电子层结构指的是价电子（即参与成键的电子）所排布的电子层结构。

　　主族　$ns^{1\sim 2} np^{1\sim 6}$　　副族　$(n-1)d^{1\sim 10} ns^{1\sim 2}$

（4）原子实表示式 可简化表示核外电子排布。原子实是指原子结构内层与稀有气体原子核外电子分布相同的那部分实体。原子实通常用加有方括号的稀有气体元素符号表示，而其余外围电子仍用电子排布式表示。如：

Al $1s^2 2s^2 2p^6 3s^2 3p^1$ 表示为 $[Ne]3s^2 3p^1$

周期表中 1~20 号元素基态原子的电子构型列于表 1-2 中。

表 1-2 元素基态电子构型

原子序数	元素符号	电子构型	原子序数	元素符号	电子构型
1	H	$1s^1$	11	Na	$[Ne]3s^1$
2	He	$1s^2$	12	Mg	$[Ne]3s^2$
3	Li	$[He]2s^1$	13	Al	$[Ne]3s^2 3p^1$
4	Be	$[He]2s^2$	14	Si	$[Ne]3s^2 3p^2$
5	B	$[He]2s^2 2p^1$	15	P	$[Ne]3s^2 3p^3$
6	C	$[He]2s^2 2p^2$	16	S	$[Ne]3s^2 3p^4$
7	N	$[He]2s^2 2p^3$	17	Cl	$[Ne]3s^2 3p^5$
8	O	$[He]2s^2 2p^4$	18	Ar	$[Ne]3s^2 3p^6$
9	F	$[He]2s^2 2p^5$	19	K	$[Ar]4s^1$
10	Ne	$[He]2s^2 2p^6$	20	Ca	$[Ar]4s^2$

> **练一练**
>
> 请写出基态 $_{26}$Fe 原子核外电子核排布式和轨道表示式。

三、元素性质的周期性变化

1. 元素周期表简介

(1) 周期 元素周期表中共有 7 个横行，称为 7 个周期。具有相同的电子层数而又按照原子序数递增的顺序排列的一系列元素称为一个周期。除第一周期外，同一周期中，从左至右，各元素原子最外电子层的电子数都是从 1 个逐渐增加到 8 个。除第一周期从气态元素氢开始，每一个周期的元素都是从活泼的金属开始，逐渐过渡到活泼的非金属元素，最后以稀有气体结束。

(2) 族 在周期表中有 18 个纵行。除 8、9、10 三个纵行称第Ⅷ族外，其余 15 个纵行，每个纵行标作一族。族可分为主族和副族。由短周期和长周期元素共同构成的族，称为主族，在族的序数（习惯上用罗马数字表示）后面标一个 A 字；完全由长周期元素构成的族，称为副族，在表示族的罗马数字后面加 B 表示。稀有气体元素的化学性质非常不活泼，在通常情况下难发生化学反应，化合价计作 0，因而称为 0 族。因此，在元素周期表里，有 7 个主族，7 个副族，1 个第Ⅷ族，1 个 0 族，共 16 个族。

(3) 区 根据原子中最后一个电子填充的轨道（或亚层）不同，把周期表中的元素划分为四个区，如表 1-3 所示。各区元素在性质上各有一定的特征。

表 1-3 周期表中元素的分区

区	外电子层构型	包含的族
s	$ns^{1~2}$	ⅠA 和 ⅡA 族
p	$ns^2 np^{1~6}$	ⅢA~ⅦA 族，0 族
d	$(n-1)d^{1~10} ns^{0~2}$	ⅢB 族~ⅦB 族和第ⅧB 族
f	$(n-2)f^{0~14}(n-1)d^{0~2} ns^2$	La 系和 Ac 系

从以上的讨论可以证明，元素在周期表中的位置与其基态原子的电子层构型密切相关，元素周期表实质是各元素原子电子层构型周期性变化的反映。掌握了这种关系，就可以从元素在周期表中的位置推算该原子的电子层构型；反之，知道了原子的电子层构型，就能确定元素在周期表中的位置。

微视频：元素周期表简介

2. 原子半径（r）的周期性变化

通常讲的原子半径都是原子处于某种特定条件下，采用特定方法获得的。常见的原子半径有金属半径、共价半径和范德华半径。一般说来，共价半径最小，金属半径较大，范德华半径最大。如图1-5所示。

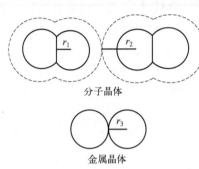

图1-5 三种原子半径示意图
r_1—共价半径；r_2—范德华半径；r_3—金属半径

(1) 金属半径 在金属单质晶体中，相邻两原子核间距离的一半称金属半径。

(2) 共价半径 同种元素的两原子以共价单键结合时，其核间距的一半，称为共价半径。

(3) 范德华半径 在分子晶体中，相邻两分子的两原子的核间距的一半称为范德华半径。

在同一主族中原子半径的变化一般是由上而下增大的，因为同族元素原子由上而下电子层数增多，尽管核电荷由上而下也增大，但由于内层电子的屏蔽，有效电荷增加使半径缩小的作用不如因电子层增加而使半径增大所起的作用大，所以总的效果是半径由上至下增大。第六周期副族元素增加的幅度要相应小些，这与镧系收缩有关。

同一周期中原子半径的变化一般是由左向右逐渐减小。因为在短周期中，从左向右电子增加在同一外层，电子在同一层内相互屏蔽作用是比较小的，所以随着原子序数增大，核电荷对电子的吸引力增强，导致原子收缩，半径减小。但是，到了氟以后的氖，半径又增大，此时已不是共价半径，而是范德华半径。因此，在使用半径数据进行解释时一定要搞清楚采用的是什么半径。

总之，原子半径随原子序数的递增而变化的情况，具有明显的周期性，其原因是有效核电荷变化的周期性。如图1-6所示。

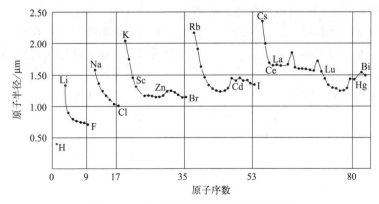

图1-6 元素原子半径与原子序数的关系

3. 电离能（I）的周期性变化

电离能是使一个基态的气态原子失去电子成为气态正离子时的需要的能量。符号为 I，单位常用 kJ/mol 表示。

对于多电子原子来说，失去第一个电子所需的能量称为第一电离能，用 I_1 表示，其余依次类推。很显然气态原子 $I_1 < I_2$，这是因为当失掉第一个电子后已形成正一价的阳离子，它的核对电子的有效作用力就要加强，使得离子半径缩小，于是再去掉一个电子，所需消耗的能量就更大一些。

由于同一周期的半径越来越小，核电荷越来越大，核对外层电子的电场越来越强，故电离能越来越大。另外，电子层构型越稳定，电离能也越大。所以在同一周期中稀有气体的电离能最大，处于半充满和全空状态的原子的电离能也较大，如 Be、N 等。

周期表中各元素的第一电离能变化呈现出明显的周期性。如图 1-7 所示。

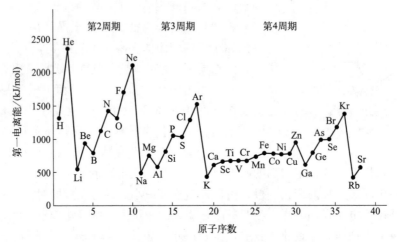

图 1-7 1～38 号元素的第一电离能随原子序数的周期性变化

4. 元素电负性的周期性变化

为了全面反映原子在化合物中吸引电子的能力，鲍林首先提出了电负性的概念。电负性是指在分子内一个原子吸引电子的能力，即电负性大者，原子在化合物中吸引成键电子的能力强，反之，该原子吸引成键电子的能力就弱。

从元素周期表中可以看出，元素的电负性在周期系中具有明显的周期性变化规律。

同一主族元素，自上而下，电负性一般表现为递减，表示元素的金属性逐渐增强，非金属性逐渐减弱。

副族元素电负性的变化规律较差，同周期从左到右，总的电负性趋向于增大。同族元素的电负性变化很不一致，这与镧系收缩有关。另外，同一元素的不同氧化态有不同的电负性值，通常随氧化态升高，电负性值增大。

元素电负性在化学中有广泛的应用。它是全面衡量元素金属性和非金属性强弱的一个重要数据。电负性越大，元素的非金属性越强，金属性则越弱；电负性越小，元素的金属性越强，非金属性则越弱。

5. 元素氧化数的周期性变化

元素的氧化数（或称氧化值）是指某元素一个原子的形式电荷数，这种电荷数是假设化学键中的电子指定给电负性较大原子而求得的。

氧化数反映元素的氧化状态，有正、负、零之分，也可以是分数，它与原子的价电子构型有关，周期表中元素的最高氧化数呈周期性变化。ⅠA～ⅦA族（F除外）、ⅢB～ⅦB族元素的最高氧化数等于价电子总数，也等于其族序数，ⅠB、ⅡB、Ⅷ B、0族元素的最高氧化数变化不规律。非金属元素的最高氧化数与负氧化数的绝对值之和等于8。

综上所述，元素性质随原子序数递增而呈周期性变化的规律，称为元素周期律。元素周期律的实质是原子核外电子排布周期性变化的必然结果。

综上所述，元素性质随原子序数递增而呈周期性变化的规律，称为元素周期律。元素周期律实质是原子核外电子排布周期性变化的必然结果。

四、化学键

1. 共价键

(1) 价键理论 原子间通过共用电子对（电子云重叠）而形成的化学键称为共价键。一般说来，同种或电负性相差不太大的元素原子间的化学键都是共价键。现代价键理论的基本要点如下：

① 电子配对原理 只有具有自旋方向相反的未成对电子的两个原子相互靠近时，才能形成共价键。即每个单电子只能与一个自旋方向相反的电子配对成键，一个原子有几个单电子，就可以形成几个共价键。如一个Cl原子只有一个单电子，所以只能和一个H原子或者一个Cl原子形成一个共价键，即形成HCl或Cl_2分子。

② 最大重叠原理 成键时原子轨道将尽可能达到最大重叠，以使系统能量最低，所形成的共价键更牢固，称为原子轨道最大重叠原理。

(2) 共价键的特点

① 饱和性。两个原子相接近时，自旋方向相反的未成对的价电子可以配对形成共价键。一个原子含有几个未成对电子，就可以和几个自旋方向相反的电子配对成键，或者说，原子能形成共价键的数目是受原子中未成对电子数限制的，这就是共价键的饱和性。

② 方向性。按照原子轨道最大重叠原理，成键原子的电子云必须在各自密度最大的方向上重叠，这就决定了共价键具有方向性。如HCl分子中共价键的形成，是由H原子的1s轨道和Cl原子的3p轨道（如$3p_x$）重叠成键的，只有s轨道沿p_x轨道的对称轴方向（x轴）进行才能发生最大的重叠，如图1-8所示。

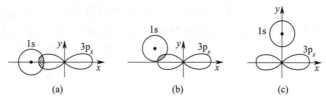

图1-8 HCl分子的成键示意图

(3) 共价键的类型 根据成键时原子轨道的重叠方式的不同，共价键可分为σ键与π键。

① σ键：如果两个原子轨道都沿着轨道对称轴的方向重叠，键轴（原子核间的连线）与轨道对称轴重合，或者说以"头碰头"的方式发生原子轨道重叠，称为σ键。如图1-9(a)

所示。

② π键：如果两个p轨道的对称轴相平行，同时它们的节面又互相重合，那么这两个p轨道就可以从侧面互相重叠，重叠部分对称于节面，这样形成的共价键称为π键。形象地说，π键是两个p轨道以"肩并肩"的方式重叠而形成的共价键。如图1-9(b)所示。

③ σ键和π键的比较。σ键是原子轨道以"头碰头"的方式重叠，因而重叠程度比较大，键就比较稳定；而π键是两个p轨道以"肩并肩"的方式重叠，重叠程度比较小，键比较活泼；σ键电子云流动性小，π键电子云流动性大，易极化；以σ键相连的两个原子可以绕键轴自由旋转，而以π键相连的两个原子不能旋转。

两个原子间只能有一个σ键，而π键可以有一个或两个，且π键不能单独存在，因此，单键必然是σ键，双键中有一个σ键，一个π键，三键中有一个σ键，两个π键。

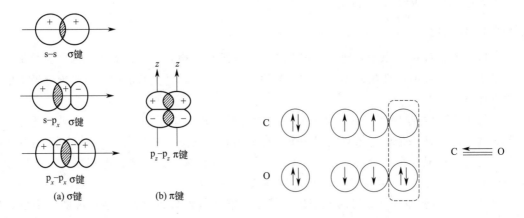

图1-9　σ键和π键　　　　　　　　图1-10　CO分子中的配位键形成示意图

④ 配位键。共用电子对由一个原子提供而形成的共价键，称为配位共价键，简称配位键，用"→"表示，箭头指向接受电子对的原子。形成配位键需要具备两个条件：电子给予体的价电子层有孤对电子；电子接受体的价电子层有空轨道。

例如CO分子中，C和O两原子的2p轨道上各有2个未成对电子，可以重叠形成两个共价键；此外，O原子的2p轨道上的一对成对电子（孤对电子）可提供给C原子的空轨道共用而形成配位键，如图1-10所示。

(4) 键参数　在讨论以共价键形成的分子时，常用到键长、键能、键角、键的极性等表征共价键性质的物理量，叫作共价键的键参数。

① 键长。两个原子形成共价键，是由于两个原子通过原子核对共用电子对的吸引而联系在一起的，但两个原子核之间还有很强的斥力，使原子核不能无限靠近，而保持一定的距离。键长是分子中成键的两个原子核之间平均距离（即核间距）。同一种键，在不同化合物中，其键长的变化是很小的。例如C—C键在丙烷中为0.154nm，在环己烷中为0.153nm。

② 键角。分子中某一原子与另外两个原子形成的两个共价键在空间形成的夹角叫作键角。键长和键角决定分子的立体形状。如图1-11所示。

③ 键能。原子结合成分子时要放出能量，但如果将分子拆开成原子，则必须给予相同的能量。以双原子分子AB为例，将1mol气态的AB分子拆开成气态的A·及B·所需的能量，叫作A—B键的解离能，通常就叫作键能，单位：kJ/mol。

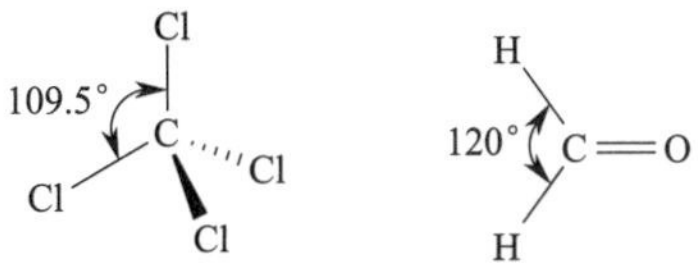

④ 键的极性和分子的极性。相同元素的原子间形成的共价键没有极性，不同元素的原子间形成的共价键，由于共用电子对偏向于电负性较大元素的原子而具有极性。当元素电负性差别较大时，成键的电子对在电负性较大元素的原子周围出现的概率较高，形成的共价键的极性也较大，键的极性以偶极矩（μ）表示。

图 1-11 四氯甲烷分子和甲醛分子中的键角

偶极矩是一个向量，通常用箭头"→"表示其方向，箭头指向的是负电中心。偶极矩越大，键的极性越强。对于双原子分子来说，键的偶极矩就是分子的偶极矩，但对于多原子分子来说，则分子的偶极矩是各键偶极矩的向量和，也就是说多原子分子的极性不只决定于键的极性，也决定于各键在空间分布的方向，即决定于分子的形状。例如 CCl_4 分子中 C—Cl 键是极性键，但由于分子呈正四面体构型，四个 C—Cl 键的键矩的向量和等于零，所以 CCl_4 是非极性分子；而 H_2O 分子中，H—O—H 不在一条直线上，分子中全部键矩的向量和不等于零，所以 H_2O 分子是极性分子。键的极性是决定分子的物理及化学性质的重要因素之一。

2. 离子键

原子失去电子成为正离子，而原子得到电子成为负离子，由正离子和负离子之间通过静电引力而形成的化学键称为离子键。由离子键形成的化合物称为离子化合物。离子键的本质是静电作用。

离子键无方向性、无饱和性。因为离子电荷分布是球形对称的，静电引力无方向性，因此阴、阳离子可以在任意方向结合，即离子键无方向性；只要空间条件允许，每个离子都将尽可能多地吸引异性电荷离子，即离子键也无饱和性。在实际情况中，由于静电作用的平衡距离的限制，与某离子形成离子键的异性电荷离子数并不是任意的，如氯化钠晶体中，每个 Na^+ 只能和 6 个 Cl^- 相结合，因此通常使用的氯化钠分子量也仅是对化学式而言的。

离子晶体的热稳定性、硬度都较大，熔点和沸点也较高。这是由于形成离子键时放出的能量较多，破坏该离子键时需要的能量也较多，所以离子键的强度较大，所形成的离子晶体较牢固，这就是离子晶体的热稳定性和硬度都较大的原因。固体熔化、液体汽化时，必定破坏离子键，需要消耗很多的能量，所以离子晶体具有较高的熔点和沸点。离子晶体因其强极性，多数易溶于极性较强的溶剂，如水中。离子晶体中，阴阳离子被束缚在相对固定的位置上，不能自由移动，因此大多数离子晶体不导电。但在熔融状态或水溶液中，离子能自由移动，在外电场作用下可导电。

3. 金属键

金属原子容易失去电子，所以在金属晶体中既有金属原子又有金属离子，金属原子和附近的离子交换价电子，这些价电子可以自由地从一个原子或离子移至另一个原子或离子，可以看作这些价电子为许多原子或离子所共有。这些共用电子在金属原子、金属离子之间产生一种结合力，这种结合力称为金属键。金属键无方向性和饱和性，金属键存在于金属晶体之中。

金属键的键能一般较大，所以金属的熔点、沸点比较高。金属中自由电子可以吸收可见光，然后又把各种波长的光大部分反射，因此金属一般呈银白色。金属具有良好的导电性和导热性也与自由电子的运动有关。由于金属键不是固定在两个粒子之间，故质点可做相对滑动，这是金属具有延展性和良好的机械加工性能的原因。

五、分子间的作用力

1. 分子间力（范德华力）

有机分子通常是非极性或弱极性的，除了高度分散的气体之外，分子之间也存在一定的作用力，这种分子间的作用力较弱，要比键能小1~2个数量级，但却是影响有机物的三态变化（固态、液态、气态）及溶解性的重要因素，这种分子间的作用力也叫范德华力。

分子间的作用力从本质上说都是静电作用力，通常来自分子偶极间的相互作用，它可分为三种类型：

（1）取向力 当两个极性分子相互接近时，极性分子的固有偶极间发生同极相斥、异极相吸，使杂乱的分子相对偏转而取向排列，固有偶极处于异极相邻状态。这种由极性分子固有偶极之间的取向而产生的分子间作用力叫作取向力。分子偶极矩越大，取向力也越大。

（2）诱导力 当极性分子与非极性分子靠近时，极性分子的固有偶极使非极性分子变形产生的偶极叫诱导偶极，诱导偶极与极性分子的固有偶极相吸引产生的作用力称诱导力。

（3）色散力 非极性分子内由于电子的运动在某一瞬间分子内的电荷分布可能不均匀，产生一个很小的暂时偶极，而且还可以影响周围分子也产生暂时偶极。暂时偶极会很快消失，但也会不断出现，结果非极性分子间靠暂时偶极而相互吸引。两个暂时偶极相互吸引产生的作用力称为色散力。

色散力、诱导力和取向力总称为范德华力。在有机化合物中，除极少数强极性分子外，大多数分子间作用力都以色散力为主。范德华力的大小与分子的偶极矩、分子的极化率成正比。所谓极化率是指一个中性分子由于邻近的具有永久或暂时偶极的分子的作用而产生偶极的能力。分子的极性、分子量、分子体积和分子的表面积越大，分子间的力也越大。

范德华力只在分子间靠得很近的部分才起作用，而且很弱，但对有机物的性质却有重要的影响：分子型物质熔点、沸点低，在常温、常压下它们大多是气体；组成相似的非极性或极性分子物质，其熔点、沸点随分子量的增加而升高；极性分子易溶于极性分子，非极性分子易溶于非极性分子，这称为"极性相似相溶原理"。

2. 氢键

当氢原子与一个原子半径较小而电负性又很强的 X 原子以共价键相结合时，就有可能再与另一电负性大的 Y 原子生成一种较弱的键，这种键称为氢键。氢键实际上也是分子间作用力。共价键 H—X 间电子云密度主要集中在 X 原子一端，而使氢原子几乎成为裸露的质子（原子核）而显正电性，这样，带部分正电荷的氢原子便可与另一分子中电负性强的 Y 原子相互吸引，与 Y 原子的未共用电子对通过静电引力形成氢键。氢键实际上也是具有永久偶极的分子间产生的取向力。氢键是分子间作用力最强的，但最高不超过约 25kJ/mol。通常用虚线表示氢键（X—H---Y）。液态水、液态氨的分子间氢键及氨溶于水时的氢键如图 1-12(a)~(c) 所示。

在特定情况下，分子内的原子间也能形成氢键。如图 1-12(d) 所示。

要形成有效氢键，两个电负性原子必须来自下列元素：F、O、N。因为只有这三种元

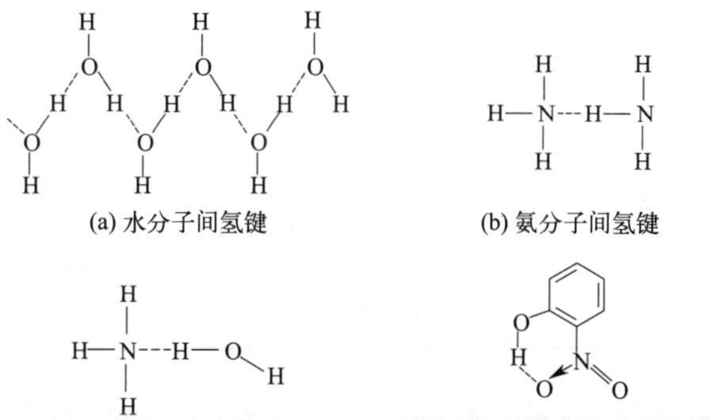

(a) 水分子间氢键　　　　　　(b) 氨分子间氢键

(c) 氨与水分子间氢键　　　(d) 邻硝基苯酚分子内氢键

图 1-12　氢键的形成

素具有足够的电负性，元素原子半径足够小，负电荷集中，成键的氢才具有足够的正性，这时才具有足够的吸引作用。

分子间有氢键的化合物，由于增强了分子间力，欲使其晶体熔化或液体汽化，不仅要克服分子间力，还需要破坏部分或全部氢键，因而使化合物的熔点和沸点升高；在极性溶剂中，如果溶质分子和溶剂分子间形成氢键，就会促进分子间的结合，导致溶解度增大；如果分子内形成氢键，则因为氢键具有饱和性而不能形成分子间的氢键，因此使分子间的作用力降低，致使物质的熔沸点比其同分异构体明显降低，比如 HNO_3、 等。

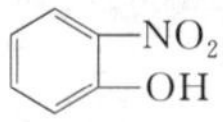

微视频：晶体

> **查一查**
>
> 在生活中经常听到"晶体"这个词，比如钻石是由碳原子组成的晶体，食盐是由 Na^+ 和 Cl^- 组成的晶体。请查找相关资料，了解什么是晶体，它们有什么样的性质。

> **想一想**
>
> 为什么水分子与氧气分子之间不能形成氢键？

练习思考

1. 填空题

（1）核外电子既具有_____性，又有_____性，因此我们只能用量子力学描述其运动规律。

（2）_____表示电子离核平均距离远近及电子能量高低的量子数，用符号_____表示。

（3）s 亚层电子云是以原子核为中心的_____，p 亚层的电子云是_____，d 亚层是_____。

（4）_____的实质是原子核外电子排布周期变化的必然结果。

(5) 原子轨道沿键轴方向，以"头碰头"方式同号重叠而形成的共价键，称为_____。

(6) 分子间力有取向力、诱导力和色散力，又称_____。

(7) 结合物质结构的知识填表。

原子序数	电子层结构	价层电子构型	区	周期	族	金属或非金属
	[Ne]$3s^2 3p^5$					
		$4d^5 5s^1$				
				6	ⅡB	
43						

2. 判断题

(1) 角量子数（m）是描述原子中的电子自旋方式的量子数。　　　　　　（　　）

(2) 离原子核越远的电子，其能量越高。　　　　　　　　　　　　　　（　　）

(3) 基态多电子原子中，$E_{4s} < E_{3d}$ 被称为洪德规则特例。　　　　　　（　　）

(4) 有氢键比没有氢键熔沸点大，与分子无关。　　　　　　　　　　　（　　）

(5) 共价键和氢键都具有方向性。　　　　　　　　　　　　　　　　　（　　）

3. 选择题

(1) 量子数 n、l 和 m 不能决定（　　）。

A 原子轨道的能量　B 原子轨道的形成　C 原子轨道的数目　D 电子的数目

(2) 下列用一套量子数表示的电子运动状态中，能量最高的是（　　）。

A 4，1，−1，−1/2　　　　　　　　B 4，2，0，−1/2

C 4，0，0，+1/2　　　　　　　　D 3，1，1，+1/2

(3) 根据元素在元素周期表中的位置，指出下列化合物中化学键极性最大的是（　　）。

A H_2S　　　　B H_2O　　　　C NH_3　　　　D CH_4

(4) 下列关于 CH_4 分子的杂化方式和空间构型的叙述，正确的是（　　）。

A 直线形，sp 杂化　　　　　　　　B V 形，sp^2 杂化

C 正四面体，sp^3 杂化　　　　　　D 平面三角形，sp^2 杂化

(5) $_7N$ 的电子结构式为（　　）。

A $1s^2 2s^2 2p^3$　　　B $1s^2 2s^2 2p^6 3s^2 3p^5$　　　C $1s^2 2s^2 2p^2$　　　D $1s^2 s^2 2p^1$

4. 简答题

(1) 总结一下在元素周期表中同一周期从左到右，有效核电荷、原子半径、电离能、电子亲和能、电负性和金属性的一般变化规律。

(2) 为什么 I_2 易溶于 CCl_4 而难溶于水？

5. 推断题

有 X、Y、Z、Q、E、M、G 原子序数依次递增的七种元素，除 G 元素外其余均为短周期主族元素。X 的原子中没有成对电子，Y 元素基态原子中电子占据三种能量不同的原子轨道且每种轨道中的电子数相同，Z 元素原子的外层电子层排布式为 $ns^n np^{n+1}$，Q 的基态原子核外成对电子数是成单电子数的 3 倍，E 与 Q 同周期，M 元素的第一电离能在同周期主族元素中从大到小排第三位，G 原子最外电子层只有未成对电子，其内层所有轨道全部充满，但并不是第ⅠA 族元素。回答下列问题：

(1) 基态 G 原子的价电子排布式为_____，写出第三周期基态原子未成对电子数与 G 相同且电负性最大的元素是_____（填元素名称）。GQ 受热分解生成 G_2Q 和 Q_2，请从 G 的原子结构来说明 GQ 受热易分解的原因：_____。

(2) Z、Q、M 三种元素的第一电离能从大到小的顺序为_____（用元素符号表示）。

(3) X 与 Q 形成的化合物的化学式为_____。

(4) Z、M、E 所形成的简单离子的半径由大到小顺序为_____（用离子符号表示）。

(5) X、Y、Z、Q 的电负性由大到小的顺序为_____（用元素符号表示）。

项目二
化学反应速率和化学平衡

思维导图

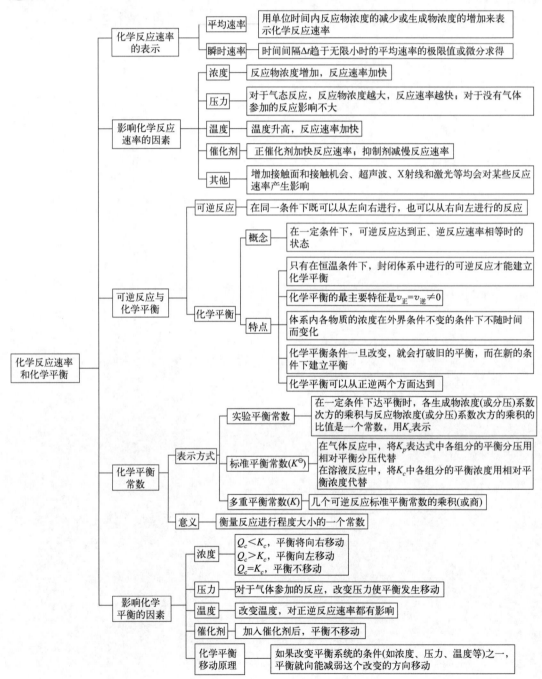

学习要点

1. 了解化学反应速率的概念和表示方式。
2. 掌握化学平衡的特征及标准平衡常数的意义,掌握有关化学平衡的计算方法。
3. 能够判断不同反应条件对反应速率、化学平衡的影响。

职业素养目标

培养具有严谨、求实、以事实为依据的科学精神。

情境导入

同样是化学变化,为什么铁锈是非常缓慢地发生,而火药爆炸却是瞬时完成的;倒一勺砂糖进冷水里溶化得很慢,但是倒进热水里却可以非常快速地溶化。

必备知识

化学反应速率是用于描述在给定条件下化学反应快慢的指标。

一、化学反应速率的表示

1. 平均速率

平均速率是用单位时间内反应物浓度的减少或生成物浓度的增加来表示化学反应速率,常用单位是 mol/(L·s)、mol/(L·min),其时间单位也可按需要采用 h(小时)、d(天)、a(年)。

$$\bar{v} = \left| \frac{\Delta c}{\Delta t} \right|$$

式中 $\bar{v}$——平均反应速率,mol/(L·s);

Δc——反应物或者生成物的浓度变化,mol/L;

Δt——反应时间,s。

练一练

在一个恒容容器内进行的合成氨反应 $N_2(g) + 3H_2 \longrightarrow 2NH_3(g)$,相关数据如表 2-1 所示,分别用 N_2、H_2 和 NH_3 三种物质表示化学反应速率。

表 2-1 某合成氨反应实验数据

项目	N_2(g)	H_2(g)	NH_3(g)
开始时物质的浓度/(mol/L)	1.0	3.0	0.0
2s后物质的浓度/(mol/L)	0.6	1.8	0.8

> **想一想**
>
> 在 H_2 在 O_2 中燃烧可以生成 H_2O，这三种物质的反应速率比和它们在化学反应式前面的系数有什么关系？

2. 瞬时速率

因为绝大多数的化学反应不是匀速进行的，所以我们常用瞬时速率来表示某一反应在某一时刻的化学反应速率，一般用时间间隔 Δt 趋于无限小时的平均速率的极限值或微分求得。

$$v = \left| \lim_{\Delta t \to 0} \frac{\Delta c}{\Delta t} \right| = \left| \frac{dc}{dt} \right|$$

微视频：活化分子与活化能

二、影响化学反应速率的因素

1. 浓度对化学反应速率的影响

当增加反应物的浓度，也就意味着增加了单位时间内反应物分子间的有效碰撞概率，从而导致反应速率加快。

(1) 基元反应和非基元反应　实验表明，绝大多数的反应并不是简单地一步就能完成的反应，而是分步进行的。一步能完成的反应称为基元反应。但真正的基元反应并不多，大多数反应为非基元反应。

(2) 质量作用定律　当温度一定时，基元反应的化学反应速率与各反应物浓度系数次方的乘积成正比。

例如，在一定的温度下，下列基元反应：

$$m\mathrm{A} + n\mathrm{B} = p\mathrm{C} + q\mathrm{D}$$

则　　$v = k c_A^m \cdot c_B^n$

上述数学表达式又称速率方程。应用质量作用定律要注意的几个问题：

① 质量作用定律只适用于基元反应，一般不适用于非基元反应。

② 稀溶液中溶剂参与的反应，其速率方程不必标出溶剂的浓度。

③ 对于具有一定表面积的固体或纯液体参加的多相反应，其反应速率与固体或纯液体的量（或浓度）无关。

2. 压力对化学反应速率的影响

在一定的温度下，增大压力，气态反应物质的浓度增大，反应速率增大；相反，降低压力，气态反应物质的浓度减小，反应速率减小。

对于没有气体参加的反应，压力的改变对反应物的浓度影响很小，所以在其他条件不变时，压力对反应速率的影响不大。

3. 温度对化学反应速率的影响

温度是影响化学反应速率的重要因素之一，温度升高往往会加速反应。荷兰范特霍夫研究发现，在反应物浓度恒定时，温度升高 10℃，化学反应的速率一般可增加 2～4 倍。这是一条近似的规律。

4. 催化剂对化学反应速率的影响

在化学反应中，能显著改变化学反应速率而本身在反应前后其组成、数量和化学性质保持不变的物质叫催化剂。凡能加快反应速率的叫正催化剂；能减慢反应速率的叫负催化剂，也称抑制剂。催化剂改变化学反应速率的作用叫催化作用。

催化剂具有专一性，一种催化剂通常只能对一种或少数几种反应起催化作用。

在催化反应中，微量杂质使催化剂催化能力降低或丧失的现象，称为催化剂中毒，所以在催化反应中，应使原料保持纯净，必要时可先进行原料预处理。

5. 其他因素对化学反应速率的影响

对于多相反应，反应在两相交界面上进行，反应速率与接触面和接触机会有关。因此，可以通过固体粉碎、研磨、液体喷淋、搅拌、气体鼓风等多种措施增大反应速率。其他如超声波、X射线和激光等也能对某些反应速率产生影响。

微视频：催化剂与化学反应速率

> **查一查**
> 化学反应发生的必要条件是反应物的粒子间要发生碰撞。如果反应物的粒子间互不发生碰撞，就谈不上发生化学反应，但不是分子间的每一次碰撞都能发生化学反应。那么什么样的条件才可以称为有效碰撞呢？请你查找资料并与其他同学分享。

三、可逆反应与化学平衡

在同一条件下既可以从左向右进行，也可以从右向左进行的反应，称为可逆反应。通常把从左向右进行的反应称为正反应；从右向左进行的反应称为逆反应。可逆反应用符号"$\rightleftharpoons$"表示。在一定条件下，可逆反应达到正、逆反应速率相等时的状态称为化学平衡，如图2-1所示。

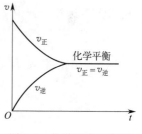

图2-1 化学平衡示意图

化学平衡具有如下特点：

① 只有在恒温、封闭体系中进行的可逆反应才能建立化学平衡，这是建立平衡的前提。

② 化学平衡的最主要特征是 $v_正 = v_逆 \neq 0$。

③ 可逆反应达到平衡时，体系内各物质的浓度在外界条件不变的条件下，不随时间而变化，这是平衡建立的标志。

④ 化学平衡是有条件的动态平衡，条件一旦改变，就会打破旧的平衡，而在新的条件下建立平衡。

⑤ 化学平衡可以从正逆两个方面达到。

四、化学平衡常数

1. 实验平衡常数

对于任一可逆反应：

$$a\text{A} + b\text{B} \rightleftharpoons m\text{M} + n\text{N}$$

在一定条件下到达平衡时，各生成物浓度系数次方的乘积与反应物浓度系数次方的乘积的比值是一个常数，用 K_c 表示，称为浓度平衡常数，其关系式如下：

$$K_c = \frac{[M]^m[N]^n}{[A]^a[B]^b}$$

若上述的反应前后的物质均为气体，并且该反应在一定的温度下达到化学平衡时，其平衡常数表达式中各物质的平衡浓度用平衡分压表示，此时的平衡常数称为分压平衡常数，用 K_p 表示：

$$K_p = \frac{p_M^m p_N^n}{p_A^a p_B^b}$$

K_c 和 K_p 均由实验得到，因此称为实验平衡常数。

> **练一练**
> 写出反应 $N_2(g) + 3H_2(g) \rightleftharpoons 2NH_3(g)$ 的实验平衡常数 K_p 和 K_c 的表达式，并指出两者之间的关系。

2. 标准平衡常数

标准平衡常数又称为热力学平衡常数，用 $K^\ominus$ 表示，由热力学计算得到。

在气体反应中，将 K_p 表达式中各组分的平衡分压用相对平衡分压 $p_B/p^\ominus$ 代替，即为平衡常数表达式。其中 $p^\ominus$（$p^\ominus = 100\text{kPa}$）为标准态压力。例如气体反应：

$$aA(g) + bB(g) \rightleftharpoons mM(g) + nN(g)$$

标准平衡常数表达式为：

$$K^\ominus = \frac{(p_M/p^\ominus)^m (p_N/p^\ominus)^n}{(p_A/p^\ominus)^a (p_B/p^\ominus)^b}$$

标准平衡常数只随温度的变化而变化。

对于溶液反应，将 K_c 中各组分的平衡浓度用相对平衡浓度 $c_B/c^\ominus$ 代替，即为标准平衡常数表达式，$c_B/c^\ominus$ 常用 $[B]$（或 c_B'）简化表示，其中 $c^\ominus$（$c^\ominus = 1\text{mol/L}$）为标准浓度。例如溶液反应：

$$aA(aq) + bB(aq) \rightleftharpoons mM(aq) + nN(aq)$$

$$K^\ominus = \frac{([M]/c^\ominus)^m ([N]/c^\ominus)^n}{([A]/c^\ominus)^a ([B]/c^\ominus)^b}$$

3. 多重平衡常数

如果某一可逆反应由几个可逆反应相加（或相减）得到，则该可逆反应的标准平衡常数等于这几个可逆反应标准平衡常数的乘积（或商），这种关系称为多重平衡规则。当反应式乘以系数时，则该系数作为平衡常数的指数。

例如，某温度下，已知反应：

$$2NO(g) + O_2(g) \rightleftharpoons 2NO_2(g) \qquad K_1$$

$$2NO_2(g) \rightleftharpoons N_2O_4(g) \qquad K_2$$

若两反应相加得：

$$2NO(g) + O_2(g) \rightleftharpoons N_2O_4(g)$$

$$K = K_1 K_2$$

4. 平衡常数的意义

平衡常数是衡量反应进行程度大小的一个常数，在一定温度下，每一个化学平衡都有自己的特征平衡常数。平衡常数越大，表示反应进行的程度越大，即反应进行得越完全；反之，K 越小，反应进行得越不完全。

值得注意的是，平衡常数 K 只与温度有关，不随浓度而改变。

> **想一想**
>
> 当可逆反应进行到一定程度的时候，反应物和生成物的浓度就不会变化，这种宏观静止的状态就是化学平衡状态。这种状态就像生活，需要同时顾及功课、家庭、人际关系……如何找到一个平衡点，请大家千万不要顾此失彼哟！

五、影响化学平衡的因素

因外界条件改变使可逆反应从一种平衡状态向另一种平衡状态转变的过程，叫化学平衡移动。引起化学平衡移动的外界条件主要是浓度、温度、压力等。

微视频：平衡常数的书写规则

1. 浓度对化学平衡的影响

在一定温度下，当一个可逆反应达到平衡后，若改变反应物或生成物的浓度，会引起平衡移动。例如可逆反应：$mA + nB \rightleftharpoons pC + qD$，在任意条件下，各生成物浓度系数次方的乘积与反应物浓度系数次方的乘积的比值称为反应商，以 Q_c 表示，即

$$Q_c = \frac{c_C^p c_D^q}{c_A^m c_B^n}$$

显然只有当 Q_c 等于 K_c 时，体系才处于平衡状态，对应各物质的浓度为平衡浓度。体系达平衡以后，增加反应物浓度或减少生成物的浓度，会导致 $Q_c < K_c$，平衡将向右移动；反之，如果增加生成物的浓度或减少反应物的浓度，则 $Q_c > K_c$，平衡向左移动。总之，增加（或减少）某物质（生成物或反应物）的浓度，平衡就向着减少（或增加）该物质浓度的方向移动。

2. 压力对化学平衡的影响

对于气体参加的反应来说，当反应达到平衡时，如果可逆反应两边气体分子总数不等，则增大或减小反应的总压力都会使平衡发生移动。

因为总压力的改变，在温度不变的条件下引起气体物质浓度成正比例的变化。压力增大使容器内气体体积缩小，单位体积内气体分子数增多，即气体的浓度增大，引起平衡发生移动。因此，对于有气态物质参加的反应来说，压力对平衡的影响与浓度对平衡的影响，实质是相同的。由此可以得出结论，对气体反应物和气体生成物分子数不等的可逆反应来说，在其他条件不变时，增加总压力使平衡向气体分子数减少的方向移动；降低总压力，平衡向气体分子数增多的方向移动。

微视频：反应商（Q）

> **查一查**
>
> 合成氨工业制取原料气 H_2 的反应为：$CO(g)+H_2O(g) \rightleftharpoons CO_2(g)+H_2(g)$，在生产过程中一般控制 H_2O 和 CO 的压力比为 5～8，其目的何在？

3. 温度对化学平衡的影响

物质发生化学反应时，往往伴随着放热和吸热的现象。放出热量的反应称为放热反应，吸收热量的反应称吸热反应。对于一个可逆反应来说，如果正反应是放热反应，那么逆反应是吸热反应，且放出和吸收的热量相等。

当可逆反应达平衡以后，若改变温度，对正逆反应速率都有影响，但影响程度不同。升高温度时，对吸热反应加快的倍数比对放热反应加快的倍数多，结果平衡向吸热方向移动。降低温度时，化学反应速率都减慢，但减慢的倍数不一样，对吸热反应减慢的倍数比对放热反应减慢的倍数大，结果平衡向放热反应方向移动。

例如：对于合成氨的反应 $N_2+3H_2 \rightleftharpoons 2NH_3+$ 热，升高温度，平衡向氨的分解反应方向即吸热反应方向移动；降温时，平衡向氨的生成反应方向即放热反应方向移动。

4. 催化剂对化学平衡的影响

催化剂同等程度地增加正逆反应速率，加入催化剂后，体系的始态和终态并未改变，$K^\ominus$ 和 Q_c 均不变，此平衡不移动。

5. 化学平衡移动原理

综合上述影响化学平衡移动的各种结论，我们总结出一条规律：如果改变平衡系统的条件（如浓度、压力、温度等）之一，平衡就向能减弱这个改变的方向移动。这个规律称为勒夏特列原理，又称为化学平衡移动原理。

微视频：化学平衡的计算

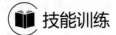

$KI_3 \rightleftharpoons KI+I_2$ 平衡常数测定

$I_2(s)$ 溶于 KI 形成 KI_3，在一定温度下达到如下平衡：$KI_3 \rightleftharpoons KI+I_2$，其平衡常数为 $K_c = \dfrac{[KI_3]}{[KI][I_2]}$，试通过实验测定该平衡常数。

【仪器、试剂】

仪器：量筒（10mL、100mL），吸量管（10mL），移液管（50mL），碱式滴定管，碘量瓶（100mL、250mL），锥形瓶（250mL），洗耳球。

试剂：碘（s），KI（0.0100mol/L、0.0200mol/L），$Na_2S_2O_3$ 标准溶液（0.0050mol/L），淀粉溶液（0.2%）。

【操作步骤】

(1) 取两只干燥的 100mL 碘量瓶和一只 250mL 的碘量瓶，分别标上 1、2、3 号。用量筒分别量取 80mL 0.0100mol/L KI 溶液注入 1 号瓶，80mL 0.0200mol/L KI 溶液注入 2 号瓶，200mL 蒸馏水注入 3 号瓶。然后在各个瓶内加入 0.5g 研细的碘，盖好瓶塞。

（2）将 3 只碘量瓶在室温下用磁力搅拌器搅拌 30min，然后静置 10min，待过量固体碘完全沉于瓶底后，取上层清液进行标定。

（3）用 10mL 吸量管取 1 号瓶上层清液 10.00mL 两份，分别注入 250mL 的碘量瓶中，再各注入 40mL 蒸馏水，用 0.0050mol/L 标准 $Na_2S_2O_3$ 溶液滴定其中一份至呈淡黄色时（注意不要滴过量），注入 4mL 0.2%淀粉溶液，此时溶液应呈蓝色，继续滴定至蓝色刚好消失。同样方法滴定 2 号瓶上层的清液。

（4）用 50mL 移液管取 3 号瓶上层的清液 50.00mL 两份，用 0.0050mol/L 标准 $Na_2S_2O_3$ 溶液滴定，方法同上。

数据处理见表 2-2。

表 2-2　$KI_3 \rightleftharpoons KI + I_2$ 平衡常数测定数据处理表

瓶号		1	2	3
KI 浓度/(mol/L)		0.0100	0.0200	0
取样体积 V/mL		10.00	10.00	50.00
$V_{Na_2S_2O_3}$/mL	Ⅰ			
	Ⅱ			
	平均			
$c_{Na_2S_2O_3}$/(mol/L)		0.0050	0.0050	0.0050
$c = c_{I_2} + c_{KI_3}$/(mol/L)				—
水溶液中碘的平衡浓度 c_{I_2}/(mol/L)		—	—	

达到平衡后，取上层清液，用 $Na_2S_2O_3$ 标准溶液滴定。反应式如下：$2Na_2S_2O_3 + I_2 \rightleftharpoons 2I^- + Na_2S_4O_6 + 2Na^+$，考虑到溶液中的平衡 $I^- + I_2 \rightleftharpoons I_3^-$，用 $Na_2S_2O_3$ 标准溶液滴定的是 I_2 和 I_3^- 的总浓度，设该浓度为 c，其计算公式如下：

$$c = \frac{c_{Na_2S_2O_3} \cdot V_{Na_2S_2O_3}}{2 \times 10.00}$$

碘的浓度 c_{I_2} 可通过在相同温度条件下，测定碘与水处于平衡时溶液中碘的浓度来代替。水溶液中碘的平衡浓度 c_{I_2} 的计算公式如下：

$$c_{I_2} = \frac{c_{Na_2S_2O_3} \cdot V_{Na_2S_2O_3}}{2 \times 50.00}$$

$$则 c = c_{I_2} + c_{KI_3}$$

$$c_{KI_3} = c - c_{I_2}$$

从平衡反应式 $I^- + I_2 \rightleftharpoons I_3^-$ 可以看出，形成一个 I_3^-，就需要一个 I^-，所以平衡时 I^- 的浓度为：

$$c_{I^-} = c_{0I^-} - c_{I_3^-}$$

式中，c_{0I^-} 为 KI 的起始浓度。

$$K_c = \frac{[KI_3]}{[I_2][KI]}$$

【注意事项】

1. 所需碘量不必准确量取，只需过量即可，目的是使碘的浓度不变。

2. 平行滴定应单独进行，移取一份样品滴定一份。若同时移取，第二份试液 I_2 易挥发，使滴定数据明显偏低。

3. 指示剂淀粉溶液应滴定至溶液呈淡黄色时再加入。

4. 由于碘易挥发，取溶液和滴定操作都要快些。滴一种溶液时，一次准备两份溶液，这样移液管中的溶液浓度可不发生变化。锥形瓶中的 I_3^- 溶液要用水稀释来减少碘的挥发。一种溶液滴完，再滴另一份，不要将滴定溶液（在锥形瓶中）一次全部准备好；未滴的溶液要用盖子盖住。

练习思考

1. 填空题

下述反应达到平衡时，$2NO+O_2 \rightleftharpoons 2NO_2 +$ 热，若改变下列影响因素，请判断化学平衡是否被破坏，如果被破坏，将如何变化：

(1) 增加压力，则化学平衡_____。

(2) 升高温度，则化学平衡_____。

(3) 加入催化剂，则化学平衡_____。

2. 判断题

(1) 催化剂可以促使已经平衡的化学反应正向移动。（   ）

(2) 在其他条件不变的条件下，增加反应物的浓度，可以加快反应速率。（   ）

(3) 质量作用定律既适用于基元反应，又适用于非基元反应。（   ）

(4) 对于气体反应，标准平衡常数只随温度的变化而改变。（   ）

3. 选择题

(1) 化学反应 $2A+B \rightleftharpoons 2C$ 达到化学平衡时，升高温度，则C的量增加，此反应为（   ）。

A 放热反应 　　　　　　　　　　B 吸热反应

C 没有显著的热量变化 　　　　　D 原化学平衡没有发生移动

(2) 化学反应 $2A+B \rightleftharpoons 2C$ 达到化学平衡时，如果A、B、C都是气体，达到平衡时减小压力，那么（   ）。

A 平衡不移动 　　　　　　　　　B 平衡向正反应方向移动

C 平衡向逆反应方向移动 　　　　D C的浓度会增大

(3) 某一可逆反应平衡后，若反应速率常数 K 发生变化时，则平衡常数 $K^{\ominus}$（   ）。

A 一定发生变化　　B 不变　　C 不一定变化　　D 两者没有关系

(4) 某反应物在一定条件下的平衡转化率为37%，当加入催化剂时，若反应条件与之前相同，此时它的平衡转移率（   ）。

A 大于37%　　　B 等于37%　　　C 小于37%　　　D 不一定

4. 简答题

(1) 在某温度下，反应 $N_2+3H_2 \rightleftharpoons 2NH_3$ 在下列条件时建立平衡：$[N_2]=3mol/L$，$[H_2]=8mol/L$，$[NH_3]=4mol/L$，求平衡常数 K_c。

(2) 在密闭容器中，将一氧化碳和水蒸气的混合物加热，达到下列平衡：$CO+H_2O \rightleftharpoons CO_2+H_2$，在800℃时平衡常数等于1，反应开始时，$[CO]=2mol/L$，$[H_2O]=3mol/L$，求平衡时各物质的浓度和CO转化为 CO_2 的转化率。

项目三
数据处理

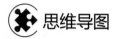 思维导图

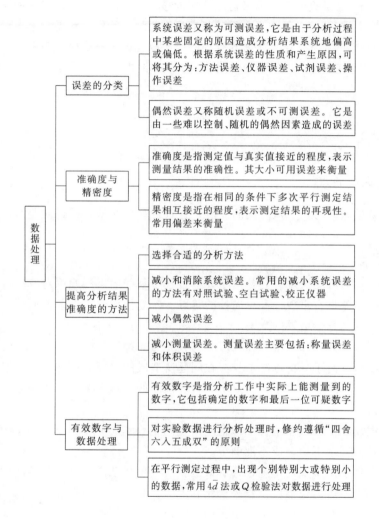

学习要点

1. 了解定量分析误差的来源、分类及减免方法。
2. 了解准确度和精密度的关系,掌握误差和偏差的含义及表达方式。
3. 了解有效数字的含义,掌握其修约和运算规则。
4. 掌握定量分析中数据的处理方法,能够正确进行数据记录与处理。

职业素养目标

1. 通过对数据的规范记录和处理，培养实事求是、一丝不苟的科学品质和良好的职业道德。
2. 通过对极差现象的学习，培养正确对待人生起落时刻的豁达人生观。

情境导入

定量分析的目的是准确测定试样中各组分的含量，只有准确、可靠的分析结果才能在生产和科研中起到作用。在分析过程中，由于某些主观或客观的因素，测得的结果可能与真实值不完全一致，伴有一定的误差。误差是客观存在的，所以应该了解产生误差的原因和规律，采取相应措施减小误差，并对所得结果进行评价，判断其准确性，使测定结果尽可能接近客观真实值。

必备知识

一、误差的分类

误差是指分析结果与真实值之间的差值，它是客观存在的。根据误差的性质和来源，可将其分为系统误差和偶然误差。

1. 系统误差

系统误差又称为可测误差。它是由于分析过程中某些固定的原因造成分析结果系统地偏高或偏低。系统误差具有重现性和单向性的特点。若能找出产生误差的原因，就可以采取措施减小或校正，提高分析结果的准确度。

根据系统误差的性质和产生的原因，可将其分为 4 种：

（1）方法误差　由于分析方法本身存在问题所造成的误差。例如，在滴定分析中，反应进行得不完全、滴定终点与化学计量点不相符、杂质的干扰等都会产生误差，使分析结果系统地偏高或偏低。

（2）仪器误差　由于仪器本身不够精确所引起的误差。例如，天平砝码生锈或被污染；滴定管、移液管的刻度不均匀或不准确等。

（3）试剂误差　由于试剂不纯，含有被测物质或干扰杂质，尤其是基准物质纯度不高时影响更大。这种误差可通过空白试验来检验和消除。

（4）主观误差　在正常条件下，由于操作人员的主观原因（分辨能力、固有习惯等）所引起的误差。例如，不正确的读数方法造成对滴定管的读数偏高或偏低；对滴定终点的颜色判断偏深或偏浅等。

2. 偶然误差

偶然误差又称为随机误差或不可测误差。它是由一些难以控制、随机的偶然因素造成的误差。例如，环境的温度、湿度、气压的微小波动、仪器性能的微小变化等。

偶然误差的大小、正负具有随机性，但在同样的条件下进行多次重复测定时，它符合正态分布规律，即小误差出现的概率大，大误差出现的概率小，正、负误差出现的概率相等。

在实际工作中，如果消除了系统误差，平行测定次数越多，则测定值的算术平均值越接近真实值。因此，适当增加平行测定次数，可以降低偶然误差对分析结果的影响。

在测量过程中，由于工作中粗心大意，或不遵守操作规程而造成的差错，例如，溶液溅失、加错试剂、读错刻度、记录和计算错误等，不属于误差范围，发生这类差错的测定结果必须给予删除。

由于在实际分析测定过程中，真实值的大小是不可能知道的，所以通常对样品进行多次平行测定，求得算术平均值，作为接近真实值的最合理值。引入了偏差的概念，用测定值与平均值之间的差值表明测得值与平均值之间的接近程度。

> **练一练**
>
> 指出下列情况中，哪个是系统误差，哪个是偶然误差，能否采取措施予以消除？
> (1) 砝码未经校正；　　　　　　(2) 称量时天平零点稍有变动；
> (3) 试样未经充分混匀；　　　　(4) 试剂中含有微量干扰离子；
> (5) 读取滴定管读数时，最后一位数字估测不准；
> (6) 滴定时，操作者不慎从锥形瓶中溅失少许试液。

二、准确度与精密度

1. 准确度和误差

准确度是指测定值与真实值接近的程度，准确度的高低可用误差来衡量。误差越小，表示分析结果的准确度越高；反之，误差越大，分析结果的准确度越低。所以，误差的大小是衡量准确度高低的尺度。误差的表示方式分为绝对误差和相对误差两种。

绝对误差 E_a 表示测量值 x 与真实值 x_T 之差。

$$E_a = x - x_T$$

测定值大于真实值时，绝对误差为正值，表示测定结果偏高；测定值小于真实值时，绝对误差为负值，表示测定结果偏低。

相对误差 E_r 是指绝对误差在真实值中所占的比例。分析化学中，相对误差用百分率表示。

$$E_r = \frac{E_a}{x_T} \times 100\%$$

若两次分析结果的绝对误差相等，它们的相对误差却不一定相等，真实值越大者，其相对误差越小，反之，真实值越小者，其相对误差越大。

> **拓展知识**
>
> **以精确著称的化学家瑞利**　瑞利的原名为约翰威廉斯特拉特，尊称为瑞利男爵三世，1842 年 11 月 12 日出生于英国埃斯克斯郡莫尔登的朗弗德林园。瑞利以严谨、广博、精深著称，并善于用简单的设备做实验而获得十分精确的数据。
>
> 瑞利的一项重要研究是从空气和氮的混合物中制取纯净的氮。1882 年，他经深入研究向英国科学协会提出一份报告，精确地指出，氢和氧的密度比不是 1∶16，正确的比例应为 1∶15.882。从这件事可以看出他那极为严谨的工作态度。他还从事气体的化

合体积及压缩性的精密测量，计算出许多气体在极限情况下的摩尔体积，并严格测定了氮的密度。瑞利在制取氧和氮的过程中发现，用三种不同的方法制取的氧，密度完全相等，而用不同方法制取的氮，密度则有微小的差异。对此，他自己反复验证了多次。尽管从实验的角度来看，这个微小的差别在允许范围内，但瑞利发现，这个"误差"总是表现为由空气除去氧、二氧化碳、水以后获得的氮，比由氮的化合物获得的氮重，误差虽小，但是不对称，这是用传统的说法无法解释的。后来他与拉姆塞精诚合作，用新方法研究大气中的氮，这种研究取得了惊人的重大成果，发现了氦、氖、氩、氪、氙等惰性气体元素。

从瑞利的事迹可以看出：一切科学上的伟大发现几乎都来自精确的量度。

想一想

1.01 的 365 次方＝37.78343433289＞1；0.99 的 365 次方＝0.02551796445229＜1。勿以善小而不为，勿以恶小而为之。每天的进步不需要很大，成功的秘诀在于坚持每天都有进步。愿你我不断改善自己，每天都有进一步的欢喜，过热气腾腾的人生。

练一练

电子天平称量 A、B 两种物质的质量分别为 A 1.5362g，B 0.8456g，A、B 两种物质质量的真实值分别为 A 1.5360g，B 0.8455g，计算 A、B 两种物质质量测量的绝对误差、相对误差。

2. 精密度和偏差

精密度是指同一试样在相同条件下，多次测定结果之间相互接近的程度，它反映了测定结果的再现性。精密度的高低用偏差表示，偏差越小，精密度越高。在实际工作中，真实值通常是不知道的，人们必须对样品进行多次平行测定，求得它们的算术平均值，用于代替真实值进行计算，求出的结果实质上仍有偏差。

(1) 绝对偏差 d、相对偏差 d_r、平均偏差 $\bar{d}$、相对平均偏差 $\bar{d_r}$

① 绝对偏差 d 是指在一组平行测定值中，单次测定值 x 与算术平均值 $\bar{x}$ 之差。

$$d_i = x_i - \bar{x}$$

② 相对偏差 d_r 是指绝对偏差在算术平均值中所占的百分率。

$$d_r = \frac{x_i - \bar{x}}{\bar{x}} \times 100\%$$

③ 平均偏差 $\bar{d}$ 是指各次偏差绝对值的平均值。

$$\bar{d} = \frac{|d_1| + |d_2| + \cdots + |d_n|}{n}$$

④ 相对平均偏差是指平均偏差在平均值中所占的百分率。

$$\overline{d_r} = \frac{\overline{d}}{\overline{x}} \times 100\%$$

平均偏差和相对平均偏差可以用来衡量一组数据的精密度。所测的平行数据越接近，平均偏差或相对平均偏差就越小，分析结果的精密度就越高。

(2) 标准偏差 当测定所得的数据分散度较大时，仅用平均偏差、相对平均偏差不能说明精密度的高低，需要采用标准偏差来衡量精密度。标准偏差又叫均方根偏差，用符号 s 表示。当测定次数（$n<20$）不多时，标准偏差 s 可表示为：

$$s = \sqrt{\frac{d_1^2 + d_2^2 + \cdots + d_n^2}{n-1}} = \sqrt{\frac{\sum d_n^2}{n-1}}$$

【例题1】 用酸碱滴定法测定某混合物中乙酸的含量，测定结果为：20.48%、20.37%、20.46%、20.49%、20.43%。试计算分析结果的平均偏差、相对平均偏差和标准偏差。

解： 计算过程如下。

各次测定结果	各次测定结果的 d_i	d_i^2
20.48%	0.03%	0.9×10^{-7}
20.37%	-0.08%	6.4×10^{-7}
20.46%	0.01%	0.1×10^{-7}
20.49%	0.04%	1.6×10^{-7}
20.43%	-0.02%	0.4×10^{-7}
$\overline{x} = 20.45\%$	$\sum |d_i| = 0.18\%$	$\sum d_i^2 = 9.4 \times 10^{-7}$

平均偏差 $\overline{d} = \dfrac{\sum |d_i|}{n} = \dfrac{0.18\%}{5} = 0.036\%$

相对平均偏差 $\overline{d_r} = \dfrac{\overline{d}}{\overline{x}} \times 100\% = \dfrac{0.036\%}{20.45\%} \times 100\% = 0.18\%$

标准偏差 $s = \sqrt{\dfrac{d_1^2 + d_2^2 + \cdots + d_n^2}{n-1}} = \sqrt{\dfrac{\sum d_n^2}{n-1}} = \sqrt{\dfrac{9.4 \times 10^{-7}}{4}} = 0.048\%$

微课：精密度与偏差

> **练一练**
>
> 用滴定分析法测得 $FeSO_4 \cdot 7H_2O$ 中铁的质量分数为 20.02%、20.01%、20.04%、20.05%，试计算测定结果的平均值、平均偏差、相对平均偏差、标准偏差。

3. 精密度与准确度的关系

如图 3-1 所示，甲、乙、丙、丁 4 人对同一试样进行分析的结果中，甲的分析结果准确度与精密度均好，结果可靠；乙的精密度高但准确度低，说明在测定中存在不可忽略的系统误差；丙的分析结果中，精密度和准确度均比较低，结果当然不可靠；丁的精密度非常低，尽管由于较大的正负误差恰好抵消而使平均值接近真值，但并不能说明其测定的准确度高，显然丁的结果只是偶然的巧合，并不可靠。

由此可见，准确度高必然精密度高，但精密度高，其准确度并不一定也高。精密度是保证准确度的前提，精密度低，所测结果不可靠，就失去了衡量准确度的先决条件，其准确度自然也不高。

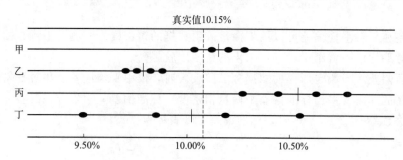

图 3-1　不同工作者分析同一试样的结果

● 表示单次测量结果　｜表示平均值

三、提高分析结果准确度的方法

1. 选择合适的分析方法

选择合适的分析方法就是为了减小方法误差对测定结果的影响。不同的分析方法，其准确度和灵敏度是不同的，这就要求熟悉不同方法的准确度和灵敏度。例如，一般情况下，滴定分析法的灵敏度不高，但相对误差较小，适用于高含量组分的测定；而仪器分析法的灵敏度高，适用于低含量组分的测定。因此，在对样品进行分析时，必须事先了解样品的性质和待测组分的含量范围，以便选择合适的分析方法。同时，充分考虑试样共存组分对测定的干扰，采用适当的掩蔽或分离方法；对于痕量组分，分析方法的灵敏度不能满足分析的要求，可先定量富集后再进行测定。

2. 减小偶然误差

根据误差理论，在系统误差被校正的前提下，测定次数越多，分析结果的算术平均值越接近真实值，随机误差越小。考虑到增加测定次数越多，人力、物力上耗费越多，通常在定量分析中要求平行测定 3～4 次。

3. 消除系统误差

由于产生系统误差的原因很多，要针对不同情况采用相应方法来减小或消除系统误差。

（1）对照试验　该方法是在相同的条件下，用选取的方法对已知准确含量的标准样品进行多次测定，将测定值和准确值进行比较，求出校正系数，进而用来校正试样的分析结果。可以用标准试样（或纯净物）与被测试样进行对照，或采用更加可靠的分析方法（如国家标准）进行对照，也可以由不同分析人员（内检）、不同分析单位（外检）进行对照。对照试验是检验方法误差、仪器误差和主观误差的有效方法。

（2）空白试验　空白试验主要用于消除由蒸馏水等实验试剂和仪器带入的杂质所引入的系统误差。指不加待测试样，在相同的条件下，按分析试样所采用的方法进行的测定，其测定结果为空白值。当空白值在允许范围以内时，从试样分析结果扣除空白值，就可以得到比较可靠的分析结果；若空白值超出允许范围，则所采用的试剂需要更换，改用纯度更高的试剂。

（3）校正仪器　仪器不准确引起的系统误差，可以通过校准仪器减少其影响。例如，砝码、移液管和滴定管等，在精确分析中必须进行校准。在日常分析中，因仪器出厂时已校准，一般不需要进行校正。

4. 减小测量误差

为了提高分析结果的准确度，必须尽量减小各测量步骤的误差。在消除系统误差的前提下，所有的仪器都有一个最大不确定值。

(1) 称量误差 电子天平每次称量有±0.0001g的误差。若以差减称样法称量，可能引起的最大绝对误差为±0.0002g。为了使测量的相对误差小于0.1%，则称取试样的质量最少为：

$$相对误差 = \frac{绝对误差}{试样质量} \times 100\%$$

$$试样质量 = \frac{绝对误差}{相对误差} \times 100\% = \frac{\pm 0.0002g}{\pm 0.1\%} \times 100\% = 0.2g$$

即试样称取的质量必须在0.2 g以上。

(2) 体积误差 滴定管读数有±0.01mL的绝对误差，在一次滴定中，需读数两次，可造成的最大绝对误差为±0.02mL。为使测量体积的相对误差小于0.1%，则消耗滴定液的体积最少为：

$$相对误差 = \frac{绝对误差}{滴定液体积} \times 100\%$$

$$滴定液体积 = \frac{绝对误差}{相对误差} \times 100\% = \frac{\pm 0.02mL}{\pm 0.1\%} \times 100\% = 20mL$$

在实际操作中，消耗滴定液的体积可控制在20~30mL，这样既减小了测量的误差，又节省试剂和时间。

四、有效数字与数据处理

1. 有效数字

有效数字是指实际工作中能测量到的数字，它包括所有的准确数字和最后一位可疑数字。有效数字不仅表明数量的大小，还反映出测量的精确度。如用电子天平称的某物体的质量为0.3280g，这一数值中，0.328g是准确的，最后一位数字"0"是可疑的；可能有上下一个单位的误差，即其真实质量为(0.3280±0.0001)g范围内的某一数值。此时称量的绝对误差为±0.0001g，相对误差为±0.0001/0.3280×100%=±0.03%；若将上述称量结果记录为0.328g，则该物体的实际质量将为(0.328g±0.001)g范围内的某一数值，即绝对误差为±0.001g，而相对误差为±0.001/0.328×100%=±0.3%。可见，记录时在小数点后末尾多写一位或少写一位"0"数字，从数学角度看关系不大，但是记录所反映的测量精确度无形中被夸大或缩小了10倍。所以在数据中代表一定量的每一个数字都是重要的。

确定有效数字位数时，从左侧第一个不为"0"的数字算起，有多少个数字，就为多少位有效数字。如在1.0002g中间的三个"0"，0.5000g中后边的三个"0"，都是有效数字，在0.0078g中的"0"只起定位作用，不是有效数字；在0.0320g中，前面的"0"起定位作用，最后一位"0"是有效数字。同样，这些数字的最后一位都是不定数字。因此，在记录测量数据和计算结果时，应根据所使用的测量仪器的准确度，使所保留的有效数字中只有最后一位是估计的"不定数字"。

想一想

"0"在数字中的不同位置发挥着不同的作用。每一个岗位都是重要、光荣、能够出彩的,愿人人都能立足岗位、守初心、担使命、过出彩人生。

练一练

下列数据的有效数字分别是几位?

试样的质量 0.4370g　　　滴定剂体积 18.34mL　　　解离常数 $K_a = 1.8 \times 10^{-5}$

标准溶液浓度 0.1000mol/L　　被测组分含量 23.47%　　pH 值 5.40

2. 有效数字修约与运算

(1) 数字修约　在计算一组准确度不同的数据时,应按照确定了的有效数字将多余的数字舍弃,舍弃多余数字的过程称为"数字修约"。数字修约大多采用"四舍六入五成双"的规则,即四要舍,六要入,五后有数就进位,五后没数看前方,前为奇数就进位,前为偶数(包括零)就舍光,无论舍去多少位,都要一次修约完成。

【例题 2】将下列数字 3.14159、2.71828、59.857、45.354 修约成三位有效数字。

解:①3.14159 修约成 3.14　　　②2.71828 修约成 2.72
　　③59.857 修约成 59.9　　　　④45.354 修约成 45.4

(2) 加减运算　当几个数字进行加减时,以小数点后位数最少的数据为标准,其余各数修约后再加减。

【例题 3】53.2+7.45+0.66382 = 53.2+7.4+0.7 = 61.3

(3) 乘除运算　几个数据相乘除时,以有效数字位数最少的数据为标准,其余各数都以它为依据修约后再乘除。

【例题 4】$\dfrac{0.0325 \times 5.1003 \times 60.06}{139.8} = \dfrac{0.0325 \times 5.10 \times 60.1}{140} = 0.0712$

(4) 复杂运算　复杂运算(对数、乘方、开方等)所取有效数字的位数应与真数有效数字位数相同,例如 $[H^+] = 9.5 \times 10^{-6}$ mol/L,pH = 5.02。

练一练

计算:0.254+22.2+2.2345 =　　　0.254×22.2÷2.2345 =

3. 数据处理

在实际工作中,经常对试样进行平行测定。多次测出的数据中,有时会出现个别特别大或特别小的数据,这些数据称为异常值(或可疑值)。异常值的产生既可能是由于分析测试中的过失造成的,亦可能是由于偶然误差造成的。若能确定异常值是由过失引起的,则必须舍去;若是偶然误差引起的就应保留;如果不知道可疑值是否含有过失,则不能随意取舍,必须借助统计学的方法决定取舍。比较严格而又使用方便的取舍方法是 $4\bar{d}$ 法或 Q 检验法。

微课:有效数字的修约规则及运算

(1) $4\bar{d}$ 法 又称 4 倍法，即偏差大于 $4\bar{d}$ 的个别测量值可以舍去，该法适用于 4～6 个平行数据的取舍。该法按以下步骤进行：

① 将可疑值以外的其他数据相加，求算术平均值（$\bar{x}$）及平均偏差（$\bar{d}$）；

② 将可疑值与平均值（$\bar{x}$）比较，如绝对差值大于 $4\bar{d}$，则可疑值舍去，否则保留。

(2) Q 检验法 当测定次数为 3～10 次时，根据所要求的置信度，用 Q 值检验法检验可疑数据是否可以舍去。该方法按以下步骤进行：

① 将所有测定结果按大小顺序排序；

② 求出最大值与最小值之差（极差）$x_{max} - x_{min}$；

③ 求出可疑值（x_i）与其相邻值（$x_邻$）之间的差 $x_i - x_邻$；

④ 求出 Q（舍弃商）值：

$$Q = \frac{|x_i - x_邻|}{x_{max} - x_{min}}$$

⑤ 根据所要求的置信度查 Q 值表（见表 3-1），若计算出的 Q 值大于表中的 Q 值，则将可疑值舍去，否则，应予保留。

表 3-1　Q 值表（置信度 0.90 和 0.95）

测定次数（n）	3	4	5	6	7	8	9	10
$Q_{0.90}$	0.94	0.76	0.64	0.56	0.51	0.47	0.44	0.41
$Q_{0.95}$	1.53	1.05	0.86	0.76	0.69	0.64	0.60	0.58

练一练

测定 5 次某样品中钙的质量分数如下：40.12%、40.16%、40.18%、40.02%、40.20%。试用 Q 检测法检验并说明 40.02% 是否应该舍弃？

想一想

测量数据的最大值与最小值之差是极差。人生中的起落时刻也是极差，人生在世，起落皆为自然，春风得意时，要淡然；位居低谷之时，亦不必慌张，更不要只看在一时，把眼光放远，把人生视野加大，不菲薄于己，更显格局高远。

微视频：数据处理的基本概念

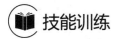 技能训练

称样与数据处理

1. 用电子天平精密称量无水碳酸钠 0.5g

【仪器、试剂】

仪器：万分之一电子天平，烧杯。

试剂：无水 Na_2CO_3。

【操作步骤】

将待盛放样品的烧杯轻放在秤盘上,显示屏显示数值后,轻按"TARE"键,出现全零状态,这时,烧杯的质量已扣除,即去皮重。然后,用药匙取样,小心将药匙伸到烧杯口上方并轻轻抖动,使样品慢慢落入锥形瓶中,至显示屏数值显示在 0.4995～0.5005g 范围内即可,关闭天平门,显示的读数即为倾入烧杯中样品的质量。全部称量完毕轻按"OFF"键关闭天平。

2. 用减量法称量 3 份氯化钠试样,每份约 0.3g

【仪器、试剂】

仪器:电子天平,称量瓶,锥形瓶(或烧杯)。

试剂:NaCl。

微课:分析天平的使用

【操作步骤】

取一洁净干燥的称量瓶,装入适量 NaCl 试样,用电子天平准确称其总质量,记录称量值 m_1。按差减称样法的操作,将称量瓶中 NaCl 试样小心倾出约 0.3g 于锥形瓶中,再准确称其质量,记录为 m_2。同法倾出第 2 份、第 3 份 NaCl 试样,并分别记录为 m_3、m_4。试样质量记录见表 3-2。

表 3-2 试样质量记录表

项目	第 1 份		第 2 份		第 3 份	
称量瓶+试样的质量/g	m_1		m_2		m_3	
	m_2		m_3		m_4	
试样质量/g						
$\bar{m}$						
Q 值						

【注意事项】

① 在开关天平门时动作要轻。取称量瓶时,不可以用手直接接触,应该用滤纸套住或戴专用手套进行操作,而且要轻拿轻放。

② 称量的过程中,将称量瓶放在秤盘的正中央,以保证受力均匀。

③ 递减称量时,在测量的整个过程中,称量瓶不能与实验台面接触,而且在敲出样品的过程中要始终保持在接受容器的上方,以免黏附在瓶盖上的药品失落他处。当达到所需的量时,要用称量瓶瓶盖轻敲瓶口上部使试样品慢慢落入容器中。

④ 在记录最后数据的时候,一定要记录关闭天平门后所显示的数据。

知识拓展

在分析检验中,取用量为"约"若干时,系指取用量不得超过规定量的±10%,例如,称量无水碳酸钠约 0.5g,系指称量无水碳酸钠的质量应为 0.45～0.55g;规定"精密称定"时,系指称量应准确至所取质量的千分之一,称量质量应为 0.4995～0.5005g。

想一想

用减量法称取试样时,若称量瓶内的试样吸湿,将对称量结果造成什么误差?若试样倒入烧杯后吸湿,对称量是否有影响?

练习思考

1. 填空题

(1) 在未做系统误差校正的情况下，某分析人员的多次测定结果的重复性很好，则他的分析结果准确度_____。

(2) 减小偶然误差的方法_____。

(3) 分析某组分，平行测定四次，结果如下：25.28%、25.29%、25.30%、25.38%。用 $4\bar{d}$ 法检验 25.38%，此结果_____。

(4) 按有效数字规则记录测量结果，得到如下数据，请分别写出所用仪器和规格：称取 5.0g 试样用的是_____；称取 5.000g 试样用的是_____。量取 5.0mL 溶液用的是_____；量取 5.00mL 溶液用的是_____。

(5) 由于每次实验时室温不等，导致容量瓶的体积稍有改变，而给实验结果带来的误差，属于_____误差。

(6) 天平砝码长期使用，出现磨损，导致质量下降，所带来的误差属于_____误差。

2. 判断题

(1) 由于不能得到准确的真实值，所以常用多次平行测量的平均值代替真实值。（　）

(2) 准确度往往用偏差来表示，精密度往往用误差来表示。（　）

(3) 精密度是指测定值与真实值之间的符合程度。（　）

3. 选择题

(1) 定量分析中，做对照实验的目的是（　）。
A 检验随机误差　　B 检验系统误差　　C 检验蒸馏水的纯度　　D 检验操作的精密度

(2) 有效数字加减运算结果的误差取决于其中（　）。
A 位数最多的　　B 位数最少的　　C 绝对误差最大的　　D 绝对误差最小的

(3) 准确度、精密度、系统误差、偶然误差的关系，下列说法中正确的是（　）。
A 精密度高，不一定能保证准确度高　　B 偶然误差小，准确度一定高
C 系统误差小，准确度一般偏高　　D 准确度高，偶然误差一定小

(4) 下列情况中引起随机误差的是（　）。
A 重量法测定二氧化硅时，试液中硅酸沉淀不完全
B 使用腐蚀了的砝码进行称重
C 读取滴定管读数时，最后一位数字估测不准
D 所用试剂中含有被测组分

4. 简答题

(1) 下列数字有几位有效数字。
0.087　45.030　3.6×10^{-3}　2.024×10^{8}　1000.00　1.0×10^{3}

(2) 按计算规则计算下列各式。
15.1+2.1+165.33　　$1.6342\times0.0161\times0.012$

(3) 指出下列情况属于偶然误差还是系统误差。
视差；游标尺零点不准；天平零点漂移；水银温度计毛细管不均匀。

(4) 如何提高分析结果的准确度？

模块二

化学分析

项目四
溶液配制技术

思维导图

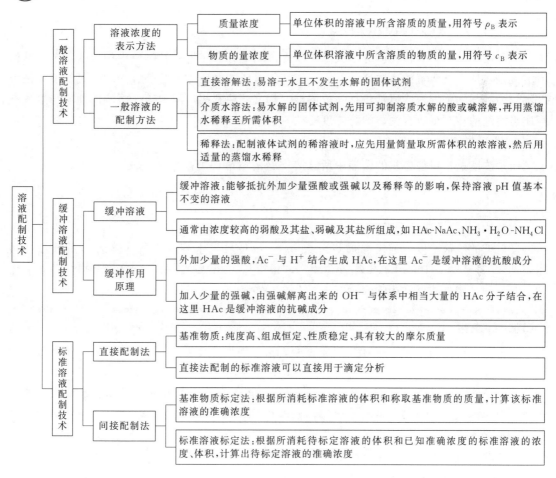

学习要点

1. 了解溶液浓度的表示方法。
2. 熟悉基准物质的条件，掌握标准溶液的配制方法及简单计算。
3. 学会一般溶液和标准溶液的配制与标定技术。

职业素养目标

1. 培养认真细致的工作态度，养成按标准做事的良好习惯。
2. 强化科学认知、理性判断的思维和不造谣、不信谣、不传谣的政治理念。

技能一 一般溶液配制技术

情境导入

一般溶液在化学分析工作中应用广泛,一般溶液配制是食品检测岗位的基础性工作。

必备知识

一、溶液浓度的表示方法

一种或一种以上的物质以分子或离子状态均匀地分布在另一种物质中构成的稳定体系称为溶液。溶液中被溶解的物质称为溶质,能溶解溶质的物质称为溶剂。一般所说的溶液是指以水作为溶剂的水溶液,通常包括一般溶液、标准溶液和缓冲溶液等。溶液的性质与溶液中溶质与溶剂的相对组成有关,即与浓度有关。

1. 质量浓度

质量浓度是指单位体积的溶液中所含溶质 B 的质量,用符号 ρ_B 表示:

$$\rho_B = \frac{m_B}{V}$$

质量浓度 ρ_B 的常用单位有 kg/L、g/L、mg/mL、g/100mL 等。质量浓度主要用于表示浓度较低的溶液浓度,通常与质量分数 w_B(单位质量水溶液中所含溶质 B 的质量)通用,如 $\rho_{NaCl} = 0.9g/100mL$,$w_{NaCl} = 0.9\%$,是指每 100mL 或 100g 水溶液中含 0.9g 氯化钠,是生理盐水的浓度常用的表示方法。

> **知识拓展**
>
> 溶液后记示的如"(1→10)"等符号,系指固体溶质1.0g或液体溶质1.0mL加溶剂使成10mL的溶液。未指明用何种溶剂时,均系指水溶液。
>
> 溶液后记示的":",如盐酸溶液(1:3),系指1体积浓盐酸与3体积水配成的溶液;氨水溶液(1:50),系指1体积浓氨水与50体积水配成的溶液。
>
> 两种或多种液体的混合物,品名间用"—"隔开,其后括号内所记示的":"符号,系指各液体相混合时的容量比例。

2. 物质的量浓度

物质的量浓度是指单位体积溶液中所含溶质的物质的量,用符号 c 表示。若溶质用 B 表示,则 B 的物质的量浓度的定义式为:

$$c_B = \frac{n_B}{V}$$

其中物质 B 的物质的量等于物质 B 的质量与物质 B 的摩尔质量之比。

$$n_B = \frac{m}{M}$$

c_B 的常用单位是 mol/L 或 mmol/L。

【例题1】称取 2.0g 固体 NaOH 溶解于不含 CO_2 的蒸馏水中,形成 1L 溶液,试求该溶液的物质的量浓度。已知 M_{NaOH} 为 $40g/mol$。

解：$c_{NaOH} = \dfrac{n_{NaOH}}{V} = \dfrac{\dfrac{m_{NaOH}}{M_{NaOH}}}{V} = \dfrac{\dfrac{2.0g}{40g/mol}}{1L} = 0.05 mol/L$

【例题2】 下列溶液为实验室和工业常用的试剂，计算出它们的物质的量浓度。已知盐酸密度为 $1.19g/mL$，质量分数 0.38；硫酸密度为 $1.84g/mL$，质量分数 0.98；硝酸密度为 $1.42g/mL$，质量分数 0.71；氨水密度为 $0.89g/mL$，质量分数 0.30。

解：为方便计算，各溶液均按1L进行计算。

(1) $c_{HCl} = \dfrac{n_{HCl}}{V} = \dfrac{1000\rho w}{M_{HCl}V} = \dfrac{1000mL \times 1.19g/mL \times 0.38}{36.5g/mol \times 1L} = 12.4 mol/L$

(2) $c_{H_2SO_4} = \dfrac{n_{H_2SO_4}}{V} = \dfrac{1000\rho w}{M_{H_2SO_4}V} = \dfrac{1000mL \times 1.84g/mL \times 0.98}{98g/mol \times 1L} = 18.4 mol/L$

(3) $c_{HNO_3} = \dfrac{n_{HNO_3}}{V} = \dfrac{1000\rho w}{M_{HNO_3}V} = \dfrac{1000mL \times 1.42g/mL \times 0.71}{63g/mol \times 1L} = 16.0 mol/L$

(4) $c_{NH_3} = \dfrac{n_{NH_3}}{V} = \dfrac{1000\rho w}{M_{NH_3}V} = \dfrac{1000mL \times 0.89g/mL \times 0.30}{17g/mol \times 1L} = 15.7 mol/L$

【例题3】 欲配制 $0.1mol/L$ 的氯化钠溶液 $400mL$，需称取固体氯化钠多少克？$M(NaCl)$ 为 $58.5g/mol$。

解：$m_{NaCl} = cVM = 0.1mol/L \times \dfrac{400mL}{1000} \times 58.5g/mol = 2.34g$

微视频：溶液浓度的换算

> **想一想**
>
> 溶液浓度之间进行换算应遵循什么规则？

> **练一练**
>
> 欲配制 $0.1mol/L$ 的盐酸溶液 $400mL$，需浓度为 37%、密度 $1.19g/mL$ 的浓盐酸多少毫升？

二、一般溶液的配制方法

一般溶液也称为普通溶液、辅助试剂溶液，通常浓度准确度不高，适用于控制化学反应条件、调节溶液酸碱性、样品处理时使用。常用的配制方法有三种：

1. 直接溶解法

对于易溶于水且不发生水解的固体试剂（如 KOH、NaCl），在配制其溶液时，依据溶液的浓度和体积计算出所需固体试剂的质量，然后用电子天平或托盘天平称取相应量的试剂置于烧杯中，加入少量蒸馏水，搅拌使之溶解并稀释至所需体积，最后转移至试剂瓶中，贴上标签，保存备用。

2. 介质水溶法

对于易水解的固体试剂（如 $FeCl_3$、Na_2S、$SnCl_2$），在配制其水溶液时，按要求称取一定量的固体试剂于烧杯中，加入适量一定浓度可抑制溶质水解的酸或碱使之溶解，再用蒸馏水稀释至所需体积，搅拌均匀后转移至试剂瓶中。

微视频：介质水溶法

微课：通风柜的使用

想一想

易水解的固体试剂借助酸或碱来配成一般溶液；大鹏借助羊角之力，翱翔于天，施展鸿鹄之志；蒲公英借助微风之力，散播种子，开出芬芳。人处在社会上，具有很多资源，如人际关系、信息资源、已有研究成果等，利用好这些资源可以提高工作效率，促进成长。就连家喻户晓的科学家牛顿都说："如果说我看得更远一点的话，是因为我站在巨人的肩膀上。"

3. 稀释法

对于液体试剂（如 HCl、H_2SO_4、HNO_3、$NH_3 \cdot H_2O$），配制其稀溶液时，应先用量筒量取所需体积的浓溶液，然后用适量的蒸馏水稀释。需要注意的是，配制硫酸溶液时，应在不断搅拌下将浓硫酸缓慢倒入盛有蒸馏水的烧杯中。

知识拓展

在使用化学试剂时，必须根据分析准确度的要求，选择相应等级的试剂。按照国家标准，常用试剂的规格可分为以下几级：

（1）基准试剂　定量分析的基准物，也可以精确称量后直接配制标准溶液，纯度极高。

（2）优级纯　即一级品，又称保证试剂，用于精密的科学研究和测定工作，纯度较高，杂质含量低，标签颜色为绿色，代号 G.R.。

（3）分析纯　即二级品，用于一般的科学研究和重要的分析工作，纯度略差，标签颜色为红色，代号 A.R.。

（4）化学纯　即三级品，用于工厂、教学实验和一般分析工作，纯度较差，标签颜色为蓝色，代号 C.P.。

（5）实验试剂　即四级品，杂质含量更多，但比工业品纯度高，用于普通的实验或研究，标签颜色为棕色，代号 L.R.。

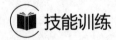 技能训练

一般溶液配制技术

1. 配制 1% NaCl 溶液 100g

【仪器、试剂】

仪器：托盘天平、烧杯、量筒、试剂瓶等。

试剂：NaCl 固体。

【操作步骤】

用托盘天平称量 NaCl 1g，置于洗涤干净的烧杯中，然后用量筒量取蒸馏水 100mL 倒入烧杯中，用玻璃棒搅拌使固体完全溶解，再将配制好的溶液转移至试剂瓶中，贴上标签。

微视频：实验室的安全急救措施

微课：常用仪器的洗涤

2. 配制 10g/L FeCl$_3$ 溶液 100mL

【仪器、试剂】

仪器：托盘天平、烧杯、量筒、玻璃棒、试剂瓶等。

试剂：FeCl$_3$ 固体、36% 浓盐酸。

【操作步骤】

用托盘天平称量 FeCl$_3$ 1g 置于烧杯中，用量筒量取浓盐酸 5mL，倒入盛有 FeCl$_3$ 的烧杯中，搅拌溶解，再量取 95mL 蒸馏水，倒入烧杯中，用玻璃棒搅拌混合均匀，将溶解完全并冷却的 FeCl$_3$ 溶液转移到试剂瓶中，贴签备用。

3. 配制 HCl 溶液（1∶9） 50mL

【仪器、试剂】

仪器：量筒、烧杯、试剂瓶等。

试剂：36% 浓盐酸。

【操作步骤】

用量筒量取浓盐酸 5mL，倒入盛有 45mL 蒸馏水的烧杯中，用玻璃棒搅拌，混匀；再将溶液转移至试剂瓶中，贴上标签。

微课：介质水溶法配制三氯化铁溶液

技能二　缓冲溶液配制技术

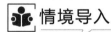 情境导入

许多化学反应和生产过程必须在一定的 pH 值范围内才能进行或进行得比较完全。那么怎样的溶液才具有维持自身 pH 值范围基本不变的作用呢？实验发现缓冲溶液具有这种作用。

 必备知识

一、缓冲溶液

能够抵抗外加少量强酸或强碱以及稀释等的影响，保持溶液 pH 值基本不变的溶液，称为缓冲溶液。通常由浓度较高的弱酸及其盐、弱碱及其盐所组成，如 HAc-NaAc、NH$_3$·H$_2$O-NH$_4$Cl。另外，在高浓度的强酸或强碱溶液中，由于 H$^+$ 或 OH$^-$ 浓度本来就很高，外加少量酸或碱基本不会对溶液的酸度产生太大的影响。在这种情况下，强酸（pH＜2）、强碱

(pH>12)也是缓冲溶液,但此类缓冲溶液不具有抗稀释的作用。

二、缓冲作用原理

为什么缓冲溶液可以抵抗外加少量的酸碱呢?现以 HAc-NaAc 体系来分析,从而得到缓冲溶液的一般规律。HAc-NaAc 体系存在下列平衡:

$$HAc \rightleftharpoons H^+ + Ac^-$$
$$NaAc \longrightarrow Na^+ + Ac^-$$

根据 HAc 的解离平衡,溶液中 $c_{H^+} = K_a \cdot \dfrac{c_{HAc}}{c_{Ac^-}}$,可见 HAc 溶液中 c_{H^+} 取决于 $\dfrac{c_{HAc}}{c_{Ac^-}}$。当外加少量的酸,$Ac^-$ 与 H^+ 结合生成 HAc,而溶液中原有大量的 HAc,因此 HAc 略有增加,Ac^- 略有减少,而 $\dfrac{c_{HAc}}{c_{Ac^-}}$ 比值变化甚微。因此溶液中的 c_{H^+} 或 pH 值几乎保持不变。在这里 Ac^- 是缓冲溶液的抗酸成分。

如果向上述混合溶液中加入少量的强碱,由强碱解离出来的 OH^- 与体系中相当大量的 HAc 分子结合,生成 Ac^- 和难解离的水,c_{HAc} 略有减少,c_{Ac^-} 略有增加,而 $\dfrac{c_{HAc}}{c_{Ac^-}}$ 比值变化甚微。因此溶液中的 c_{H^+} 或 pH 值维持相对稳定。在这里 HAc 是缓冲溶液的抗碱成分。

加水稀释时,溶液中 c_{HAc} 和 c_{Ac^-} 同步减小,而 $\dfrac{c_{HAc}}{c_{Ac^-}}$ 比值在一定的稀释范围内变化很小,故溶液中的 c_{H^+} 或 pH 值维持相对稳定。

在分析工作中用到的缓冲溶液,大多数是用于控制溶液的 pH,称为普通缓冲溶液;还有一部分是专门用于测量溶液的 pH 值时的参照标准(如用酸度计测定 pH 值时所用的标准溶液),被称为 pH 标准缓冲溶液。常用缓冲溶液的配制见表 4-1。

表 4-1 普通缓冲溶液的配制
(GB/T 603—2002)

pH	配制方法
3	$NaAc \cdot 3H_2O$ 0.8g 溶于适量水中,加 5.4mL HAc(冰醋酸),稀释至 1000mL
4	$NaAc \cdot 3H_2O$ 54.4g 溶于适量水中,加 92mL HAc(冰醋酸),稀释至 1000mL
4.5	$NaAc \cdot 3H_2O$ 164g 溶于适量水中,加 84mL HAc(冰醋酸),稀释至 1000mL
4~5	$NaAc \cdot 3H_2O$ 68g 溶于适量水中,加 28.6mL HAc(冰醋酸),稀释至 1000mL
6	$NaAc \cdot 3H_2O$ 100g 溶于适量水中,加 5.7mL HAc(冰醋酸),稀释至 1000mL
6.5	NH_4Ac 59.8g 溶于适量水中,加 1.4mL HAc(冰醋酸),稀释至 200mL
9.0	NH_4Cl 35g 溶于适量水中,加 15mol/L 氨水 24mL,稀释至 500mL
10	NH_4Cl 26.7g 溶于适量水中,加 36mL 氨水,稀释至 1000mL
11.0	NH_4Cl 3g 溶于适量水中,加 15mol/L 氨水 207mL,稀释至 500mL

在分析实验中,已有几个缓冲溶液被规定为标准参照缓冲溶液(见表 4-2),在市场上可以选购,按说明配制,即可得到所需的标准 pH 缓冲溶液。

表 4-2　pH 标准缓冲溶液

(GB/T 27501—2011)

pH 标准溶液	pH 值(25℃)
饱和酒石酸氢钾	3.559
0.05mol/kg 邻苯二甲酸氢钾	4.003
0.025mol/kg KH_2PO_4-0.025mol/kg Na_2HPO_4	6.864
0.01mol/kg 四硼酸钠	9.182

查一查

在国标 GB/T 27501—2011 中查一下 15℃ 时，0.05mol/kg 邻苯二甲酸氢钾的 pH 值。

想一想

缓冲容量，又称缓冲指数，指缓冲溶液缓冲效能的大小，缓冲溶液的缓冲作用是有限度的。自然界很多事是否都有一个限度？人的忍耐也是有限度的。

知识拓展

吃一些酸性食物或碱性食物能否改变人体血液的酸碱度？

答案是否定的。人体血液的 pH 不会因为人体代谢产生的酸性物质或碱性物质而有太大改变，就是因为血液中存在缓冲系统即碳酸氢盐系统。

食用碱性食物以后，人的呼吸会略缓，则肺吸进去的 CO_2 会转化为血液中的碳酸来中和过多的碱性物质；而当食用酸性物质后人的呼吸则会加快，通过肺将多余的 CO_2 排出体外，则碳酸浓度随之下降，产生碳酸氢盐来稳定酸性物质。

只有饮食均衡，保持良好的生活状态，才能使身体的酸碱度处于正常值范围。应该更正惯有的不科学认知，不能盲目地遵从民间舆论，科学认知，理性判断，用科学知识滋养自己，保持对科学知识的尊重，不造谣、不信谣、不传谣。

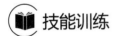技能训练

缓冲溶液配制技术

1. 配制 pH 为 9 的缓冲溶液

【仪器、试剂】

仪器：托盘天平，量筒，细口瓶等。

试剂：固体 NH_4Cl，浓氨水。

【操作步骤】

在托盘天平上称取 3.5g 固体 NH_4Cl，置于烧杯中，加适量蒸馏水溶解后，用量筒量取 6.5mL 浓氨水倒入烧杯，混合均匀后转移到细口瓶中，稀释至 50mL，贴上标签。

【注意事项】

由于浓氨水挥发性较强，该操作应该在通风橱内进行。

2. 配制 pH 为 4.01 的标准缓冲溶液

【仪器、试剂】

仪器：托盘天平，电子天平，烧杯，容量瓶。

试剂：固体邻苯二甲酸氢钾。

【操作步骤】

准确称取在 115～120℃下烘干 2～3h 的邻苯二甲酸氢钾 1.0120g，于小烧杯中溶解后，定量转移至 100 mL 容量瓶内，稀释至刻度，摇匀后贴上标签。

技能三　标准溶液配制技术

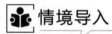

在化验室中，每天需要大量已知准确浓度的溶液用于检测生产各环节指标，这种溶液称为标准溶液，应如何配制标准溶液呢？

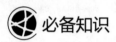

一、直接配制法

1. 基准物质

用于直接配制标准溶液的基准试剂（又称基准物质）应符合下列条件：

(1) 纯度高　一般要求纯度在 99.9% 以上。

(2) 组成恒定　试剂的组成与化学式完全相符。若含结晶水，其结晶水的含量应固定并符合化学式。

(3) 性质稳定　在配制和贮存中不发生化学变化。例如，烘干时不分解，称量时不吸湿，不吸收空气中的 CO_2，在空气中不被氧化等。

(4) 具有较大的摩尔质量　摩尔质量愈大，称取的质量愈大，称量的相对误差就愈小。

分析化学中常用的基准物质有无水碳酸钠（Na_2CO_3）、硼砂（$Na_2B_4O_7 \cdot 10H_2O$）、邻苯二甲酸氢钾（$KHC_8H_4O_4$）、草酸（$H_2C_2O_4 \cdot 2H_2O$），还有纯金属如 Zn、Cu 等。

2. 直接配制法

准确称取一定质量的基准试剂，溶解后定量地转移到一定体积的容量瓶中，稀释至刻度。根据称取物质的质量和定容的体积，计算出标准溶液的准确浓度。

【例题 1】配制 $c_{Na_2CO_3}$ 为 0.1000mol/L 的标准溶液 500mL，需 270～300℃下烘至恒重的无水碳酸钠多少克？

解：$c_{Na_2CO_3} = \dfrac{n_{Na_2CO_3}}{V} = \dfrac{\dfrac{m_{Na_2CO_3}}{M_{Na_2CO_3}}}{V} = \dfrac{\dfrac{m_{Na_2CO_3}}{106.0}}{\dfrac{500}{1000}} = 0.1000 \text{ (mol/L)}$

$m_{Na_2CO_3}$ = 5.3000g

配制方法：用电子天平准确称取于270～300℃下烘至恒重的无水碳酸钠5.3000g，置于烧杯中，加入适量蒸馏水使其完全溶解后，定量转移至500mL容量瓶中，然后稀释至刻度，摇匀。

用直接法配制的标准溶液可以直接用于滴定分析，这种方法快速、简便，但只能应用于配制基准物质的溶液，如$K_2Cr_2O_7$标准溶液、Na_2CO_3标准溶液等。

> **想一想**
>
> 标准溶液就是知道自己的准确浓度，就是"知己"，它可以用于分析测定未知物质的浓度，就是"知彼"，标准溶液用于科学定量分析，已经上百年的历史了，真是"知己知彼，百战不殆"。人贵自知，而后能学、能修身、能自我完善。

二、间接配制法

很多化学试剂不符合基准物质的条件，如NaOH容易吸收空气中的水分和CO_2；$KMnO_4$见光易分解；浓盐酸易挥发，组成不恒定等，这些物质只能采用间接法配制其标准溶液。

首先将试剂配成接近所需浓度的溶液，再用基准物质或另一种已知准确浓度的标准溶液测定其准确浓度，这种测定标准溶液准确浓度的操作称为标定。因此，间接配制法也称标定法。

1. 基准物质标定法

用电子天平准确称取一定质量的基准物质若干份，分别溶解后用待标定的标准溶液滴定，根据所消耗标准溶液的体积和称取基准物质的质量，计算出该标准溶液的准确浓度，取平均值作为待标定标准溶液的浓度。

$$c_T = \frac{m_B}{M_B V_T} \times 1000$$

式中　　c_T——待标定的标准溶液的物质的量浓度，mol/L；

　　　　m_B——称取基准物质的质量，g；

　　　　M_B——基准物质的摩尔质量，g/mol；

　　　　V_T——滴定所消耗的被标定溶液的体积，mL。

2. 标准溶液标定法

用移液管吸取一定量的已知准确浓度的标准溶液，然后用待标定的溶液滴定，根据所消耗待标定溶液的体积和已知准确浓度的标准溶液的浓度、体积，可以计算出待标定溶液的准确浓度。

$$c_T V_T = c_B V_B$$

$$c_T = \frac{c_B V_B}{V_T}$$

式中　　c_T——被标定溶液的物质的量浓度，mol/L；

　　　　V_T——滴定消耗被标定溶液的体积，mL；

　　　　c_B——已知标准溶液的物质的量浓度，mol/L；

　　　　V_B——已知标准溶液的体积，mL。

此处需依据化学反应方程式进行定量计算。

知识拓展

1. 标准溶液应严格按照国家或相关行业标准中规定的方法配制、标定。配制好的标准溶液应密封保存，防止水分蒸发。器壁上如有水珠，在使用前应摇匀。
2. 标准溶液应专人配制、标定，再由专人复核。
3. 标定好的标准溶液，应按要求存放在聚乙烯塑料瓶或玻璃瓶中。容器上贴上标签，标签上应注明溶液名称并加有"标准"二字、配制日期、配制人、标定人和有效期。
4. 标化周期

氢氧化钠溶液每个月标定一次；硫酸、盐酸溶液每三个月标定一次；其余标准溶液每两个月标定一次，但温差超过10℃时均应重标。

高氯酸标准溶液，若配制时的温度与使用时的温度相差超过10℃，应重新标定后才能使用。若不超过10℃，可根据校正公式加以校正。

想一想

若称量前、称量时、称量后分别吸收了水分，则对标定结果有无影响？如何影响？

技能训练

标准溶液配制技术

1. 配制 0.1000mol/L 的 $K_2Cr_2O_7$ 标准溶液 1000mL

【仪器、试剂】

仪器：电子天平、容量瓶、烧杯等。

试剂：基准 $K_2Cr_2O_7$。

【操作步骤】

减量法称取 4.90g±0.20g 已于 120℃±2℃ 的电烘箱中干燥至恒重的工作基准试剂重铬酸钾，置于烧杯中，加水溶解后转移至 1000mL 容量瓶中，然后加水稀释至刻度，摇匀。

$$c_{K_2Cr_2O_7} = \frac{n_{K_2Cr_2O_7}}{V} = \frac{\frac{m_{K_2Cr_2O_7}}{M_{K_2Cr_2O_7}}}{V} \times 1000$$

式中　$c_{K_2Cr_2O_7}$——$K_2Cr_2O_7$ 标准溶液的物质的量浓度，mol/L；

　　　$m_{K_2Cr_2O_7}$——称取重铬酸钾的质量，g；

　　　$M_{K_2Cr_2O_7}$——重铬酸钾的摩尔质量，g/mol；

　　　V——配制用容量瓶的体积，mL。

2. 配制 NaOH 标准溶液（0.1mol/L）

【仪器、试剂】

仪器：吸量管、电子天平、碱式滴定管、锥形瓶、称量瓶、量筒、烧杯、

微课：重铬酸钾标准溶液的配制

聚乙烯塑料瓶等。

试剂：固体氢氧化钠、基准邻苯二甲酸氢钾、酚酞指示液。

【操作步骤】

(1) NaOH 标准溶液（0.1mol/L）的配制 取 110g 氢氧化钠，溶于 100mL 无二氧化碳的水中，摇匀，注入聚乙烯容器中，密闭放置至溶液清亮。用吸量管量取上层清液 5.4mL，加新沸过的冷蒸馏水至 1000mL，摇匀。

(2) NaOH 标准溶液（0.1mol/L）的标定 取在 105℃ 干燥至恒重的基准邻苯二甲酸氢钾约 0.75g，精密称定，放入锥形瓶中，加新沸过的冷蒸馏水 50mL，振摇，使其全部溶解；加酚酞指示液 2 滴，用 NaOH 标准溶液滴定至溶液显粉红色。平行测定三次，取平均值。数据处理见表 4-3。

表 4-3 NaOH 标准溶液的标定数据处理表

测定次数		1	2	3
称取邻苯二甲酸氢钾的质量/g	m			
滴定时消耗 NaOH 标准溶液的体积/mL	$V_{初}$			
	$V_{终}$			
	$V=V_{终}-V_{初}$			
c_{NaOH}/(mol/L)				
c_{NaOH} 的平均值/(mol/L)				
相对平均偏差/%				

$$c_{NaOH} = \frac{m \times 1000}{(V_1 - V_2) \times M}$$

式中 m——邻苯二甲酸氢钾质量，g；

V_1——氢氧化钠溶液体积，mL；

V_2——空白试验消耗氢氧化钠溶液体积，mL；

M——邻苯二甲酸氢钾的摩尔质量，g/mol，$[M(KHC_8H_4O_4)=204.22]$。

【注意事项】

① 称取 NaOH 固体时，注意不要洒在操作台上，如有洒落，应及时处理；NaOH 具有强腐蚀性，不要接触到皮肤、衣服等。

② 配制 NaOH 溶液以少量蒸馏水除固体表面可能含有的 Na_2CO_3 时，不要搅拌，操作要迅速，以免 NaOH 溶解过多而减小溶液浓度。

3. 配制 HCl 标准溶液（0.1mol/L）

【仪器、试剂】

仪器：量筒、烧杯、酸式滴定管、锥形瓶、电炉、称量瓶、电子天平等。

试剂：浓盐酸、基准无水碳酸钠、甲基红-溴甲酚绿混合指示液。

微课：氢氧化钠标准溶液的配制与标定

【操作步骤】

(1) HCl 标准溶液（0.1mol/L）的配制 用量筒量取盐酸 9.0mL 倒入烧杯中，加水适量使成 1000mL，搅拌均匀。

(2) HCl 标准溶液（0.1mol/L）的标定 ①准确称取在 270~300℃ 干燥至恒重、质量为 0.2g 的基准无水碳酸钠三份分别置于三个锥形瓶中；②分别加水 50mL 使溶解，各加甲基红-溴甲酚绿混合指示液 10 滴；③分别用 HCl 溶液滴定至溶液由绿色转变为紫红色时；④煮沸 2min，冷却至室温；⑤继续滴定至溶液由绿色转变为暗紫色。数据处理见表 4-4。

表 4-4 HCl 标准溶液的标定数据处理表

测定次数		1	2	3
称取无水碳酸钠的质量/g	m			
滴定时消耗 HCl 标准溶液的体积/mL	$V_初$			
	$V_终$			
	$V=V_终-V_初$			
c_{HCl}/(mol/L)				
c_{HCl} 的平均值/(mol/L)				
相对平均偏差/%				

$$c_{HCl}=\frac{m\times1000}{(V_1-V_2)\times M}$$

式中　m——无水碳酸钠的质量，g；

　　　V_1——盐酸溶液体积，mL；

　　　V_2——空白试验消耗盐酸溶液体积，mL；

　　　M——无水碳酸钠的摩尔质量，g/mol，$[M(1/2Na_2CO_3)=52.994]$。

【注意事项】

接近滴定终点时，应剧烈摇动锥形瓶以加速 H_2CO_3 分解；或将溶液加热至沸赶除 CO_2，冷却后再滴定至终点。

微课：盐酸标准溶液的配制与标定

练习思考

1. 填空题

（1）用滴管滴加液体试剂时，滴管的尖端不得触及试管_____。

（2）配制 $FeCl_3$ 溶液时，应先加入适量一定浓度的_____使之溶解，再用蒸馏水稀释至所需体积，其目的是_____。

（3）能够抵抗外加少量_____或_____以及稀释等的影响，保持溶液 pH 值基本不变的溶液，称为_____。

（4）普通缓冲溶液主要用于控制溶液的_____。

（5）专门作为测量溶液的 pH 值时的参照标准的溶液称为_____缓冲溶液。

（6）能够直接配制标准溶液的物质称为_____，如_____。

（7）标定酸溶液时，常用的基准物质有_____和_____。

（8）标定碱溶液时，常用的基准物质有_____和_____。

2. 判断题

（1）配制溶液时，选用的试剂纯度越高越好。　　　　　　　　　　　　（　）

（2）用固体试剂配制溶液时，称量后用蒸馏水溶解并稀释至所需体积即可。（　）

（3）高浓度的强酸没有缓冲能力。　　　　　　　　　　　　　　　　　（　）

（4）HAc-NaAc 可以用于配制缓冲溶液。　　　　　　　　　　　　　　（　）

3. 选择题

(1) 欲配制 0.1mol/L 的盐酸标准溶液，量取浓盐酸用（　　）。
A 量筒　　　　　　B 移液管　　　　　　C 容量瓶　　　　　　D 滴定管

(2) 0.5mL 1mol/L 的 $FeCl_3$ 溶液与 0.2L 1mol/L 的 KCl 溶液中，Cl^- 浓度比为（　　）。
A 15∶2　　　　　　B 1∶1　　　　　　C 3∶1　　　　　　D 1∶3

(3) 配制一定体积、一定物质的量浓度的溶液，实验结果偏低，产生影响的是（　　）。
A 容量瓶中原有少量蒸馏水　　　　　　B 溶解所用的烧杯未洗涤
C 定容时仰视观察液面　　　　　　　　D 定容时俯视观察液面

(4) 将 4g NaOH 溶解在 10mL 水中，稀释至 1L，其物质的量浓度是（　　）。
A 1mol/L　　　　　　B 0.1mol/L　　　　　　C 0.01mol/L　　　　　　D 10mol/L

(5) 下列各溶液中，Na^+ 浓度最大的是（　　）。
A 0.8L 0.4mol/L 的 NaOH 溶液　　　　　　B 0.2L 0.15mol/L 的 Na_3PO_4 溶液
C 1L 0.3mol/L 的 NaCl 溶液　　　　　　　D 4L 0.5mol/L 的 NaCl 溶液

4. 简答题

(1) 举例说明表示溶液浓度的常用方法有哪些？
(2) 化学试剂有几个级别？如何从标签上识别？
(3) 常用的标准溶液的配制方法有几种？如何进行？
(4) 用于直接配制标准溶液的基准物质应符合什么条件？
(5) 称取 NaOH 固体为什么不能放在纸上称量，而要放在表面皿上称量？

项目五
滴定分析技术

🧩 思维导图

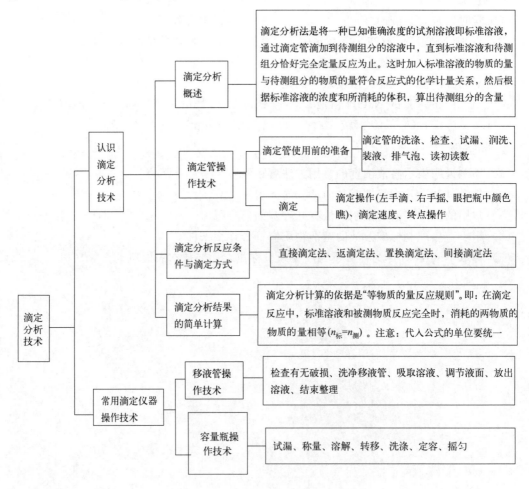

👁 学习要点

1. 了解滴定分析的基本概念，标准溶液、化学计量点、指示剂、滴定终点、终点误差。
2. 掌握滴定分析中数据的计算方法，掌握滴定分析法的分类、滴定方式、滴定分析对滴定反应的要求，熟悉滴定分析法的应用。
3. 会试漏、排气泡、读数等滴定管操作技术，能规范熟练地进行滴定操作，会判断滴定终点。
4. 能规范熟练地进行移液操作，能规范熟练地利用容量瓶配制溶液。

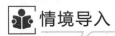职业素养目标

1. 培养严谨、求实、重视实践的科学精神和为追求操作的规范熟练精益求精的意识。
2. 通过对容量瓶的用途描述，强化一心一意、心无旁骛的专注精神。

技能一　认识滴定分析技术

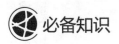情境导入

滴定分析技术是分析化学中重要的一类分析方法，它常用于测定含量≥1%的常量组分。此方法快速、简便、准确度高，在生产实际和科学研究中应用非常广泛。

必备知识

一、滴定分析概述

滴定分析法是将一种已知准确浓度的试剂溶液即标准溶液，通过滴定管滴加到待测组分的溶液中，直到标准溶液和待测组分恰好完全定量反应为止。这时加入的标准溶液的物质的量与待测组分的物质的量符合反应式的化学计量关系，然后根据标准溶液的浓度和所消耗的体积，算出待测组分的含量。这一类分析方法称为滴定分析法。滴加的溶液称为滴定剂，滴加溶液的操作过程称为滴定。

当滴加的标准溶液与待测组分恰好定量反应完全时的一点，称为化学计量点。通常利用指示剂颜色的突变或仪器测试来判断化学计量点的到达而停止滴定操作的一点称为滴定终点。实际分析操作中滴定终点与理论上的化学计量点常常不能恰好吻合，它们之间往往存在很小的差别，由此而引起的误差称为终点误差。终点误差的大小由指示剂的选择、指示剂的性能及用量等决定。

滴定分析法主要包括酸碱滴定法、配位滴定法、氧化还原滴定法及沉淀滴定法等。

二、滴定管操作技术

滴定管是滴定时可以准确测量滴定剂消耗体积的玻璃仪器，它是一根具有精密刻度，内径均匀的细长玻璃管，可连续地根据需要放出不同体积的液体，并准确读出液体体积的量器。

微视频：滴定分析简介

根据长度和容积的不同，滴定管可分为常量滴定管、半微量滴定管和微量滴定管。

常量滴定管容积有50mL、25mL，刻度最小0.1mL，最小可读到0.01mL。半微量滴定管容积10mL，刻度最小0.05mL，最小可读到0.01mL。其结构一般与常量滴定管较为类似。微量滴定管容积有1mL、2mL、5mL、10mL，刻度最小0.01mL，最小可读到0.001mL。此外还有半微量半自动滴定管，它可以自动加液，但滴定仍需手动控制。

滴定管一般分为两种，酸式滴定管和碱式滴定管，如图5-1所示。

酸式滴定管又称具塞滴定管，它的下端有玻璃旋塞开关，用来装酸性溶液与氧化性溶液

及盐类溶液，不能装碱性溶液如 NaOH 等。碱式滴定管又称无塞滴定管，它的下端有一根橡胶管，中间有一个玻璃珠，用来控制溶液的流速，它用来装碱性溶液和无氧化性溶液，凡可与橡胶管起作用的溶液均不可装入碱式滴定管中，如 $KMnO_4$、$K_2Cr_2O_7$、碘液等。由于不怕碱的聚四氟乙烯活塞的使用，克服了普通酸式滴定管怕碱的缺点，使酸式滴定管可以做到酸碱通用，所以碱式滴定管的使用大为减少。

1. 滴定管使用前的准备

(1) 检查试漏 滴定管洗净后，先检查旋塞转动是否灵活、是否漏液。先关闭旋塞，将滴定管充满水，用滤纸在旋塞周围和管尖处检查。然后将旋塞旋转 180°，直立两分钟，再用滤纸检查。如漏水，酸式滴定管涂凡士林。碱式滴定管使用前应先检查橡胶管是否老化，检查玻璃珠大小是否适当，若有问题，应及时更换。

(2) 滴定管的洗涤 滴定管使用前必须先洗涤，洗涤时以不损伤内壁为原则。洗涤前，关闭旋塞，倒入约 10mL 洗液，打开旋塞，放出少量洗液洗涤管尖，然后边转动边向管口倾斜，使洗液布满全管，最后从管口放出（也可用铬酸洗液浸洗）。用自来水冲净，再用蒸馏水洗三次，每次 10~15mL。碱式滴定管的洗涤方法与酸式滴定管不同，碱式滴定管可以将管尖与玻璃珠取下，放入洗液浸洗。管体倒立入洗液中，用洗耳球将洗液吸上洗涤。

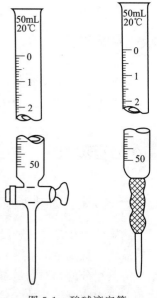

图 5-1 酸碱滴定管

(3) 润洗 滴定管在使用前还必须用操作溶液润洗三次，每次 10~15mL。润洗液弃去。

(4) 装液排气泡 洗涤后再将操作溶液注入至零线以上，检查活塞周围是否有气泡。若有，开大活塞使溶液冲出，排出气泡。滴定剂装入必须直接注入，不能使用漏斗或其他器皿辅助。碱式滴定管排气泡的方法与酸式滴定管不同，将碱式滴定管管体竖直，左手拇指捏住玻璃珠，使橡胶管弯曲，管尖斜向上约 45°，挤压玻璃珠处胶管，使溶液冲出，以排除气泡，如图 5-2 所示。

图 5-2 碱式滴定管排气泡

(5) 读数 放出溶液后（装满或滴定完后）需等待一至二分钟后方可读数。读数时，将滴定管从滴定管架上取下，右手捏住上部无液处，保持滴定管垂直。视线与弯月面最低点刻度水平线相切。视线若在弯月面上方，读数就会偏低；若在弯月面下方，读数就会偏高。若为有色溶液，其弯月面不够清晰，则读取液面最高点。一般初读数为 0.00 或 0~1mL 之间的任一刻度，以减小体积误差。

有的滴定管背面有一条蓝带，称为蓝带滴定管。蓝带滴定管的读数与普通滴定管类似，当蓝带滴定管盛溶液后将有两个弯月面相交，此交点的位置即为蓝带滴定管的读数位置，如图 5-3 所示。

2. 滴定

(1) 滴定操作 滴定时，应将滴定管垂直地夹在滴定管夹上，滴定台应呈白色。用左手

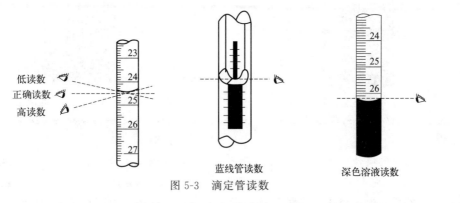

图 5-3 滴定管读数

控制旋塞,拇指在前,食指中指在后,无名指和小指弯曲在滴定管和旋塞下方之间的直角中。转动旋塞时,手指弯曲,手掌要空。右手三指拿住瓶颈,瓶底离台约 2～3cm,滴定管下端深入瓶口约 1cm,微动右手腕关节摇动锥形瓶,边滴边摇使滴下的溶液混合均匀。摇动锥形瓶的规范方式是右手执锥瓶颈部,手腕用力使瓶底沿顺时针方向画圆,要求使溶液在锥形瓶内均匀旋转,形成漩涡,溶液不能有跳动。管口与锥形瓶应无接触。

使用酸式滴定管时,必须用左手的拇指、食指及中指控制活塞,旋转活塞的同时稍稍向内(左方)扣住,这样可避免把活塞顶松而漏液。要学会旋转活塞来控制溶液的流速,如图 5-4 所示。

使用碱式滴定管时,应该用左手的拇指及食指在玻璃珠所在部位稍偏上处,轻轻地往一边挤压橡胶管,使橡胶管和玻璃珠之间形成一条缝隙,溶液即可流出。要能掌握手指用力的轻重来控制缝隙的大小,从而控制溶液的流出速度。

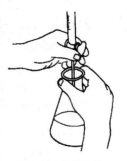

图 5-4 滴定操作

(2) 滴定速度 液体流速由快到慢,起初可以"连滴成线",之后逐滴滴下,快到终点时则要半滴地加入。半滴的加入方法是:小心放下半滴滴定液悬于管口,用锥形瓶内壁靠下,然后用洗瓶冲下。

(3) 终点操作 当锥形瓶内指示剂指示终点时,立刻关闭活塞停止滴定,用洗瓶淋洗锥形瓶内壁。取下滴定管,右手执管上部无液部分,使管垂直,目光与液面平齐,读出读数。读数时应估读一位。

滴定结束,滴定管内剩余溶液应弃去,洗净滴定管,夹在夹上备用。

3. 注意事项

(1) 滴定时,左手不允许离开活塞,放任溶液自己流下。

(2) 滴定时目光应集中在锥形瓶内的颜色变化上,不要去注视刻度变化,而忽略反应的进行。

(3) 一般每个样品要平行滴定三次,每次均从零线开始,每次均应及时记录在实验记录表格上,不允许记录到其他地方。

(4) 使用碱式滴定管注意事项

① 用力方向要平,以避免玻璃珠上下移动。

② 不要捏到玻璃珠下侧部分,否则有可能使空气进入管尖形成气泡。

③ 挤压胶管过程中不可过分用力,以避免溶液流出过快。

(5) 滴定也可在烧杯中进行,方法同上,但要用玻棒或电磁搅拌器搅拌。

微课：酸式滴定管的使用　　　　　　　　　微课：碱式滴定管的使用

> **想一想**
>
> 想一想滴定操作过程，滴定液一滴一滴加入，通过耐心操作、精准控制，最后半滴pH值出现突变完成滴定反应。滴定过程好比人生之路，坚持用心控制速度，精准放入每一滴，不急不躁、踏踏实实走好每一步人生路，一切都是最好的安排。

三、滴定分析反应条件与滴定方式

1. 滴定分析的反应条件

滴定分析属于化学分析的范畴。化学反应很多，但不是所有化学反应都能应用于滴定分析。适合滴定分析的化学反应必须具备以下几个条件。

（1）反应必须按照一定的反应式进行，不发生副反应，否则失去计算的依据。

（2）反应必须定量进行。反应完全程度要达到99.9％以上，这是定量计算的基础。

（3）反应速度要快，对于速度较慢的反应，可通过加热或加入催化剂等方法来加快反应速度。

（4）反应必须无干扰杂质存在，必须有适当方法确定滴定终点。

2. 滴定分析的方式

微视频：滴定分析的适用条件

（1）直接滴定法　能同时满足上述要求的滴定反应，可用标准溶液直接滴定被测物质。它是滴定分析中最常用、最基本的滴定方法。例如用标准盐酸溶液滴定未知含量的碱溶液等。如不能完全满足上述要求，可采用下述几种滴定方式。

（2）返滴定法　当被测物质是固体或滴定反应较慢，或没有合适的指示剂时，可采用返滴定法，即先向待测物质中加入已知过量的标准溶液，待标准溶液与试样充分作用后，再用另一种标准溶液滴定剩余的前一种标准溶液。

微课：滴定分析方法与滴定方式

（3）置换滴定法　对于不按一定反应方程式进行或伴有副反应的滴定反应，或受空气影响不能直接滴定的物质，可先用适当的试剂与被测物质作用，使其定量地置换出另一种能被滴定的物质，再用标准溶液滴定，这种滴定方式称为置换滴定法。

（4）间接滴定法　不能与标准溶液直接反应的物质，有时可通过其他化学反应进行间接滴定。

由于采用了返滴定法、置换滴定法和间接滴定法，使滴定分析的应用范围更广泛。

四、滴定分析结果的简单计算

滴定分析计算的依据是"等物质的量反应规则"。即：在滴定反应中，标准溶液和被测物质反应完全时,消耗的两物质的物质的量相等($n_{标}=n_{测}$)。

若被测物质溶液的体积为$V_{测}$、浓度为$c_{测}$,到达化学计量点时,用去浓度为$c_{标}$的滴定液的体积为$V_{标}$,则有$c_{标}V_{标}=c_{测}V_{测}$。注意:代入公式的单位要统一,比如体积常以升为单位换算后代入。

应用等物质的量反应规则进行滴定分析计算,关键在于选择基本单元。滴定分析中,被测组分与标准溶液之间是严格按照化学计量关系进行反应的,如果标准溶液的基本单元确定了,那么,被测组分的基本单元就不再是任意的,它由标准溶液的基本单元来确定,其原则和步骤如下:

(1) 写出有关的化学反应方程式,并将其配平。
(2) 找出被测物质与标准溶液的化学计量数。
(3) 确定标准溶液的基本单元,就本质而言,确定标准溶液的基本单元是任意的,但为了计算简便,通常以标准溶液的分子系数为1。
(4) 确定被测组分的基本单元,使之符合等物质的量规则。

【例题1】 准确移取20.00mL H_2SO_4溶液,用NaOH标准溶液(0.1000mol/L)滴定,当反应到达化学计量点时,消耗NaOH标准溶液20.00mL。试计算该H_2SO_4溶液的物质的量浓度。

解: 滴定反应为:
$$2NaOH + H_2SO_4 = Na_2SO_4 + 2H_2O$$

$$c_{H_2SO_4} V_{H_2SO_4} = \frac{1}{2} c_{NaOH} V_{NaOH}$$

$$c_{H_2SO_4} = \frac{c_{NaOH} V_{NaOH}}{2 V_{H_2SO_4}}$$

$$= \frac{0.1000 mol/L \times 20.00 \times 10^{-3} L}{2 \times 20.00 \times 10^{-3} L}$$

$$= 0.0500 mol/L$$

【例题2】 准确称取基准无水Na_2CO_3 0.1580g,溶于20~30mL水中,以甲基橙为指示剂,标定HCl标准溶液的浓度,当反应到达化学计量点时,用去HCl标准溶液24.80mL。试计算该HCl标准溶液的物质的量浓度。(已知,Na_2CO_3的摩尔质量为105.99g/mol)

解: 滴定反应为:
$$2HCl + Na_2CO_3 = H_2CO_3 + 2NaCl$$

$$n_{HCl} = 2 n_{Na_2CO_3}$$

$$n_{HCl} = c_{HCl} V_{HCl}$$

$$n_{Na_2CO_3} = \frac{m_{Na_2CO_3}}{M_{Na_2CO_3}}$$

$$c_{HCl} = 2 \times \frac{m_{Na_2CO_3}}{M_{Na_2CO_3} V_{HCl}}$$

$$= \frac{2 \times 0.1580 g}{105.99 g/mol \times 24.80 \times 10^{-3} L}$$

$$= 0.1202 mol/L$$

【例题3】 称取NaOH试样5.000g,溶于水后,注入250mL容量瓶中稀释至刻度。准确移取该试液 25.00mL，用 HCl 标准溶液（0.5000mol/L）滴定，到化学计量点时，消耗 HCl 标准溶液 24.45mL。试计算试样中 NaOH 的质量分数。（已知，NaOH 的摩尔质量为 40.01g/mol）

解：滴定反应为：

$$NaOH + HCl = NaCl + H_2O$$

$$n_{HCl} = n_{NaOH}$$

$$w_{NaOH} = \frac{c_{HCl} V_{HCl} M_{NaOH}}{m_s} \times 100\%$$

$$= \frac{0.5000 \text{mol/L} \times 24.45 \times 10^{-3} \text{L} \times 40.01 \text{g/mol}}{5.000 \text{g} \times \dfrac{25.00 \text{mL}}{250 \text{mL}}} \times 100\%$$

$$= 97.82\%$$

微课：滴定分析中的计算

微视频：试验数据的表示方法

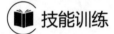

用 HCl 溶液滴定 NaOH 溶液

【仪器、试剂】

仪器：50mL 酸式滴定管、50mL 碱式滴定管、洗耳球、锥形瓶、玻璃棒等。

试剂：凡士林、铬酸洗液、0.1mol/L HCl 溶液、0.1mol/L NaOH 溶液、甲基橙指示剂、酚酞指示剂、滤纸。

【操作步骤】

（1）滴定管的使用　练习滴定管的洗涤、检漏、涂凡士林，用自来水练习排气泡、读数及滴定速度的控制，分别用锥形瓶和滴定管练习滴定过程中的两手配合操作。

（2）滴定终点练习　从碱式滴定管准确放出 20.00mL NaOH 溶液至一洁净的锥形瓶，加入 1～2 滴甲基橙指示剂，摇匀，用准备好的 HCl 溶液滴定至溶液由黄色变为橙色为终点。平行滴定 3 次，数据处理见表 5-1。

表 5-1　盐酸滴定氢氧化钠溶液数据处理表

测定次数	1	2	3
V_{NaOH}/mL			
HCl 初读数/mL			
HCl 终读数/mL			
V_{HCl}/mL＝HCl 初读数/mL－HCl 终读数/mL			
V_{HCl}/V_{NaOH}			
V_{HCl}/V_{NaOH} 平均数			
绝对偏差/%			
平均偏差/%			
相对平均偏差/%			

【注意事项】
1. 平行测定中所加指示剂量应一致，终点颜色也应尽量一致，以减少系统误差。
2. 滴定过程中要注意观察溶液颜色变化的规律。

> 想一想
> 在滴定分析操作中，还有哪些可以减少系统误差的做法？

技能二　常用滴定仪器操作技术

情境导入

移液管、容量瓶是最常用的滴定仪器，能否正确使用并准确读数是减小滴定系统误差的重要因素，通过学习和训练，不但要掌握仪器的使用方法，还要熟练、正确操作。

必备知识

一、移液管操作技术

常用的移液管有5mL、10mL、25mL和50mL等规格，通常又把具有刻度的直形玻璃管称为吸量管，常用的吸量管有1mL、2mL、5mL和10mL等规格。移液管和吸量管所移取的体积通常可准确到0.01mL，如图5-5所示。

根据所移溶液的体积和要求选择合适规格的移液管使用，在滴定分析中准确移取溶液一般使用移液管，反应需控制试液加入量时一般使用吸量管。

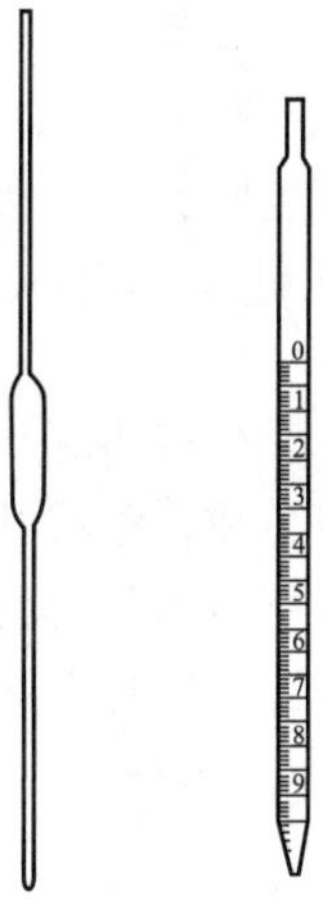

1. 检查

检查移液管的管口和尖嘴有无破损，若有破损则不能使用。

2. 清洗

图 5-5　移液管和吸量管

先用自来水淋洗后，用铬酸洗涤液浸泡，操作方法如下：用右手拿移液管或吸量管上端合适位置，食指靠近管上口，中指和无名指张开握住移液管外侧，拇指在中指和无名指中间位置握在移液管内侧，小指自然放松；左手拿洗耳球，持握拳式，将洗耳球握在掌中，尖口向下，握紧洗耳球，排出球内空气，将洗耳球尖口插入或紧接在移液管（吸量管）上口，注意不能漏气。慢慢松开左手手指，将洗涤液慢慢吸入管内，直至刻度线以上部分，移开洗耳球，迅速用右手食指堵住移液管（吸量管）上口，等待片刻后，将洗涤液放回原瓶。并用自来水冲洗移液管（吸量管）内、内壁至不挂水珠，再用蒸馏水洗涤3次，控干水备用。

3. 移取溶液

摇匀待吸溶液，将待吸溶液倒一小部分于一洗净并干燥的小烧杯中，用滤纸将清洗过的移液管尖端内外的水分吸干，并插入小烧杯中吸取溶液，当吸至移液管容量的1/3时，立即用右手食指按住管口，取出，横持并转动移液管，使溶液流遍全管内壁，将溶液从下端尖口处排入废液杯内。如此操作，润洗 3～4 次后即可吸取溶液。

将用待吸液润洗过的移液管插入待吸液面下 1～2cm 处用洗耳球按上述操作方法吸取溶液（注意移液管插入溶液不能太深，并要边吸边往下插入，始终保持此深度）。当管内液面上升至标线以上约 1～2cm 处时，迅速用右手食指堵住管口（此时若溶液下落至标线以下，应重新吸取），将移液管提出待吸液面，并使管尖端接触待吸液容器内壁片刻后提起，用滤纸擦干移液管或吸量管下端黏附的少量溶液。（在移动移液管或吸量管时，应将移液管或吸量管保持垂直，不能倾斜）

4. 调节液面

左手另取一干净小烧杯，将移液管管尖紧靠小烧杯内壁，小烧杯保持倾斜，使移液管保持垂直，刻度线和视线保持水平（左手不能接触移液管）。稍稍松开食指（可微微转动移液管或吸量管），使管内溶液慢慢从下口流出，液面将至刻度线时，按紧右手食指，停顿片刻，再按上法将溶液的弯月面底线放至与标线上缘相切为止，立即用食指压紧管口。将尖口处紧靠烧杯内壁，向烧杯口移动少许，去掉尖口处的液滴。将移液管或吸量管小心移至承接溶液的容器中，如图 5-6 所示。

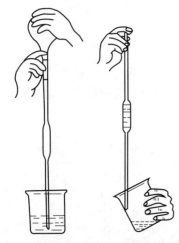

图 5-6 移取溶液的操作

5. 放出溶液

将移液管或吸量管直立，接收器倾斜，管下端紧靠接收器内壁，放开食指，让溶液沿接收器内壁流下，管内溶液流完后，保持放液状态停留 15s，将移液管或吸量管尖端在接收器靠点处靠壁前后小距离滑动几下（或将移液管尖端靠接收器内壁旋转一周），移走移液管（残留在管尖内壁处的少量溶液，不可用外力强使其流出，因校准移液管或吸量管时，已考虑了尖端内壁处保留溶液的体积。除在管身上标有"吹"字的，可用洗耳球吹出，不允许保留）。

6. 存放

洗净移液管，放置在移液管架上。

7. 注意事项

（1）移液管（吸量管）不应在烘箱中烘干。

（2）移液管（吸量管）不能移取太热或太冷的溶液。

（3）同一实验中应尽可能使用同一支移液管。

（4）移液管在使用完毕后，应立即用自来水及蒸馏水冲洗干净，置于移液管架上。

（5）移液管和容量瓶常配合使用，因此在使用前常作两者的相对体积校准。

（6）在使用吸量管时，为了减少测量误差，每次都应以最上面刻度（0 刻度）处为起始点，往下放出所需体积的溶液，而不是需要多少体积就吸取多少体积。

掌握要领：左手拿洗耳球，右手拿移液管。右手食指堵住移液管口。

微课：移液管的使用

> **想一想**
> 移液管，是中间有胖肚的单标线细长玻璃管，移取液体体积较吸量管准确，外形中通外直，好比心胸宽广、品行端正之人，令人推崇、敬慕。

二、容量瓶操作技术

容量瓶主要用于准确地配制一定物质的量浓度的溶液。它是一种细长颈、梨形的平底玻璃瓶，配有磨口塞。瓶颈上刻有标线，当瓶内液体在所指定温度下达到标线处时，其体积即为瓶上所注明的容积数。一种规格的容量瓶只能量取一个量。常用的容量瓶有100mL、250mL、500mL等多种规格。使用容量瓶配制溶液的方法如下。

1. 检漏

使用前检查瓶塞处是否漏水。具体操作方法是：在容量瓶内装入半瓶水，塞紧瓶塞，用右手食指顶住瓶塞，另一只手五指托住容量瓶底，将其倒立（瓶口朝下），观察容量瓶是否漏水。若不漏水，将瓶正立且将瓶塞旋转180°后，再次倒立，检查是否漏水，若两次操作容量瓶瓶塞周围皆无水漏出，即表明容量瓶不漏水。经检查不漏水的容量瓶才能使用。

2. 定量转移

把准确称量好的固体溶质放在烧杯中，用少量溶剂溶解，然后把溶液转移到容量瓶里。为保证溶质能全部转移到容量瓶中，要用溶剂多次洗涤烧杯，并把洗涤溶液全部转移到容量瓶里。转移时要用玻璃棒引流，方法是将玻璃棒一端靠在容量瓶颈内壁上，注意不要让玻璃棒其他部位触及容量瓶口，防止液体流到容量瓶外壁上。

3. 定容

向容量瓶内加入的液体液面离标线1cm左右时，应改用滴管小心滴加，最后使液体的弯月面与标线正好相切。若加水超过刻度线，则需重新配制。

4. 混匀

盖紧瓶塞，用倒转和摇动的方法使瓶内的液体混合均匀。静置后如果发现液面低于刻度线，这是因为容量瓶内极少量溶液在瓶颈处润湿所损耗，所以并不影响所配制溶液的浓度，故不要在瓶内添水，否则，将使所配制的溶液浓度降低。容量瓶的使用如图5-7所示。

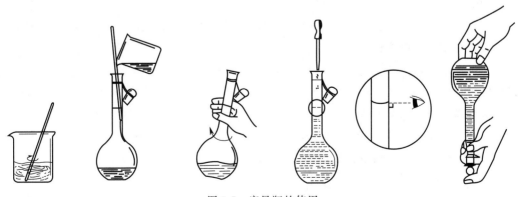

图5-7 容量瓶的使用

5. 注意事项

（1）容量瓶的容积是特定的，刻度不连续，所以一种型号的容量瓶只能配制同一体积的溶液。在配制溶液前，先要弄清楚需要配制的溶液的体积，然后再选用相同规格的容量瓶。

（2）易溶解且不发热的物质可直接用漏斗倒入容量瓶中溶解，其他物质基本不能在容量瓶里进行溶质的溶解，应将溶质在烧杯中溶解后转移到容量瓶里。

（3）用于洗涤烧杯的溶剂总量不能超过容量瓶的标线。

（4）容量瓶不能进行加热。如果溶质在溶解过程中放热，要待溶液冷却后再进行转移，因为一般的容量瓶是在20℃的温度下标定的，若将温度较高或较低的溶液注入容量瓶，容量瓶则会热胀冷缩，所量体积就会不准确，导致所配制的溶液浓度不准确。

微课：容量瓶的使用

（5）容量瓶只能用于配制溶液，不能储存溶液，因为溶液可能会对瓶体进行腐蚀，从而使容量瓶的精度受到影响。

（6）容量瓶用毕应及时洗涤干净，塞上瓶塞，并在塞子与瓶口之间夹一条纸条，防止瓶塞与瓶口粘连。

> **想一想**
>
> 一种规格的容量瓶只能精确地配制同一种体积的溶液，一个人的能力和精力都是有限的，只有将有限的能力和精力专注到一个领域，才能在充满干扰的世界，把一件事做到极致。

技能训练

常用滴定仪器操作技术

1. 准确移取 5.00mL 氯化钠溶液置于锥形瓶中

【仪器、试剂】

仪器：5mL 移液管或吸量管、洗耳球、锥形瓶、玻璃棒、烧杯等。

试剂：铬酸洗液、0.1mol/L NaCl 溶液、滤纸。

【操作步骤】

练习移液管的洗涤、移液、调节液面、放液、结束工作等，完成准确移取 5.00mL 氯化钠溶液置于锥形瓶中的操作。

> **想一想**
>
> 在移液操作中，如何减少系统误差？

2. 配制 0.1mol/L NaCl 溶液 250.0mL

【仪器、试剂】

仪器：电子天平（万分之一）、250mL 容量瓶、烧杯、玻璃棒、滴管、试剂瓶、标签。

试剂：固体 NaCl、蒸馏水。

【操作步骤】

(1) **计算**　计算配制所需固体溶质的质量。

(2) **称量**　用电子天平准确称量固体质量。

(3) **溶解**　在烧杯中溶解或稀释溶质，恢复至室温（如不能完全溶解可适当加热）。

(4) **转移**　将烧杯内冷却后的溶液沿玻璃棒小心转入 250mL 容量瓶中（玻璃棒下端应靠在容量瓶刻度线以下）。

(5) **洗涤**　用蒸馏水洗涤烧杯和玻璃棒 2～3 次，并将洗涤液转入容量瓶中，振荡，使溶液混合均匀。

(6) **定容**　向容量瓶中加水至刻度线以下 1～2cm 处时，改用滴管加蒸馏水，使溶液凹面恰好与刻度线相切。

(7) **摇匀**　盖好瓶塞，用食指顶住瓶塞，另一只手的手指托住瓶底，反复上下颠倒，使溶液混合均匀。

最后将配制好的溶液倒入试剂瓶中，贴好标签。

【注意事项】

① 称量时会引起误差。

② 未将烧杯洗涤，使溶液的物质的量减少，会导致溶液浓度不稳定。

③ 转移时不小心溅出溶液，会导致浓度偏低。

> 👥 **想一想**
>
> 　　如果摇匀溶液后发现液面低于刻度线，需要操作吗？

✎ 练习思考

1. 填空题

(1) 操作移液管时，应_____手拿洗耳球，_____手持移液管。

(2) 滴定操作时，应由_____手控制滴定管，_____手摇动锥形瓶。

(3) 常用的滴定管最小刻度是 0.1mL，读数可估读到_____mL。

2. 判断题

(1) 移液操作时，堵住移液管口用大拇指或者食指都可以。　　　　　　　　（　　）

(2) 移液管和滴定管在使用之前都需要进行润洗。　　　　　　　　　　　　（　　）

(3) 容量瓶中可以长久贮存溶液。　　　　　　　　　　　　　　　　　　　（　　）

(4) 使用酸式滴定管，滴定时左手可以离开旋塞任其自流。　　　　　　　　（　　）

(5) 移液管和滴定管的润洗液都需要一部分从下端放出，另一部分从上管口倒出。

（　　）

(6) 用移液管移液，放出溶液后一般需要维持原操作姿势等待 15s。　　　　（　　）

(7) 用容量瓶配制溶液，摇匀后若发现液面下降，需要继续补充。　　　　　（　　）

(8) 用 HCl 溶液滴定 NaOH 溶液时，选择酚酞作为指示剂。　　　　　　　（　　）

(9) 滴定管内装入标准溶液后,需要排气和调零。 (   )

3. 选择题

(1) 滴定速度一般是(   )。
A 先慢后快　　　　B 一直慢速进行　　　C 先快后慢　　　　D 一直快速进行

(2) 用 25mL 移液管移出液体的体积应记为(   )mL。
A 25　　　　　　　B 25.0　　　　　　　C 25.000　　　　　　D 25.00

(3) 每次滴定前,滴定管要添加滴定剂到 0 刻度附近,是为了(   )。
A 0.00 刻度的读数比其他地方的读数准确
B 减少读数次数
C 减少滴定管刻度不够均匀引起的体积误差,减少系统误差
D 保证溶液在下次滴定时足够

(4) 滴定管未赶气泡就读取了初读数,滴定后气泡消失,则所测得的溶液体积(   )。
A 无问题　　　　　B 偏大　　　　　　　C 偏小　　　　　　　D 可能偏大,可能偏小

(5) 将烧杯中的溶液转移到容量瓶中,下列操作不正确的是(   )。
A 转移时,不用玻璃棒
B 烧杯中的溶液流尽后,将烧杯轻轻顺玻璃棒上提
C 烧杯和玻璃棒上残液,用少量的水多次洗涤
D 转移时,玻璃棒的下端靠着容量瓶颈内壁

4. 简答题

请简述滴定方式的类型。

项目六
酸碱滴定技术

思维导图

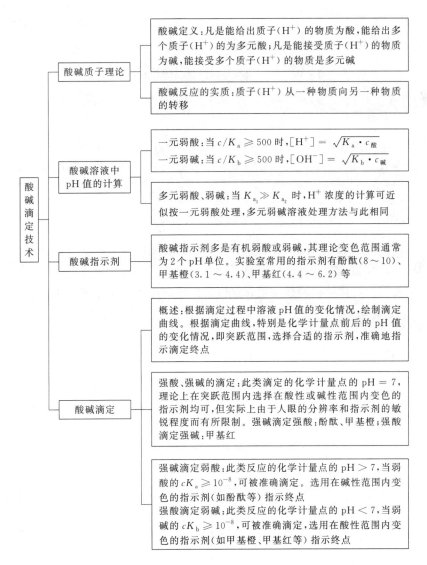

学习要点

1. 了解酸碱反应的实质及共轭酸碱的概念,掌握一元弱酸碱溶液 pH 值的计算。
2. 了解滴定分析的基本概念,理解强酸强碱溶液的滴定曲线、突跃范围。

3. 了解酸碱指示剂的变色原理、变色范围及滴定分析中指示剂的选择方法。

4. 通过实际操作,熟练掌握酸碱滴定操作技术及测定结果的简单计算;会用酸度计测定不同溶液的 pH 值。

职业素养目标

1. 通过具体的案例切身感受该课程和生产生活的紧密关系,培养运用所学知识解决实际问题的能力。

2. 通过酸碱质子理论学说的产生过程,培养会分析、会批判、会求证,不断探索、不断突破、不断进步的创新意识。

技能一　认识溶液的酸碱性

情境导入

医学证明,如果人体倾向酸性,人体细胞的作用就会变差,废物就不易排出,肾脏、肝脏的负担就会加大,新陈代谢缓慢,各种器官的功能减弱。那么什么是酸性?什么是碱性?

必备知识

酸碱滴定技术是以酸、碱之间的质子转移反应为基础的一种滴定分析技术,具有反应简单,反应速度快,且指示剂选择比较容易等特点。该技术在分析检验中应用广泛,可以直接测定碱性或酸性物质,也可以间接测定在反应中生成的定量酸或碱的物质。

一、酸碱质子理论

1. 酸碱的概念

酸碱质子理论认为:凡是能给出质子(H^+)的物质是酸,凡是能接受质子(H^+)的物质是碱;在一定条件下能给出质子,在另一条件下又能接受质子的物质是两性物质。能给出多个质子(H^+)的为多元酸,能接受多个质子(H^+)的物质是多元碱;酸碱反应的实质是质子(H^+)从一种物质向另一种物质的转移,用简式表示为:

$$酸 \rightleftharpoons 质子 + 碱$$
$$HCl \rightleftharpoons H^+ + Cl^-$$
$$NH_4^+ \rightleftharpoons H^+ + NH_3$$
$$H_2CO_3 \rightleftharpoons H^+ + HCO_3^-$$
$$HCO_3^- \rightleftharpoons H^+ + CO_3^{2-}$$
$$H_2O \rightleftharpoons H^+ + OH^-$$
$$H_3O^+ \rightleftharpoons H^+ + H_2O$$

微课:酸碱质子理论

酸和碱之间的这种相互关系称为共轭关系,对于仅差一个质子的对应酸、碱称为共轭酸碱对。在酸碱质子理论中,酸和碱可以是分子,也可以是阴离子或阳离子。并且当酸给出质子后就生成了碱,碱接受质子后就成了酸。酸

微视频:电离度

和碱不是对立的两种物质，其区别仅在于对质子亲和力的不同。

> **练一练**
>
> 写出下列物质的共轭酸或共轭碱：
>
> HNO_3　H_2SO_4　CH_3COOH　$H_2PO_4^-$　HPO_4^{2-}　HCO_3^-　H_2O　NH_4^+

> **知识拓展**
>
> 强酸、强碱，以及大部分盐在水溶液中完全解离，以正、负离子的形式存在于溶液中，均为强电解质，如：$HCl \Longrightarrow H^+ + Cl^-$、$NaOH \Longrightarrow Na^+ + OH^-$、$Na_2CO_3 \Longrightarrow 2Na^+ + CO_3^{2-}$ 等。强电解质溶液中，离子浓度一般较大，离子间的静电作用显著，溶液的导电性比理论要低，产生解离不完全的假象。因此强电解质的解离度仅反应溶液中离子间的相互牵制作用的强弱程度，称为表观解离度。在单位体积电解质溶液中，表观上所含的离子浓度就是有效浓度，也叫活度，常用 α 表示。$\alpha = fc$，f 叫活度系数，它反映电解质溶液中离子相互牵制作用的大小。

> **知识拓展**
>
> 瑞典科学家阿伦尼乌斯（Arrhenius）总结大量事实，于1887年提出了关于酸碱的本质观点——酸碱电离理论。在酸碱电离理论中，酸碱的定义是：凡在水溶液中电离出的阳离子全部都是 H^+ 的物质叫酸；电离出的阴离子全部都是 OH^- 的物质叫碱，酸碱反应的本质是 H^+ 与 OH^- 结合生成水的反应。酸碱电离理论更深刻地揭示了酸碱反应的实质；但是在没有水存在时，也能发生酸碱反应，例如氯化氢气体和氨气发生反应生成氯化铵，但这些物质都未电离，电离理论不能讨论这类反应。
>
> 布朗斯特（J. N. Bronsted）和劳里（Lowry）于1923年提出了酸碱质子理论，对应的酸碱定义是："凡是能够给出质子（H^+）的物质都是酸；凡是能够接受质子的物质都是碱。"由此看出，酸碱的范围不再局限于电中性的分子或离子化合物，带电的离子也可称为"酸"或"碱"。
>
> 酸碱质子理论提出了酸碱的相对性，扩大了酸碱反应的范围。因此，在科学的道理上，要学会分析、学会批判、学会求证，不断探索、不断创新、不断进步。

2. 水的解离和溶液的pH值

（1）水的解离　水是一种既能接受质子又能放出质子的两性物质。实验证明，纯水有微弱的导电性，它是一种极弱的电解质。在纯水中存在着下列平衡：

$$H_2O + H_2O \Longrightarrow H_3O^+ + OH^-$$

上述平衡式可简写为：

$$H_2O \Longrightarrow H^+ + OH^-$$

水分子间发生的这种质子转移，称为质子自递作用，其解离程度用平衡常数表示为：

$$K_i = \frac{[H^+][OH^-]}{[H_2O]}$$

即$[H^+][OH^-]=[H_2O]K_i=K_W$，$K_W$称为水的离子积常数，简称水的离子积。经实验测定得知，在22℃时，$K_W=[H^+][OH^-]=10^{-7}\times10^{-7}=1.0\times10^{-14}$。

（2）溶液的pH值 浓度较稀溶液的酸碱性通常用pH值表示，定义$pH=-lg[H^+]$，295K时，中性溶液pH=7，酸性溶液pH<7，碱性溶液pH>7。pH值越小酸性越强，pH值越大碱性越强；一般而言，pH值的范围是0～14，当$[H^+]$大于1mol时，直接用$[H^+]$表示溶液的酸碱性。pH值相差一个单位，$[H^+]$相差10倍，因此两种不同pH的溶液混合，必须换算成$[H^+]$再进行计算。

二、弱酸弱碱的解离常数和解离度

酸的强弱取决于酸给出质子的能力强弱，酸给出质子的能力越强，其酸性越强，反之越弱；碱的强弱取决于碱接受质子的能力强弱，接受质子的能力越强，其碱性越强，反之越弱。

1. 弱酸弱碱的解离常数

酸碱的强弱可由它们在水中的解离反应平衡常数的大小来衡量，弱酸（HA）和弱碱（A^-）的解离常数分别用K_a和K_b表示。

以HA表示一元弱酸，A^-表示一元弱碱，在一定温度下达到平衡时，存在着下列解离平衡：

$$HA \rightleftharpoons H^+ + A^- \qquad K_a = \frac{[A^-][H^+]}{[HA]}$$

$$A^- + H_2O \rightleftharpoons HA + OH^- \qquad K_b = \frac{[HA][OH^-]}{[A^-]}$$

弱酸的K_a值越大表示其酸性越强，弱碱的K_b值越大表示其碱性越强。对于共轭酸碱来说，酸越易给出质子其酸性越强，则其对应的共轭碱对质子的亲和力越弱，其碱性就越弱。反之酸性越弱其共轭碱碱性越强。

$$K_a K_b = \frac{[A^-][H^+]}{[HA]} \times \frac{[HA][OH^-]}{[A^-]} = [H^+][OH^-] = K_W$$

即一元共轭酸碱对的$K_a K_b$具有下列定量关系：

$$K_a K_b = K_W$$

因此，已知酸或碱的解离常数就可以计算其共轭碱或共轭酸的解离常数。

微视频：解离平衡常数

> **练一练**
>
> 试判断下列物质是酸还是碱，并指出其共轭酸（碱）：
>
> H_2CO_3　　HAc　　H_3PO_4　　Na_2CO_3　　NaH_2PO_4　　K_2HPO_4

2. 弱酸弱碱的解离度

解离度是弱酸弱碱在溶液中达到解离平衡时，已经解离的浓度占初始浓度的百分比，用α表示：

$$\alpha = \frac{c_{解离}}{c_{初始}} \times 100\%$$

解离度的大小主要取决于电解质的本性，同时也与溶液的浓度、温度等因素有关。在一定温度下，同一弱电解质，浓度越小，其解离度越大；温度越高，其解离度越大，但温度影响较小，若不注明均视为25℃。

微视频：解离度

三、弱酸弱碱解离平衡和溶液 pH 值的计算

1. 一元弱酸弱碱溶液

弱酸弱碱解离平衡系统中的 $[H^+]$ 可由酸、碱的各存在型体间的关系计算得到。设一元弱酸 HA 的浓度为 c(mol/L)，解离度为 α，则有：

	HA	$\rightleftharpoons$	H^+	$+$	A^-
起始浓度	c		0		0
解离浓度	$c\alpha$		$c\alpha$		$c\alpha$
平衡浓度	$c - c\alpha$		$c\alpha$		$c\alpha$

$$K_a = \frac{[A^-] \times [H^+]}{[HA]} = \frac{c\alpha \times c\alpha}{c - c\alpha} = \frac{c\alpha^2}{1-\alpha}$$

当 $c/K_a \geq 500$ 时，$1-\alpha \approx 1$，则

$$K_a = c\alpha^2 \quad 或 \quad \alpha = \sqrt{\frac{K_a}{c}}$$

所以，一元弱酸溶液中，$[H^+]$ 的近似计算公式为：

$$[H^+] = c\alpha = \sqrt{cK_a} \quad (\alpha \leq 5\%)$$

同理，一元弱碱溶液中，K_b、$[OH^-]$ 的近似计算公式为：

$$K_b = c\alpha^2 \quad 或 \quad \alpha = \sqrt{\frac{K_b}{c}} \quad (\alpha \leq 5\%)$$

$$[OH^-] = c\alpha = \sqrt{cK_b} \quad (\alpha \leq 5\%)$$

把上述近似计算推广到一般，当 $c/K_a > 500$ 时，可得浓度为 c 的一元弱酸溶液中 $[H^+]$ 的近似计算公式为：

$$[H^+] = \sqrt{K_a c_{酸}}$$

用同样的方法，可以求出一元弱碱溶液中 $[OH^-]$ 的近似计算公式：

$$[OH^-] = \sqrt{K_b c_{碱}}$$

【例题 1】 298.15K 时，HAc 的解离常数为 1.76×10^{-5}。计算 0.10mol/L HAc 溶液的 H^+ 浓度、pH 值和解离度。

解：HAc 为一元弱酸，$c/K_a > 500$，可以用近似计算公式：

$$[H^+] = \sqrt{K_a c_{酸}}$$

$$[H^+] = \sqrt{1.76 \times 10^{-5} \times 0.10} = 1.33 \times 10^{-3} (\text{mol/L})$$

$$pH = -\lg[H^+] = -\lg(1.33 \times 10^{-3}) = 2.88$$

$$\alpha = \frac{[H^+]}{c} \times 100\% = \frac{1.33 \times 10^{-3}}{0.1} = 1.33\%$$

微视频：解离平衡常数和解离度的关系

> **知识拓展**
>
> 在已建立了酸碱解离平衡的弱酸或弱碱溶液中,加入含有同种离子的易溶强电解质,使酸碱解离平衡向着降低弱酸或弱碱解离度的方向移动的作用,称为同离子效应。
>
> 在弱电解质溶液中加入不含相同离子的易溶强电解质时,使弱电解质解离度增大的作用,称为盐效应。
>
> 在发生同离子效应的同时总是伴随盐效应的发生,但同离子效应通常比盐效应的影响要强得多,故在一般的酸碱平衡计算中,通常忽略盐效应的影响,而主要考虑同离子效应。

2. 多元弱酸弱碱溶液

多元弱酸、弱碱在水溶液中的解离是分步进行的。如:25℃时,H_2S 在水溶液中有二级解离:

$$H_2S \rightleftharpoons HS^- + H^+ \qquad K_{a_1} = 1.3 \times 10^{-7}$$

$$HS^- \rightleftharpoons S^{2-} + H^+ \qquad K_{a_2} = 7.1 \times 10^{-15}$$

微视频:影响解离平衡的因素

由于 $K_{a_1} \gg K_{a_2}$,所以第一级解离是主要的。通常,H^+ 浓度的计算可近似按一元弱酸处理。不同弱酸的相对强弱,由第一级解离常数来比较。

多元弱碱溶液处理方法与此相同,计算 OH^- 浓度只考虑第一步解离。但应注意,K_{b_1} 的计算要使用相应多元酸的最后一级解离常数。

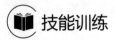 技能训练

用酸度计测定三种溶液的 pH 值

1. 仪器、试剂

仪器:酸度计、托盘天平、电子天平、烧杯、容量瓶、小烧杯等。

试剂:固体 $C_8H_5O_4K$、固体 Na_2HPO_4、固体 KH_2PO_4、固体 $NaOH$、浓 HCl、HAc(冰醋酸)、固体 $NaAc \cdot 3H_2O$(三水醋酸钠)、固体 $NaHCO_3$(小苏打)。

2. 操作步骤

(1) 标准缓冲溶液的配制

① pH=4.00 的标准缓冲溶液的配制。准确称取在 115~120℃下烘干 2~3h 的邻苯二甲酸氢钾 1.0120g,于小烧杯中溶解后,定量转移至 100mL 容量瓶内,稀释至刻度,摇匀后贴上标签。

② pH=6.86 的标准缓冲溶液的配制。分别称取在 110~113℃下烘干 2~3h 的磷酸二氢钾(KH_2PO_4)0.3388g 和磷酸氢二钠(Na_2HPO_4)0.3533g,于小烧杯中溶解后,定量转移至 100mL 容量瓶内,稀释至刻度,摇匀后贴上标签。

(2) 待测定溶液的配制

① 称取 $NaAc \cdot 3H_2O$ 0.8g 溶于适量水中,加 5.4mL HAc(冰醋酸),稀释至 1000mL。

② 称取 $NaHCO_3$(小苏打)2.0g 配制成 100mL 溶液。

③ 0.1mol/L 的 HAc 溶液的配制。用量筒量取 5.7mL HAc(冰醋酸)倒入烧杯中,加

水适量使成 1000mL，搅拌均匀。

（3）pH 计的准备和校正

① pH 计的准备。放下电极架使托盘与实验台面接触，并用螺丝固定，移动电极夹至电极架的顶端。取下复合电极的橡胶帽，将其上端夹入电极夹的大孔中，将复合电极连在它的接线柱上。

② pH 计的校正。打开仪器的电源开关（ON），把测量选择开关拨向"pH"挡；把电极用蒸馏水清洗，滤纸吸干，先用 pH=6.86 的标准缓冲溶液校正；然后再用 pH=4.00 的标准缓冲溶液校正，使仪器所指示的 pH 分别与缓冲溶液的 pH 相同。

（4）测量

取出电极，用蒸馏水清洗，用滤纸吸干。再将电极插入待测溶液中，轻轻晃动烧杯，使电极周围的溶液均匀分布，待指示读数值稳定后，记下溶液的 pH。

一个样品测定完毕后，如果还要测定其他样品，可以连续进行，但要注意每一次测定完，都要用洗瓶将电极表面淋洗干净后才能测定下一个样品。如果其间间隔时间不长，可不必关闭电源。

实验结束，则要把开关及其他调节器恢复到原来位置，把复合电极浸于蒸馏水中。数据处理见表 6-1。

表 6-1 待测溶液 pH 数据处理

测定次数	1	2	3	平均值
NaAc·HAc 溶液				
小苏打溶液				
HAc 溶液				

【注意事项】

1. 玻璃电极的玻璃膜极薄，容易破损，切忌与硬物接触。
2. 电极不要触及杯底，以溶液浸没玻璃泡为限。

想一想

玻璃电极应如何清洗？如何对 pH 计进行校正？

技能二 酸碱滴定技术

情境导入

酸碱滴定技术是以酸碱中和反应为基础的滴定分析技术。一般酸碱以及能与酸碱直接或间接发生反应的物质，几乎都可以利用酸碱滴定法进行测定。小明在学习了酸碱指示剂、酸碱滴定曲线与指示剂的选择等相关知识后，开始跃跃欲试，打算亲测一下自家食用的某品牌食醋的总酸度是否符合国家标准。

必备知识

一、酸碱指示剂

1. 酸碱指示剂的变色原理

借助于颜色的改变来指示溶液 pH 的物质称为酸碱指示剂。酸碱指示剂多是有机弱酸或

有机弱碱。它们的分子经解离后产生的离子具有不同的颜色。以弱酸指示剂（通式为 HIn）为例，它在溶液中有如下解离平衡：

$$HIn \rightleftharpoons H^+ + In^-$$
$$\text{酸式色} \qquad\qquad \text{碱式色}$$

当溶液的 c_{H^+} 增加时，解离平衡向左移动而呈现酸式色；当 c_{H^+} 降低时，平衡向右移动而呈现碱式色。可见溶液中 c_{H^+} 的改变会使指示剂颜色发生变化。由此可知，酸碱指示剂变色的内因是指示剂本身结构的变化，外因是溶液 c_{H^+}（酸度）的改变。

2. 酸碱指示剂变色范围

酸碱指示剂颜色的改变是在溶液酸度的影响下，酸式（分子或离子）或碱式浓度的改变引起的。当溶液中酸式的浓度比碱式大得多时，显示酸式的颜色；当溶液中碱式的浓度比酸式大得多时，显示碱式的颜色；当溶液中酸式和碱式的浓度相差不大时，则显示出混合色。例如，pH＝3 时，甲基红指示剂显示红色；pH＝7 时，甲基红指示剂显示黄色；而 pH 在 4～6 时显示橙红、橙、橙黄等各种过渡的混合色。我们把人眼能看到的指示剂颜色变化的 pH 范围，称为指示剂的变色范围。这个范围通常为 2 个 pH 单位。

影响酸碱指示剂变色范围的因素有：

(1) 指示剂本身的性质 指示剂本身是弱酸或弱碱，其酸碱性的强弱直接影响滴定反应中溶液的 pH，所以，不同指示剂变色范围是不同的。

(2) 滴定顺序的影响 在具体选择指示剂时，由于肉眼对不同颜色的敏感程度不同，因而还应注意滴定过程中滴定顺序对指示剂变色的影响。

(3) 指示剂的用量 一般说来，指示剂的用量过大和过小都会影响终点颜色的判断。其用量大，变色范围也会增大。

(4) 温度等外部条件 温度的变化引起指示剂解离常数变化，因此指示剂的变色范围也随之变动。表 6-2 列出了一些常用的酸碱指示剂。

表 6-2 常用酸碱指示剂

指示剂	变色范围	颜色		pK_{HIn}	浓度
		酸式	碱式		
百里酚蓝	1.2～2.8	红色	黄色	1.6	0.1%的20%乙醇溶液
甲基橙	3.1～4.4	红色	黄色	3.4	0.1%的水溶液
溴酚蓝	3.1～4.6	黄色	紫色	4.10	0.1%的20%乙醇溶液
甲基红	4.4～6.2	红色	黄色	5.10	0.1%的60%乙醇溶液
溴百里酚蓝	6.2～7.6	黄色	蓝色	7.30	0.1%的20%乙醇溶液
中性红	6.8～8.0	红色	黄色	7.4	0.1%的60%乙醇溶液
酚酞	8.0～10	无色	红色	9.1	0.1%的90%乙醇溶液
百里酚酞	9.4～10.6	无色	蓝色	10.0	0.1%的90%乙醇溶液

3. 混合指示剂

在酸碱滴定中，有时需要将滴定终点限制在很窄的 pH 值范围内，或使终点颜色变化敏锐，这时可采用混合指示剂。混合指示剂有两种：

(1) 由两种或两种以上的酸碱指示剂混合而成，利用颜色之间的互补作用，使变色更加敏锐。如甲酚红（pH 7.2～8.8，黄～紫）和百里酚蓝（pH 8.0～9.6，黄～蓝）按 1∶3 混合，所得混合指示剂变色范围变窄，为 pH 8.2～8.4，颜色变化由黄～蓝。

（2）由某种指示剂和一种惰性染料（如亚甲基蓝、靛蓝二磺酸钠等）组成，后者的颜色不随 pH 值变化，只起背景作用。当溶液的 pH 值达到某个数值，指示剂的颜色与染料的颜色互补，颜色发生突变，使混合指示剂变色敏锐。常用的混合指示剂见表 6-3。

表 6-3　常用混合指示剂

指示剂的组成	变色点 pH	酸式色	碱式色	备注
1 份 0.1％甲基黄乙醇溶液 1 份 0.1％亚甲基蓝乙醇溶液	3.25	蓝紫色	绿色	pH＝3.2 蓝紫色 pH＝3.4 绿色
1 份 0.1％甲基橙水溶液 1 份 0.25％靛蓝二磺酸钠水溶液	4.1	紫色	黄绿色	pH＝4.1 灰色
3 份 0.1％溴甲酚绿乙醇溶液 1 份 0.2％甲基红乙醇溶液	5.1	酒红色	绿色	pH＝5.1 灰色
1 份 0.1％中性红乙醇溶液 1 份 0.1％亚甲基蓝乙醇溶液	7	蓝紫色	绿色	pH＝7.0 蓝紫色
1 份 0.1％甲酚红钠盐水溶液 3 份 0.1％百里酚蓝钠盐水溶液	8.3	黄色	紫色	pH＝8.2 粉色 pH＝8.4 紫色

二、酸碱滴定曲线与指示剂的选择

酸碱滴定过程中，随着滴定剂不断地加入被滴定溶液中，溶液的 pH 值不断地变化。根据滴定过程中随着滴定剂的加入溶液 pH 值的变化情况而绘制的曲线称为滴定曲线。根据滴定曲线，特别是化学计量点前后的 pH 值的变化情况，选择合适的指示剂，准确地指示滴定终点，否则将会引起较大的滴定误差。

1. 强酸、强碱之间的滴定

（1）滴定过程中 pH 值的计算和滴定曲线　这一类滴定包括用强碱滴定强酸和用强酸滴定强碱，其实质是酸碱中和反应，可表示为：

$$H^+ + OH^- \rightleftharpoons H_2O$$

现以 0.1000mol/L NaOH 溶液滴定 20mL 0.1000mol/L HCl 为例，讨论强碱滴定强酸的情况。为了计算滴定过程中 pH 值，可将整个滴定过程分为 4 个阶段。

① 滴定前。溶液的酸度等于 HCl 溶液的酸度。

$$c_{H^+} = 0.1000 \text{mol/L}$$
$$pH = 1.00$$

② 滴定开始至化学计量点前。溶液的酸度取决于剩余的 HCl 溶液的浓度。例如，当滴入 NaOH 滴定液 18.00mL 时：

$$c_{H^+} = 0.1000 \text{mol/L} \times \frac{2.00\text{mL}}{20.00\text{mL} + 18.00\text{mL}} = 5.26 \times 10^{-3} \text{mol/L}$$
$$pH = 2.28$$

同法，可计算滴入 NaOH 滴定液 19.80mL、19.98mL 时溶液的 pH 值。

③ 滴定至化学计量点。此时，溶液呈中性，pH＝7.00。

④ 滴定至化学计量点后。溶液的碱度取决于过量的 NaOH 滴定液的浓度。例如，当滴入 NaOH 滴定液 20.02mL 时：

$$c_{OH^-} = 0.1000 \text{mol/L} \times \frac{0.02\text{mL}}{20.00\text{mL} + 20.02\text{mL}} = 5.0 \times 10^{-5} \text{mol/L}$$

$$pOH = 4.30$$
$$pH = 14.00 - pOH = 14.00 - 4.30 = 9.70$$

用类似的方法可逐一计算滴定过程中滴定溶液的 pH 值，计算结果列于表 6-4。以滴定剂 NaOH 溶液的加入量或滴定分数为横坐标，以其相对应的 pH 值为纵坐标作图，则得到如图 6-1 所示的强碱滴定强酸的滴定曲线。

表 6-4 0.1000 mol/L NaOH 滴定 20.00mL 0.1000mol/L HCl

加入 NaOH/mL	HCl 被滴定的体积百分数/%	剩余 HCl/mL	过量 NaOH/mL	溶液的 pH 值
0.00	0.00	20.00		1.00
10.00	50.00	10.00		1.48
18.00	90.00	2.00		2.28
19.80	99.00	0.20		3.30
19.98	99.90	0.02		4.30
20.00	100.00	0.00		7.00
20.02	100.10		0.02	9.70
20.20	101.00		0.20	10.70
22.00	110.00		2.00	11.70
40.00	200.00		20.00	12.50

观察图 6-1 滴定曲线可看出：

① NaOH 从 0～19.98mL，pH 从 1.0 增加到 4.3，ΔpH=3.3，不显著渐变，曲线平坦。

② 在化学计量点附近，NaOH 从 19.98～20.02mL，pH 从 4.3 增加到 9.7，ΔpH=5.4，变化近 5.4 个 pH 单位，这种 pH 的急剧改变称为滴定突跃。终点误差从 -0.1% 到 +0.1% 对应的 pH 范围称为滴定的突跃范围，简称突跃范围。上述滴定的突跃范围为 4.30～9.70。

③ 化学计量点后，pH 主要由过量 NaOH 来决定，变化比较缓慢，曲线后段又转为平坦。

(2) 指示剂的选择 凡是指示剂的变色范围全部或部分落在滴定突跃范围之内，都可以作为这一滴定的指示剂。在 pH 为 4.3～9.7 的突跃范围内，可以选择甲基橙（3.1～4.4）、酚酞（8.0～9.6）、甲基红（4.4～6.2）作指示剂，但以甲基红和酚酞为最好。

当然，强酸、强碱的浓度不同，虽然化学计量点的 pH 值仍为 7，但是突跃范围会随之改变。浓度越浓，滴定的突跃范围也越大，指示剂的选择余地也就越大；反之，指示剂的选择就会有所限制，如图 6-2 所示。

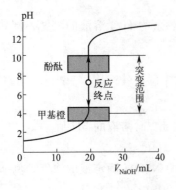

图 6-1 0.1000mol/L NaOH 溶液滴定
20.00mL 0.1000mol/L HCl 溶液的滴定曲线

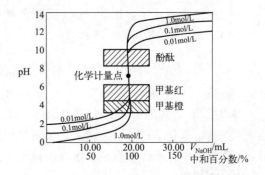

图 6-2 不同浓度的 NaOH 溶液滴定
不同浓度的 HCl 溶液的滴定曲线

想一想

滴定液的不断积累,在合适的时机,迎来了滴定突跃。想一想,人生是否亦是如此,不断蓄积自己,把握好自己的人生机遇,走向人生制高点。

微视频:
滴定曲线

2. 强碱(酸)滴定一元弱酸(碱)

(1) 以 0.1000mol/L NaOH 滴定液滴定 20.00mL 0.1000mol/L 的 HAc 溶液为例,同样将滴定过程分为四个阶段讨论,并计算其 pH 变化,如表 6-5 表示。根据数据绘制的滴定曲线如图 6-3 所示。

表 6-5 0.1000mol/L NaOH 滴定 20.00mL 0.1000mol/L HAc

加入 NaOH/mL	HAc 被滴定的体积百分数/%	剩余 HAc/mL	过量 NaOH/mL	溶液的 pH 值
0.00	0.00	20.00		2.87
10.00	50.00	10.00		4.75
18.00	90.00	2.00		5.70
19.80	99.00	0.20		6.74
19.98	99.90	0.02		7.75
20.00	100.00	0.00		8.72
20.02	100.10		0.02	9.70
20.20	101.00		0.20	10.70
22.00	110.00		2.00	11.70
40.00	200.00		20.00	12.50

(2) 滴定曲线的特点与指示剂的选择 观察图 6-3 所示的 0.1000mol/L NaOH 滴定 20.00mL 0.1000mol/L HAc 溶液的滴定曲线,并与 NaOH 滴定强酸 HCl 的滴定曲线比较,有如下特点:

① 滴定前,pH 比强碱滴定强酸高近 2 个单位,这是由于 HAc 的酸度比同浓度的 HCl 弱的缘故;

② 由于产物为 NaAc 溶液,使理论终点的 pH 不为 7.00,而是 8.72,使滴定突跃的下半部分同强碱滴定强酸相比有一个明显的上移;

③ 滴定突跃范围为 7.75~9.7,碱性范围,可选择酚酞、百里酚酞等作指示剂;

④ 理论终点之后,溶液 pH 的变化规律与强碱滴定强酸时情况相同,所以这时它们的滴定曲线基本重合。

滴定突跃范围的大小不但与酸碱浓度有关,也与它们的强度有关。酸越强 K_a 越大,越易失去质子,反应进行得越完全,突跃范围就越大;反之,酸越弱,突跃范围越小,直至不能用合适的指示剂确定终点。一般认为,在 0.1mol/L 左右的浓度下,被滴定的弱酸的 K_a 应大于或等于 10^{-7},也就是说一元弱酸的 $c_{酸} K_{酸} \geqslant 10^{-8}$ 时才能直接准确滴定,这就是一元弱酸能否被强碱直接准确滴定的依据。

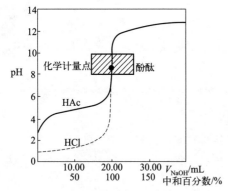

微课：酸碱滴定曲线
与指示剂的选择

图6-3　0.1000mol/L NaOH 滴定 20.00mL
0.1000mol/L HAc 溶液的滴定曲线

练一练

用 0.10mol/L HCl 溶液能否准确滴定 0.10mol/L NaCN 溶液？若能，请计算化学计量点的 pH 值，并选择合适的指示剂。

知识拓展

多元弱酸在水溶液中是分步解离的，对多元弱酸的滴定，有下面几个问题需要解决：多元弱酸的各级质子能否都被准确滴定？各级质子能否分别被准确地进行分步滴定？应选择什么指示剂？

多元酸（碱）的滴定过程一般较为复杂，滴定的突跃相对较小，相对允许误差较大，滴定曲线多由仪器测定。已经证明多元弱酸能否被准确滴定取决于其浓度 c 和各级 K_a 的大小，而能否分步滴定取决于各相邻两级 K_a 的大小。例如，对二元弱酸 H_2A：

① 若 $cK_{a_1} \geq 10^{-8}$，$cK_{a_2} \geq 10^{-8}$，$K_{a_1}/K_{a_2} \geq 10^4$，则两级解离的 H^+ 不仅可被直接滴定，而且可以分步滴定。

② 若 $cK_{a_1} \geq 10^{-8}$，$cK_{a_2} \geq 10^{-8}$，$K_{a_1}/K_{a_2} < 10^4$，则两级解离的 H^+ 均可被直接滴定，但不能分步滴定，一次性滴定到第二化学计量点。

③ 若 $cK_{a_1} \geq 10^{-8}$，$cK_{a_2} < 10^{-8}$，$K_{a_1}/K_{a_2} \geq 10^4$，则只有第一级解离的 H^+ 能被准确滴定，形成一个突跃，而第二级解离的 H^+ 不能被准确滴定，但它不影响第一级解离 H^+ 的准确滴定。

其他多元酸的滴定以此类推。多元弱碱的滴定情况与多元弱酸的滴定完全相似，只需要将 K_a 换成 K_b，然后进行判断。

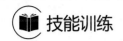

测定食醋的总酸含量

1. 仪器、试剂

仪器：碱式滴定管（50mL）、锥形瓶（250mL）、量筒（100mL）、容量瓶（250mL）、移液管（25mL）、胶头滴管、铁架台、蝴蝶夹、蒸馏水洗瓶、洗耳球。

试剂：NaOH 标准溶液（0.1mol/L）、白醋、酚酞指示剂。

2. 操作步骤

(1) NaOH 标准溶液的配制和标定

① 0.1mol/L NaOH 标准溶液的配制。计算训练所需 0.1mol/L NaOH 标准溶液的量，参照项目四技能三的操作步骤，配制所需溶液。

② 0.1mol/L NaOH 标准溶液的标定。用减量法准确称取 0.4~0.6g 邻苯二甲酸氢钾 3 份，分别置于 250mL 锥形瓶中，加 40~50mL 新煮沸并冷却的蒸馏水（热水），小心摇动使其溶解后，滴加 2~3 滴酚酞指示剂，用待标定的 NaOH 标准溶液滴定至溶液由无色转为微红色且 30s 内不褪色即为滴定终点。记录每次标定所用的 NaOH 溶液的体积 V_{NaOH}，并计算 NaOH 溶液的浓度。平行滴定 3 次，根据邻苯二甲酸氢钾的质量 m 和消耗的 NaOH 标准溶液的体积 V_{NaOH} 计算出所配溶液的浓度，并贴上标签。NaOH 标准溶液的浓度按下式计算：

$$c_{NaOH}=\frac{m_{KHC_8H_4O_4}}{V_{NaOH}M_{KHC_8H_4O_4}}$$

(2) 样液制备 用移液管准确移取 25.00mL 醋样至 250mL 容量瓶中，用无二氧化碳的水定容至刻度，摇匀。用快速滤纸过滤，收集滤液，用于测定。

(3) 样液分析 准确移取 25.00mL 样液于锥形瓶中，加 25mL 新煮沸并冷却的蒸馏水，加酚酞 2~3 滴，用 NaOH 标准溶液滴定至溶液呈粉红色，30s 内不褪色即为终点，根据消耗 NaOH 溶液的体积，计算白醋的醋酸含量，醋酸含量以 g/100mL 计。平行测定三次，取平均值。数据处理见表 6-6。

表 6-6 试样中总酸含量测定数据处理表

测定次数		1	2	3	空白
样液/mL	$V_{样}$				—
滴定消耗 NaOH 标准溶液的体积/mL	$V_{初}$				
	$V_{终}$				
	$V_1=V_{终}-V_{初}$				
ρ 总酸度/(g/L)					—
平均总酸度/(g/L)					—
相对偏差/%					—

总酸的含量计算：

$$\rho=\frac{[c\times(V_1-V_2)\times M\times F]}{V_{样}}\times 1000$$

式中 ρ——试样中总酸的含量，g/kg 或 g/L；

c——氢氧化钠标准滴定溶液的浓度，mol/L；

V_1——滴定试液时消耗氢氧化钠标准滴定溶液的体积，mL；

V_2——空白试验时消耗氢氧化钠标准滴定溶液的体积，mL；

M——醋酸的摩尔质量，g/mol；

F——试样的稀释倍数；

$V_{样}$——吸取试样的体积，mL；

1000——换算系数。

【注意事项】

① 食醋必须稀释，不能直接滴定。

② 稀释后，如果食醋呈浅黄色且浑浊时，终点颜色略暗。

微课：食醋中总酸度的测定

想一想

以 NaOH 溶液滴定 HAc 溶液属于哪种滴定？怎样选择指示剂？测定食醋中酸含量时，二氧化碳的存在有何影响？

练习思考

1. 填空题

(1) 凡是能_____质子的物质是酸；凡是能_____质子的物质是碱。

(2) 各类酸碱反应共同的实质是_____。

(3) 根据酸碱质子理论，物质给出质子的能力越强，酸性就越_____，其共轭碱的碱性就越_____。

(4) NH_3 的 $K_b = 1.8 \times 10^{-5}$，则其共轭酸_____的 K_a 为_____。

(5) 0.1000 mol/L HAc 溶液的 pH=_____，已知 $K_a = 1.8 \times 10^{-5}$。

(6) 0.1000 mol/L NH_3 溶液的 pH=_____，已知 $K_b = 1.8 \times 10^{-5}$。

(7) 0.1000 mol/L $NaHCO_3$ 溶液的 pH=_____，已知 $K_{a_1} = 4.2 \times 10^{-7}$，$K_{a_2} = 5.6 \times 10^{-11}$。

(8) 甲基橙的变色范围是_____，在 pH<3.1 时为_____色。酚酞的变色范围是_____，在 pH>9.6 时为_____色。

(9) 溶液温度对指示剂变色范围_____（是/否）有影响。

(10) 实验室中使用的 pH 试纸是根据_____原理而制成的。

(11) 某酸碱指示剂 $pK_{HIn}=4.0$，则该指示剂变色的 pH 范围是_____，一般在_____时使用。

(12) NaOH 滴定 HAc 应选在_____性范围内变色的指示剂，HCl 滴定 NH_3 应选在_____性范围内变色的指示剂，这是由_____决定的。

2. 判断题

(1) 酸碱滴定中，为了提高分析的准确度，指示剂应多加一些。　　　　　　　　　　　( )

(2) 酸碱滴定选择指示剂的 pK_{HIn} 值应尽可能接近化学计量点的 pH，以减小终点误差。（　　）
(3) 酸碱指示剂不必要求在计量点变色，只要变色范围处于突跃范围即可。（　　）
(4) 酸碱滴定到达终点时酸碱浓度变为原来的一半。（　　）
(5) 酸碱滴定曲线上，突跃范围的大小只与酸的强弱有关。（　　）
(6) 加入酸碱指示剂后，溶液颜色发生变化实质是指示剂的颜色改变。（　　）
(7) 用强酸滴定弱碱达到化学计量点时的 pH 等于 7。（　　）
(8) 酸碱滴定到达终点时溶液体积增大一倍。（　　）
(9) 酸碱滴定到达终点时指示剂发生颜色改变。（　　）
(10) 酚酞和甲基橙都可用作强碱滴定弱酸的指示剂。（　　）

3. 选择题

(1) 下列物质中，酸的强度最大的是（　　）。
A HAc(pK_a=4.75)　　　　　　　B HCN(pK_a=9.21)
C NH_4^+(pK_b=4.75)　　　　　　D HCOOH(pK_b=10.25)

(2) 按质子理论 Na_2HPO_4 是（　　）。
A 中性物质　　　B 酸性物质　　　C 碱性物质　　　D 两性物质

(3) 下列操作中正确的是（　　）。
A 用 HCl 滴定 NaOH，以酚酞为指示剂，溶液呈粉红色为终点
B 用 NaOH 滴定 HCl，以酚酞为指示剂，溶液呈粉红色为终点
C 用 HCl 滴定 NaOH，以甲基红为指示剂，溶液呈红色为终点
D 用 NaOH 滴定 HCl，以甲基红为指示剂，溶液呈橙色为终点

(4) 酸碱滴定中，选择酸碱指示剂可以不考虑的因素是（　　）。
A pH 突跃范围　　　　　　　　B 指示剂的变色范围
C 指示剂的摩尔质量　　　　　　D 要求的误差范围

(5) 酸碱滴定中选择指示剂的原则是（　　）。
A 指示剂变色范围与化学计量点完全符合
B 指示剂应在 pH＝7.00 时变色
C 指示剂的变色范围应全部或部分落入滴定 pH 突跃范围之内
D 指示剂变色范围应全部落在滴定 pH 突跃范围之内

(6) OH^- 的共轭酸是（　　）。
A H^+　　　　　B H_2O　　　　　C H_3O^+　　　　　D O^{2-}

(7) 在下列各组酸碱组分中，不属于共轭酸碱对的是（　　）。
A HAc 和 NaAc　　　　　　　　B H_3PO_4 和 $H_2PO_4^-$
C $^+NH_3CH_2COOH$ 和 $NH_2CH_2COO^-$　　　D H_2CO_3 和 HCO_3^-

(8) 滴定分析中，一般利用指示剂颜色的突变来判断等当点的到达，在指示剂变色时停止滴定，这一点称为（　　）。
A 等当点　　　B 滴定分析　　　C 滴定　　　D 滴定终点

(9) 将甲基橙指示剂加到无色水溶液中，溶液呈黄色，该溶液的酸碱性为（　　）。
A 中性　　　　B 碱性　　　　C 酸性　　　　D 不定

（10）将酚酞指示剂加到无色水溶液中，溶液呈无色，该溶液的酸碱性为（　　）。
A 中性　　　　　　B 碱性　　　　　　C 酸性　　　　　　D 不定

4. 问答题

（1）写出下列酸的共轭碱：$H_2PO_4^-$，NH_4^+，HPO_4^{2-}，HCO_3^-，H_2O。

（2）写出下列碱的共轭酸：$H_2PO_4^-$，HPO_4^-，HCO_3^-，H_2O。

（3）酸碱滴定中指示剂的选择原则是什么？

（4）为什么 NaOH 标准溶液能直接滴定醋酸，而不能直接滴定硼酸？试加以说明。

（5）根据推算，各种指示剂的变色范围应为几个 pH 单位？甲基橙的变色范围是否与推算结果相符？为什么？

（6）NaOH 标准溶液如吸收了空气中的 CO_2，当以其测定某一强酸的浓度，分别用甲基橙或酚酞指示终点时，对测定结果的准确度各有何影响？

项目七
沉淀滴定技术

思维导图

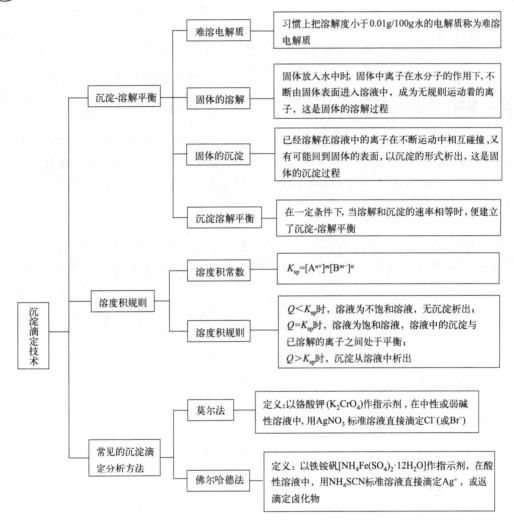

学习要点

1. 掌握溶度积的概念及溶度积规则。
2. 理解莫尔法、佛尔哈德法的基本原理，熟悉沉淀滴定法的应用。
3. 能正确配制和标定银量法所需的标准溶液，能选择正确的方法进行相关离子的测定。

职业素养目标

1. 通过正确回收与处理实验试剂，培养保护环境、追求可持续发展的社会责任感。
2. 通过选择合适方法进行相关离子的测定，培养勤于思考、懂得变通的思维模式。

情境导入

自来水处理过程中，一般采用氯气杀灭水中的细菌等微生物，以提高饮用水的安全性。添加氯，作为一种有效的杀菌消毒手段，被水厂广泛应用。但是，氯对其他生物体细胞、人体细胞也有严重影响，水中超过一定量的氯，就会对人体产生危害，且带有难闻的气味，俗称"漂白粉味"。所以自来水中氯离子的测定具有重要意义。那么如何进行检测呢？又会应用哪些知识呢？

必备知识

沉淀滴定技术是以沉淀反应为基础的一种滴定分析方法。能够用于该技术的反应除了应满足滴定分析的一般要求外，还应符合生成沉淀的溶解度足够小、沉淀的吸附现象不明显等条件。目前应用较为广泛的是生成难溶性银盐的银量法。

一、沉淀-溶解平衡

不同的电解质在水溶液中的溶解度不同，有时甚至差异很大。易溶电解质与难溶电解质之间没有严格的界限，习惯上把溶解度小于 0.01g/100g 水的电解质称为难溶电解质。

在一定温度下，将难溶电解质放入水中时，就发生溶解与沉淀的过程。如将 $BaSO_4$ 晶体放入水中时，晶体中 Ba^{2+} 和 SO_4^{2-} 在水分子的作用下不断由晶体表面进入溶液中，成为无规则运动的离子，这是 $BaSO_4(s)$ 的溶解过程；与此同时，已经溶解在溶液中的 Ba^{2+} 和 SO_4^{2-} 在不断运动中相互碰撞，又有可能回到晶体的表面，以固体（沉淀）的形式析出，这是 $BaSO_4(s)$ 的沉淀过程。任何难溶电解质的溶解和沉淀过程都是可逆的。在一定条件下，当溶解和沉淀的速率相等时，便建立了沉淀-溶解平衡。如：

$$BaSO_4(s) \underset{沉淀}{\overset{溶解}{\rightleftharpoons}} Ba^{2+} + SO_4^{2-}$$

二、溶度积规则

1. 溶度积常数

组成为 A_mB_n 的任一难溶强电解质，在一定温度下的水溶液中达到沉淀-溶解平衡时，平衡方程式为：

$$A_mB_n(s) \underset{沉淀}{\overset{溶解}{\rightleftharpoons}} mA^{n+}(aq) + nB^{m-}(aq)$$

其平衡常数表达式为：

$$K_{sp} = [A^{n+}]^m[B^{m-}]^n$$

此平衡常数称为溶度积常数（简称溶度积），它和其他平衡常数一样，只是温度的函数，而与溶液中离子浓度无关，K_{sp} 反映了难溶电解质的溶解能力，其数值可以通过实验测定，本书附录中列出了常见难溶电解质的溶度积常数。

难溶电解质的溶解度是指在一定温度下该电解质在纯水中饱和溶液的浓度。溶度积和溶解度的大小均能反映难溶电解质的溶解能力。

> **想一想**
> 溶液的溶度积与溶液的溶解度具有怎样的关系？

2. 溶度积规则

难溶电解质的沉淀-溶解平衡也是动态平衡，如果条件改变，可以使溶液中的离子转化为固态（沉淀生成）；或者使固态转化为溶液中的离子（沉淀溶解）。

对于任一难溶电解质的沉淀-溶解平衡：

$$A_mB_n(s) \underset{\text{沉淀}}{\overset{\text{溶解}}{\rightleftharpoons}} mA^{n+}(aq) + nB^{m-}(aq)$$

定义其离子积为：

$$Q = c_{A^{n+}}^m \cdot c_{B^{m-}}^n$$

对于给定的难溶电解质来说，在一定的条件下沉淀能否生成或溶解，通过其离子积 Q 与溶度积 K_{sp} 进行比较，就可以判断沉淀产生和溶解进行的方向。

$Q < K_{sp}$ 时，溶液为不饱和溶液，无沉淀析出；若原来有沉淀，则沉淀溶解。

$Q = K_{sp}$ 时，溶液为饱和溶液，溶液中的沉淀与已溶解的离子之间处于平衡状态。

$Q > K_{sp}$ 时，沉淀从溶液中析出。

微视频：溶度积与溶解度的关系

> **练一练**
> 向 0.0002mol/L Pb(NO$_3$)$_2$ 溶液中加入等体积的 0.0002mol/L Na$_2$SO$_4$ 溶液，是否有沉淀生成？当 Na$_2$SO$_4$ 的浓度为何值时有沉淀生成？（$K_{sp,PbSO_4} = 1.6 \times 10^{-8}$）

三、常见的沉淀滴定分析方法

根据指示剂和确定终点方法的不同，银量法可分为莫尔法、佛尔哈德法和法扬斯法。本部分主要介绍在分析检验中常用的莫尔法和佛尔哈德法。

1. 莫尔法

莫尔法是以铬酸钾（K$_2$CrO$_4$）作指示剂，在中性或弱碱性溶液中，用 AgNO$_3$ 标准溶液直接滴定 Cl$^-$（或 Br$^-$）。

(1) 基本原理　根据分步沉淀原理，由于 AgCl（或 AgBr）的溶解度比 Ag$_2$CrO$_4$ 的小，因此 AgCl（或 AgBr）首先沉淀，待 AgCl（或 AgBr）定量沉淀后，过量一滴 AgNO$_3$ 溶液便

与 K_2CrO_4 反应，形成砖红色的 Ag_2CrO_4 沉淀而指示终点。

反应如下：

$$Ag^+ + Cl^- \Longrightarrow AgCl\downarrow (白色) \qquad K_{sp}=1.8\times10^{-10}$$

$$Ag^+ + Br^- \Longrightarrow AgBr\downarrow (浅黄色) \qquad K_{sp}=5.0\times10^{-13}$$

$$2Ag^+ + CrO_4^{2-} \Longrightarrow Ag_2CrO_4\downarrow (砖红色) \qquad K_{sp}=1.12\times10^{-12}$$

(2) 应用范围 莫尔法可以直接测定 Cl^- 或 Br^-，当两者共存时，则滴定的是二者的总量。

微视频：莫尔法的滴定条件

微视频：佛尔哈德法的滴定条件

2. 佛尔哈德法

用铁铵矾 $[NH_4Fe(SO_4)_2\cdot12H_2O]$ 作指示剂的银量法称为佛尔哈德法。佛尔哈德法又可分为直接滴定法和返滴定法。

(1) 基本原理

① 直接滴定法：在含有 Ag^+ 的酸性溶液中，以铁铵矾作指示剂，用 NH_4SCN（或 $KSCN$）标准溶液进行滴定。滴定开始后，SCN^- 优先结合溶液中的 Ag^+ 生成白色的 AgSCN 沉淀，滴定反应为：

$$Ag^+ + SCN^- \Longrightarrow AgSCN\downarrow (白色)$$

当游离的 Ag^+ 被结合完全以后，SCN^- 便会与溶液中的 Fe^{3+} 结合，生成红色的配位离子 $[FeSCN]^{2+}$ 指示终点到达。终点指示反应为：

$$Fe^{3+} + SCN^- \Longrightarrow [FeSCN]^{2+} (红色)$$

② 返滴定法：返滴定法主要用于测定卤化物的含量。先用过量的 $AgNO_3$ 标准溶液将卤离子全部沉淀，再以铁铵矾为指示剂，用 NH_4SCN 标准溶液滴定剩余的 $AgNO_3$。

以测定 Cl^- 含量为例。先向含待测 Cl^- 的试液中加入一定量过量的 $AgNO_3$ 标准溶液，这时：

$$Ag^+(过量) + Cl^- \Longrightarrow AgCl\downarrow (白色)$$

沉淀反应结束后，加入铁铵矾作指示剂，用 NH_4SCN 标准溶液滴定剩余的 $AgNO_3$，滴定反应为：

$$Ag^+(剩余) + SCN^- \Longrightarrow AgSCN\downarrow (白色)$$

当剩余的 Ag^+ 被结合完全后，SCN^- 便会与溶液中的 Fe^{3+} 结合生成红色的配位离子 $[FeSCN]^{2+}$，指示终点到达。终点指示反应为：

$$Fe^{3+} + SCN^- \Longrightarrow [FeSCN]^{2+} (红色)$$

(2) 应用范围 佛尔哈德法可用于测定 Cl^-、Br^-、I^-、SCN^- 以及 Ag^+。在测定 Br^- 或 I^- 时，由于 AgBr 和 AgI 的溶解度都小于 AgSCN，因此不会发生沉淀的转化。但是强氧化剂、氮的低价氧化物以及铜盐、汞盐会干扰滴定，必须预先除去。

> **练一练**
>
> 用莫尔法测定味精中食盐含量。准确称取味精样品0.5000g，用容量瓶配成100mL溶液，吸取10.00mL试液两份，分别用0.01024mol/L $AgNO_3$ 标准溶液滴定至终点，用去15.50mL和15.60mL $AgNO_3$ 标准溶液。计算味精中食盐的质量分数。（NaCl的摩尔质量为58.44g/mol）

> **想一想**
>
> 莫尔法、佛尔哈德法、法扬斯法都可以测定 Cl^-、Br^-、Ag^+，可谓条条道路通罗马，解决问题的方法不止一个。那应如何思考、转换思维，以获得一个解决问题的新视角、新发现呢？

微视频：法扬斯法简介

技能训练

水样中氯离子含量的测定

【仪器、试剂】

仪器：电子天平、瓷蒸发皿、锥形瓶、酸式滴定管、移液管、洗瓶、量筒等。

试剂：水样（自来水）、硝酸银、氯化钠标准溶液（0.01410mol/L）、铬酸钾指示剂（50g/L）、氢氧化铝悬浮液、氢氧化钠溶液（2g/L）、过氧化氢（30%）、高锰酸钾、乙醇（95%）、硫酸溶液（$c_{1/2H_2SO_4}$ 为0.05mol/L）、酚酞指示剂（5g/L）。

【操作步骤】

(1) 0.01410mol/L 氯化钠标准溶液的配制　称取经700℃烧灼1h的氯化钠8.2420g，溶于纯水中并稀释至1000mL。吸取10.0mL，用纯水稀释至100.0mL。

(2) 0.01400mol/L $AgNO_3$ 标准溶液的配制与标定

① 配制。称取2.4g硝酸银，溶于纯水，并定容至1000mL。储存于棕色试剂瓶内。用氯化钠标准溶液标定。

② 标定。吸取25.00mL氯化钠标准溶液，置于瓷蒸发皿内，加纯水25mL。另取一瓷蒸发皿，加50mL纯水作为空白，各加1mL铬酸钾溶液，用硝酸银标准溶液滴定，直至产生淡橘黄色为止。

硝酸银标准溶液的浓度按下式计算：

$$m = \frac{25\text{mL} \times 0.50\text{mg/mL}}{V_1 - V_0}$$

式中　m——1.00mL硝酸银标准溶液相当于氯化物（Cl^-）的质量，mg/mL；

V_0——滴定空白试剂的硝酸银标准溶液用量，mL；

V_1——滴定氯化钠标准溶液的硝酸银标准溶液用量，mL。

根据标定的浓度，校正硝酸银标准溶液的浓度，使1.00 mL相当于氯化物0.50mg（以Cl^-计）。

(3) 水样中氯离子含量的测定

① 水样的预处理。对有色的水样：取 150mL，置于 250mL 锥形瓶中。加 2mL 氢氧化铝悬浮液，振荡均匀，过滤，弃去初滤液 20mL。对含有亚硫酸盐和硫化物的水样：将水样用氢氧化钠溶液调节至中性或弱碱性，加入 1mL 过氧化氢，搅拌均匀。对耗氧量大于 15mg/L 的水样：加入少许高锰酸钾晶体，煮沸，然后加入数滴乙醇还原过多的高锰酸钾，过滤。

② 水样中氯离子的测定。吸取水样或经过预处理的水样 50.00mL（或适量水样加纯水稀释至 50.00mL）。置于瓷蒸发皿内，另取一瓷蒸发皿，加入 50.00mL 纯水，作为空白。

分别加入 2 滴酚酞指示剂，用硫酸溶液或氢氧化钠溶液调节至溶液红色恰好褪去，各加 1mL 铬酸钾溶液，用硝酸银标准溶液滴定，同时用玻璃棒不停搅拌，直至溶液生成橘黄色为止。数据处理见表 7-1。

表 7-1 数据处理表

测定次数		1	2	3	空白
称取水样（或蒸馏水）的体积/mL		50.00	50.00	50.00	50.00(蒸馏水)
滴定消耗 AgNO₃ 标准溶液的体积/mL	$V_{初}$				
	$V_{终}$				
	V（或 V_0）$=V_{终}-V_{初}$				
$\rho(Cl^-)$					
$\overline{\rho}(Cl^-)$					
相对标准偏差/%					

$$\rho_{Cl^-} = \frac{(V-V_0) \times 0.50 mg/mL \times 1000}{50.00 mL}$$

式中　ρ_{Cl^-}——水样中氯化物（以 Cl^- 计）的质量浓度，mg/L；

　　　V_0——空白试验消耗硝酸银标准溶液的体积，mL；

　　　V——水样消耗硝酸银标准溶液的体积，mL；

　　　0.50——1.00mL 硝酸银标准溶液（0.01400mol/L）相当于 0.50mg 氯化物（以 Cl^- 计）。

【注意事项】

1. K_2CrO_4 有毒，致癌物，对眼、皮肤等具有腐蚀性，可造成严重灼伤，注意使用安全。

2. 实验完毕后，盛装 $AgNO_3$ 溶液的滴定管应先用自来水洗涤 2～3 次后，再用蒸馏水洗净，以免 AgCl 沉淀残留于滴定管内壁。

> 📁 **查一查**
>
> "绿水青山就是金山银山"，保护环境人人有责，K_2CrO_4 对环境有害，可污染水体，请查一查相关资料，如何做好该试剂的回收与处理工作？

知识拓展

法扬斯法是用硝酸银作标准溶液，用吸附指示剂确定终点。吸附指示剂是一种有机染料，在水溶液中解离出指示剂阴离子，它很容易被带正电荷的胶态沉淀吸附，吸附后指示剂阴离子的结构发生改变，从而发生明显的颜色变化，指示滴定终点的到达。

以荧光黄作指示剂，用 $AgNO_3$ 标准溶液滴定 Cl^- 的含量为例，说明法扬斯法的基本原理。荧光黄（HFIn）是一种有机弱酸，在溶液中存在以下解离平衡：

$$HFIn \rightleftharpoons H^+ + FIn^- （黄绿色）$$

在化学计量点前，加入的 Ag^+ 与溶液中的 Cl^- 结合生成 AgCl 沉淀。由于溶液中 Cl^- 过量，AgCl 沉淀吸附 Cl^- 而带负电荷，不会继续吸附 FIn^-，溶液中就存在游离的 FIn^- 而显黄绿色。当滴定进行到化学计量点后，AgCl 沉淀吸附 Ag^+ 而带正电荷，这时就会强烈地吸附 FIn^-，荧光黄阴离子被吸附后结构改变而变为粉红色，指示终点到达。

$$AgCl + Ag^+ \xrightleftharpoons[]{吸附} AgCl \cdot Ag^+$$

$$AgCl \cdot Ag^+ + FIn^-（黄绿色）\xrightleftharpoons[]{吸附} AgCl \cdot Ag^+ \cdot FIn^-（粉红色）$$

法扬斯法可用于 Cl^-、Br^-、I^-、SCN^-、Ag^+ 等离子的测定。

练习思考

1. 填空题

（1）影响沉淀溶解度的主要因素有_____、_____、_____、_____。

（2）银量法按照指示滴定终点的方法不同而分为三种：_____、_____和_____。

（3）莫尔法以_____为指示剂，在_____条件下以_____为标准溶液直接滴定 Cl^- 或 Br^- 等离子。

（4）佛尔哈德法以_____为指示剂，用_____为标准溶液进行滴定。根据测定对象不同，佛尔哈德法可分为直接滴定法和返滴定法，直接滴定法用来测定_____，返滴定法测定_____。

2. 判断题

（1）莫尔法在滴定过程中应剧烈振荡溶液，以减少 AgCl 或 AgBr 对 Cl^- 或 Br^- 的吸附作用。　　　　　　　　　　　　　　　　　　　　　　　　　　　　　　　（　　）

（2）一定温度下，AB 型和 AB_2 型难溶电解质，溶度积大的，溶解度也大。　（　　）

（3）在法扬斯法中，为了使沉淀具有较强的吸附能力，通常加入适量的糊精或淀粉使沉淀处于胶体状态。　　　　　　　　　　　　　　　　　　　　　　　　　（　　）

3. 选择题

（1）佛尔哈德法测定卤化物的含量采用下列哪种方式进行测定（　　）。
A 直接滴定法　　　　B 返滴定法　　　　C 置换滴定法　　　　D 间接滴定法

(2) 莫尔法测定天然水中的 Cl^-，酸度控制为（　　）。
A 酸性　　　　　B 碱性　　　　　C 中性至弱碱性范围　D 强碱性
(3) 莫尔法测定 Cl^- 含量，要求介质 pH 在 6.5～10.0 范围内，若碱性过强，则（　　）。
A AgCl 沉淀不完全　　　　　　　B 生成 Ag_2O 沉淀
C AgCl 沉淀吸附 Cl^- 增强　　　　D Ag_2CrO_4 沉淀不易形成
(4) 下列说法正确的是（　　）。
A 溶度积小的物质一定比溶度积大的物质溶解度小
B 对同类型的难溶物，溶度积小的一定比溶度积大的溶解度小
C 难溶物质的溶度积与温度无关
D 难溶物的溶解度仅与温度有关
(5) 下列对沉淀-溶解平衡描述正确的是（　　）。
A 溶解开始时，溶液中各离子浓度相等
B 沉淀溶解达到平衡时，沉淀的速率和溶解的速率相等
C 沉淀溶解达到平衡时，溶液中溶质的离子浓度相等，且保持不变
D 沉淀溶解达到平衡时，如果再加入难溶性的该沉淀物，将促进溶解
(6) 已知 25℃时，AgCl 的溶度积 $K_{sp}=1.8\times10^{-10}$ mol/L，则下列说法正确的是（　　）。
A 向饱和 AgCl 水溶液中加入盐酸，K_{sp} 变大
B $AgNO_3$ 溶液与 NaCl 溶液混合后的溶液中，一定有 $c_{Ag^+}=c_{Cl^-}$
C 温度一定时，当溶液中 $c_{Ag^+} \cdot c_{Cl^-}=K_{sp}$ 时，此溶液中必有 AgCl 沉淀析出
D 将 AgCl 加入较浓的 Na_2S 溶液中，AgCl 转化为 Ag_2S，因为 AgCl 溶解度大于 Ag_2S

4. 简答题
欲使 Ag_2CrO_4 沉淀完全为什么要控制溶液 pH 值在 6.5～10.0 之间？

项目八
重量分析技术

思维导图

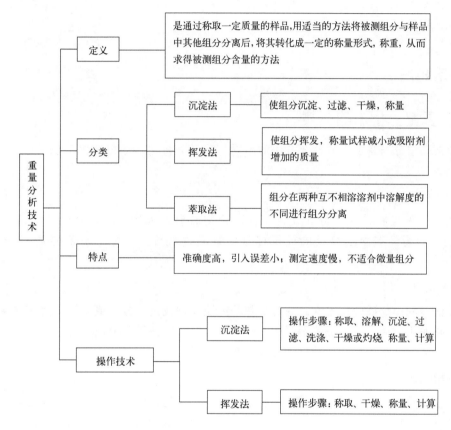

学习要点

1. 了解重量分析技术的分类与特点。
2. 掌握沉淀重量分析技术的主要操作过程。
3. 学会重量分析中有关仪器的选择和使用,能够应用沉淀重量分析技术测定样品中某组分含量。

职业素养目标

通过应对重量分析技术烦琐的操作流程,养成耐心踏实、爱岗敬业的职业精神,强化慢慢蓄积自己、慢慢沉淀自己的人文情怀。

情境导入

面粉是以小麦为原料，经加工制成的粉状产品。面粉中水分含量的多少直接影响面粉的感官性状，水分过高，可能导致营养素流失、微生物滋长、面粉结块变质等问题。因此，面粉中水分的含量是面粉质量的重要指标之一。《小麦粉》（GB/T 1355—2021）中规定标准粉的水分含量≤14.5%。面粉中水分含量的测定采用重量分析技术。重量分析技术是定量分析方法之一，是通过称取一定质量的样品，用适当的方法将被测组分与样品中其他组分分离后，将其转化成一定的称量形式，称重，从而求得被测组分含量的方法。重量分析法有两大步骤，一是称量，二是分离。

必备知识

一、重量分析法的分类

按照被测组分与其他组分分离方法的不同，重量分析法一般分为沉淀法、挥发（汽化）法和萃取法。

1. 沉淀法

利用沉淀反应将被测组分转化为难溶化合物的形式沉淀下来，经过过滤、洗涤、干燥或灼烧后，得到有固定组成的或供称量的物质进行称量，然后计算被测组分含量的方法。

2. 挥发法

挥发法是利用物质的挥发性，通过加热等方法使挥发性组分（或可转化为挥发性物质的组分）汽化逸出或用适宜的吸收剂吸收，使被测组分与其他组分分离，直至恒重，称量样品减少的质量或吸收剂增加的质量来计算被测组分含量的方法。

3. 萃取法

萃取法是根据被测组分在两种互不相溶的溶剂中分配比的不同，采用适当的溶剂使之与其他组分分离，再挥发掉萃取液中的溶剂，称量干燥萃取物的质量，从而求出被测组分含量的方法。

二、重量分析法的特点

1. 优点

准确度高，重量法用电子天平直接称量试样和沉淀的质量来获得分析结果，不需要基准物质（配制标准溶液和标定标准溶液的浓度）和容量仪器，所以引入误差小，准确度较高。对于常量组分的测定，相对误差约为±0.1%。

2. 缺点

费时，测定速度慢，繁琐，不适合微量组分。

> **想一想**
>
> 重量分析法测定速度慢、费时,但是准确度高,相对误差小。在学习生活中,应如何摒弃心浮气躁、急功近利的思想,通过时间见证事业的成就?

三、重量分析法的操作技术

在重量分析法中,以沉淀法和挥发法应用较广泛。下面主要以沉淀法和挥发法为例介绍重量分析操作技术。

1. 沉淀法

(1) 操作步骤 沉淀重量法,通常是先称取一定重量的试样,将其溶解,然后进行沉淀、过滤、洗涤,经干燥或灼烧后称量,根据所称得的重量来计算被测组分的含量。其主要操作过程如下:

① 试样称量:按照要求对试样进行处理,取样,然后用电子天平准确称取规定量。

② 溶解:将试样溶解制成溶液。对于不溶于水的试样,一般采取酸溶法、碱溶法或熔融法。

③ 沉淀:加入适当的沉淀剂,使与待测组分迅速定量反应生成难溶化合物沉淀。

④ 过滤和洗涤:过滤使沉淀与母液分开。根据沉淀的性质不同,过滤沉淀时常采用无灰滤纸或玻璃砂芯坩埚。需要灼烧的沉淀用滤纸过滤;准备烘干的沉淀用玻璃砂芯滤器过滤。采用倾泻法过滤。

⑤ 烘干或灼烧:110~120℃烘干,800℃以上灼烧,目的是除去沉淀中的水分和挥发性物质,固定称量形式。

⑥ 称量、恒重:到达恒重称得沉淀质量即可计算分析结果。不论沉淀是烘干或是灼烧,其最后称量必须达到恒重。即沉淀反复烘干或灼烧经冷却称量,直至两次称量的质量相差不大于 0.2mg。

微视频:沉淀重量分析法的影响因素

> **查一查**
>
> 滤纸的种类有哪些?重量分析法的过滤操作应选用何种滤纸?

> **知识拓展**
>
> 在重量分析法中,为获得准确的分析结果,沉淀形式和称量形式必须满足以下要求:
>
> 1. 对沉淀形式的要求:
>
> ① 沉淀要完全,沉淀的溶解度要小,要求测定过程中沉淀的溶解损失应不超过电子天平的称量误差。一般要求溶解损失<0.1mg。

② 沉淀纯净，易于过滤洗涤，是获得准确分析结果的重要因素之一。

③ 沉淀形式应易于转化为称量形式。沉淀经烘干、灼烧时，应易于转化为称量形式。

2. 对称量形式的要求：

① 称量形式的组成必须与化学式相符，这是定量计算的依据。

② 称量形式要有足够的稳定性，不易吸收空气中的 CO_2、H_2O。

③ 称量形式的摩尔质量尽可能大，这样可增大称量形式的质量，以减小称量误差。

（2）结果计算 被测组分与称量形式相同：

$$w = \frac{称量形式质量}{试样质量} \times 100\%$$

被测组分与称量形式不同：

$$w = \frac{称量形式质量 \times 换算因数}{试样质量} \times 100\%$$

【例题 1】 称取氯化钡试样 0.4801g，经沉淀重量法分析后得 $BaSO_4$ 沉淀 0.4578g，计算试样中 $BaCl_2$ 的质量分数。

$$w_{BaCl_2} = \frac{0.4578 \times \frac{M_{BaCl_2}}{M_{BaSO_4}}}{0.4801} = \frac{0.4578 \times \frac{208.3}{233.4}}{0.4801} = 0.8511$$

在多数情况下，沉淀的称量形式与待测组分的形式是不同的，这时，必须先根据称量形式的重量计算出待测组分的重量，然后再由试样的重量和待测组分的重量计算出待测组分的含量。通常，待测组分的摩尔质量与沉淀称量形式的摩尔质量之比是个常数，称为化学因数或换算因数，以 F 表示。

$$F = \frac{M_{待测组分}}{M_{沉淀称量形式}}$$

想一想

1. 如何根据换算因数进行结果计算？

2. 在表达换算因数时，当分子和分母所含被测组分的原子或分子数目不相等时怎么办？

2. 挥发法

按照称量对象不同，挥发法分为直接法和间接法。待测组分与其他组分分离后，如果称量的是待测组分或其衍生物，通常称为直接法。待测组分与其他组分分离后，通过称量其他组分，测定样品减失的质量来求得待测组分的含量，则称为间接法。挥发法操作技术如下：

试样称量 → 干燥 → 称量、恒重 → 结果计算

① 试样称量：按照要求对试样进行处理、取样，然后用电子天平准确称取规定量。

② 干燥：通过干燥的方式使试样中的待测组分与其他组分分离，常用干燥方法为加热干燥、减压加热干燥、干燥剂干燥等。

③ 称量、恒重：到达恒重（两次称量的质量相差不大于0.2mg）时，称得组分质量，即可计算分析结果。

④ 结果计算 称量对象就是待测组分：

$$w = \frac{\text{称量对象}}{\text{试样质量}} \times 100\%$$

称量对象是剩余的其他组分：

$$w = \frac{\text{试样质量} - \text{其他组分}}{\text{试样质量}} \times 100\%$$

> **查一查**
> 可以用挥发法测量哪些物质的含量？

技能训练

测定面粉中水分含量

【仪器、试剂】

仪器：电子天平、电热恒温干燥箱、玻璃制称量瓶、干燥器（内附有效干燥剂）、手套。

试剂：面粉（标准粉）。

【操作步骤】

(1) 称量瓶的恒重 取洁净称量瓶置于101～105℃干燥箱中，瓶盖斜支于瓶边，加热1h，取出、盖好，置于干燥器内冷却1.5h，称重，并重复干燥至恒重。

(2) 样品的干燥 称取3～5g（精确至0.001g）混合均匀的面粉样品，放入此称量瓶中，样品厚度（约5mm）均匀，加盖，精确称量后，置于101～105℃干燥箱中，瓶盖斜支于瓶边，干燥2～4h后，盖好取出，放入干燥器内冷却0.5h后称量。然后放入101～105℃干燥箱中干燥1h左右，取出，放入干燥器内冷却0.5h后再称量，至前后两次质量差不超过0.2mg，即为恒重。平行测定三份，数据处理见表8-1。

表8-1 数据处理表

测定次数		1	2	3
干燥前称量瓶+样品的质量/g	m_1			
称量瓶的质量/g	m_3			
干燥后称量瓶+样品的质量/g	m_2			
w_{H_2O}				
$\overline{w}_{H_2O}$				
相对标准偏差/%				

$$w_{H_2O} = \frac{m_1 - m_2}{m_1 - m_3} \times 100\%$$

式中 w_{H_2O}——面粉中水分的含量，g/100g；

m_1——干燥前称量瓶与样品的质量，g；

m_2——干燥后称量瓶与样品的质量，g；
m_3——称量瓶的质量，g。

【注意事项】

1. 测定过程中，盛有样品的称量瓶从烘箱中取出后，应迅速放入干燥器中进行冷却，半小时后称重，否则不易达到恒重。

2. 干燥器内一般用硅胶作为干燥剂，硅胶吸潮后，会使干燥效能降低，当硅胶蓝色减退或变红时，应及时更换，于135℃左右烘2~3h使其再生后再用。

> **想一想**
> 样品干燥过程中放入称量瓶中的面粉样品为什么厚度（约5mm）要均匀？

练习思考

1. 填空题

（1）沉淀的_____和_____是获得沉淀称量式的重要操作步骤。

（2）沉淀重量分析法中，沉淀过滤时，一般采用_____。

（3）沉淀重量分析法中，对于需要灼烧的沉淀常用_____过滤。

2. 判断题

（1）测定粮食中脂肪含量，用乙醚作提取剂，在提取器中通过低温回流将试样中的脂肪全部浸提到乙醚中。再将提取液中乙醚蒸发除去，根据前后提取容器的质量之差就可知测脂肪含量的方法属于萃取法。（　　）

（2）测定Ca^{2+}时，将Ca^{2+}沉淀为$CaC_2O_4 \cdot H_2O$，灼烧后得到CaO，可以作为称量形式。（　　）

（3）测定试样中P的质量分数时，可以形成磷钼酸铵沉淀形式称重，也可以形成磷钼酸喹啉沉淀形式称重。（　　）

3. 选择题

（1）用四苯硼钠沉淀钾（重量法）来测定钾的含量：$K^+ + B(C_6H_5)_4^- \longrightarrow KB(C_6H_5)_4$，计算时，应用的化学因数是（　　）。

A $M_{KB(C_6H_5)_4}/M_{4K}$　　　　　　　B $M_K/M_{4KB(C_6H_5)_4}$
C $M_K/M_{KB(C_6H_5)_4}$　　　　　　　D $M_{B(C_6H_5)_4}/M_{KB(C_6H_5)_4}$

（2）将磷矿石中的磷以$MgNH_4PO_4$形式沉淀，再灼烧为$Mg_2P_2O_7$形式称重，计算P_2O_5含量的换算因数算式是（　　）。

A $M_{P_2O_5}/M_{MgNH_4PO_4}$　　　　　B $M_{P_2O_5}/2M_{MgNH_4PO_4}$
C $M_{P_2O_5}/2M_{Mg_2P_2O_7}$　　　　　D $M_{P_2O_5}/M_{Mg_2P_2O_7}$

（3）测定煤矿中硫时，称取2.100g煤试样，处理成H_2SO_4后，加入0.1000mol/L $BaCl_2$ 25.00mL，用0.08800mol/L Na_2SO_4标液返滴，终点时耗去1.00mL，已知M_S=32.06，则试样中w_S为（　　）。

A 1.84%   B 3.68%   C 0.92%   D 0.46%

(4) 重量法测定 $BaCl_2 \cdot 2H_2O$ 中 Ba 的质量分数，其纯度为 90%，要得到 0.5000g $BaSO_4$，应称取的试样质量是（   ）。

A 0.5308g   B 0.6926g   C 1.385g   D 1.062g

4. 简答题

重量分析对沉淀的要求是什么？

项目九
氧化还原滴定技术

思维导图

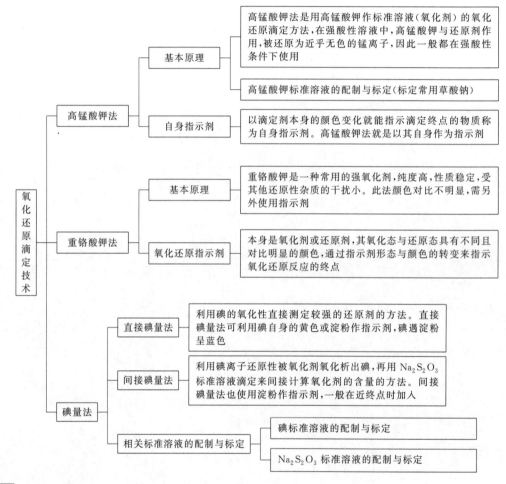

学习要点

1. 了解高锰酸钾法、重铬酸钾法与碘量法的实验原理及应用条件。
2. 理解自身指示剂、氧化还原指示剂的工作原理。
3. 掌握直接碘量法与间接碘量法的应用条件，能够正确利用氧化还原滴定技术进行含量测定。

职业素养目标

1. 培养对废旧材料物品的氧化与降解原理的认知，树立良好而正确的环保意识。

2. 通过对有毒有害有腐蚀性化学试剂性质的了解，培养居安思危的安全意识。

情境导入

化学反应按其本质可分为氧化还原反应和非氧化还原反应两大类。氧化还原反应在工农业生产、科学技术和日常生活中随处可见，如铁生锈、汽车自燃、神九升天、食品中残留硫含量的测定等，如何利用氧化还原反应为人类服务呢？

必备知识

氧化还原滴定技术是以氧化还原反应为基础的一类滴定分析技术，是滴定分析中应用较广泛的分析方法之一，它可以直接或间接地测定多种具有氧化性或还原性的有机与无机物质。氧化还原反应基于电子转移的原理，机理复杂，反应通常分步进行，反应速度较慢，也经常伴有副反应发生。只有反应完全，且无副反应的氧化还原反应才可以使用氧化还原滴定技术进行定量分析。本项目主要介绍其中较为常用的高锰酸钾滴定技术、重铬酸钾滴定技术和碘量法。

技能一 高锰酸钾滴定技术

一、高锰酸钾滴定技术的基本原理

1. 原理及特点

高锰酸钾滴定技术是用高锰酸钾作标准溶液（氧化剂）的氧化还原滴定技术。$KMnO_4$ 是强氧化剂，其氧化能力和还原产物与溶液的酸度有关，在强酸性溶液中，$KMnO_4$ 与还原剂作用，MnO_4^- 被还原为近无色（肉色）的 Mn^{2+}：

$$MnO_4^- + 8H^+ + 5e^- = Mn^{2+} + 4H_2O$$

在弱酸性、中性或弱碱性溶液中，MnO_4^- 被还原成褐色 MnO_2：

$$MnO_4^- + 2H_2O + 3e^- = MnO_2\downarrow + 4OH^-$$

在强碱性溶液中，MnO_4^- 被还原成绿色 MnO_4^{2-}：

$$MnO_4^- + e^- = MnO_4^{2-}$$

由于 $KMnO_4$ 在强酸性溶液中有更强的氧化能力，同时生成近于无色的 Mn^{2+}，因此一般都在强酸性条件下使用。但 $KMnO_4$ 氧化有机物时，在碱性条件下其反应比在酸性条件下更快，所以用 $KMnO_4$ 法测定有机物含量时，一般都在碱性溶液中进行。

微视频：氧化还原滴定法的基本原理

高锰酸钾氧化能力强，应用广泛，可以直接测定许多还原性物质，也可间接测定某些氧化性的物质或其他物质，且 $KMnO_4$ 可作自身指示剂。其缺点是 $KMnO_4$ 试剂常含少量杂质，其标准溶液不够稳定；又由于 $KMnO_4$ 氧化能力强，它可以和许多还原性物质发生反应，所以干扰比较严重，选择性差。

在高锰酸钾法中，一般用稀硫酸来控制溶液酸度。因 HNO_3 有氧化性，Cl^- 有还原性。

> **知识拓展**
>
> 高锰酸钾是最强的氧化剂之一,作为氧化剂受 pH 影响很大,在酸性溶液中氧化能力最强。其相应的酸高锰酸 $HMnO_4$ 和酸酐 Mn_2O_7,均为强氧化剂,能自动分解发热,和有机物接触引起燃烧。
>
> 该品遇有机物时即释放出初生态氧和二氧化锰,而无游离状氧分子放出,故不出现气泡。初生态氧有杀菌、除臭、解毒作用,高锰酸钾抗菌除臭作用比过氧化氢溶液强而持久。二氧化锰能与蛋白质结合成灰黑色络合物,在低浓度时呈收敛作用,高浓度时有刺激和腐蚀作用。其杀菌力随浓度升高而增强,0.1% 时可杀死多数细菌的繁殖体,2%~5% 溶液可在 24h 内杀死细菌。在酸性条件下可明显提高杀菌作用,如在 1% 溶液中加入 1.1% 盐酸,能在 30s 内杀死炭疽芽孢。
>
> 高锰酸钾有毒,且有一定的腐蚀性,吞咽有害。

2. 标准溶液的配制与标定

(1) $KMnO_4$ 标准溶液的配制 纯的 $KMnO_4$ 溶液是相当稳定的,但一般市售 $KMnO_4$ 有 MnO_2 等少量杂质,同时蒸馏水中也常含有微量的还原物质,慢慢地使 $KMnO_4$ 还原为 $MnO(OH)_2$ 沉淀;MnO_2 和 $MnO(OH)_2$ 又能进一步促使 $KMnO_4$ 的分解,使 $KMnO_4$ 浓度改变,故采用间接法配制标准溶液,即先配制一近似浓度溶液再进行标定。配制 $KMnO_4$ 溶液时,应注意以下几点:

① 取 $KMnO_4$ 的质量应稍多于理论计算量。

② 为了避免浓度改变,应将配好的 $KMnO_4$ 溶液加热至沸,并保持微沸 1h,然后放置 2~3 天,使溶液中的还原性物质完全氧化后再行标定。

③ 用玻璃砂芯漏斗过滤以除去析出的沉淀。

④ 为了避免光照对 $KMnO_4$ 溶液的催化分解,将过滤后的 $KMnO_4$ 溶液贮存于棕色试剂瓶中,并存放于暗处。

(2) $KMnO_4$ 标准溶液的标定 标定 $KMnO_4$ 溶液常用的基准物质有 $H_2C_2O_4 \cdot 2H_2O$、As_2O_3、$Na_2C_2O_4$、$(NH_4)_2C_2O_4$ 及纯铁丝等,其中 $Na_2C_2O_4$ 不含结晶水,性质稳定,容易提纯,故较为常用。

3. 标定时的注意事项

(1) 控制温度 标定时升高温度可以加快反应速度,一般溶液加热至 75~85℃,滴定完毕时溶液的温度也不应低于 60℃。但温度也不宜过高,若高于 90℃,会使部分草酸发生分解,使 $KMnO_4$ 用量减少,标定结果偏高。

(2) 控制酸度 在标定时只能加不含还原性物质的硫酸,且酸度一般控制在 0.5~1mol/L,这样可使反应速度加快,同时防止因酸度不够而产生 MnO_2 沉淀或酸度过高使草酸 $H_2C_2O_4$ 分解而带来误差。

(3) 滴定速度 开始滴定时,因反应速度慢,滴定不宜太快,滴入的第一滴 $KMnO_4$ 溶液褪色后,由于生成了催化剂 Mn^{2+},反应逐渐加快,此现象称为自动催化反应。随后的滴定速度可以快些,但仍需逐滴加入,太快易使 $KMnO_4$ 在热的酸性溶液中发生分解,来不及与 $C_2O_4^{2-}$ 发生反应,从而使结果偏低。

知识拓展

硫酸对皮肤、黏膜等组织有强烈的刺激和腐蚀作用。蒸汽或雾可引起结膜炎、结膜水肿、角膜混浊,以致失明;引起呼吸道刺激,重者发生呼吸困难和肺水肿;高浓度引起喉痉挛或声门水肿而窒息死亡。口服后引起消化道烧伤以致溃疡形成;严重者可能有胃穿孔、腹膜炎、肾损害、休克等。皮肤灼伤轻者出现红斑、重者形成溃疡,愈后瘢痕收缩影响功能。溅入眼内可造成灼伤,甚至角膜穿孔、全眼炎以至失明。慢性影响:牙齿酸蚀症、慢性支气管炎、肺气肿和肺硬化。

2015年12月18日上午,清华大学化学系何添楼出现火灾爆炸事故,造成一名实验人员死亡,该名孟姓学生正在做与氢气有关实验;2021年10月24日下午,江苏省南京航空航天大学将军路校区一实验楼发生爆燃,据南京消防通报,事故造成2人死亡,9人受伤。在使用有毒、有害、有腐蚀性等化学试剂时,一定做好安全防护措施,居安思危,安全无小事,生命只有一次,没有下不为例!

二、自身指示剂

有些滴定剂本身有很深的颜色,而滴定产物无色或颜色很浅,则滴定时就无须另加指示剂,只要利用其自身颜色的变化来指示终点。例如,MnO_4^- 就具有很深的紫红色,用它来滴定 Fe^{2+} 或 $C_2O_4^{2-}$ 溶液时,反应的产物 Mn^{2+}、Fe^{3+}、CO_2 颜色都很浅甚至无色,滴定到计量点后,稍过量的 MnO_4^- 就能使溶液呈现浅粉红色。这种以滴定剂本身的颜色变化就能指示滴定终点的物质称为自身指示剂。

$KMnO_4$ 溶液的标定是以自身作指示剂,因空气中的还原性气体和尘埃均能使 $KMnO_4$ 缓慢分解而褪色,故应正确地判断滴定终点,滴定至溶液呈微红色并保持30s不褪色即可。

当 $KMnO_4$ 作为自身作指示剂时,使用浓度低于 0.002mol/L $KMnO_4$ 溶液作为滴定剂时,要加入二苯胺磺酸钠或1,10-邻二氮菲-Fe(Ⅱ)等指示剂来指示终点。

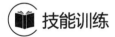

测定双氧水中 H_2O_2 的含量

【仪器、试剂】

仪器:电子天平、棕色试剂瓶、量筒、锥形瓶、刻度移液管、容量瓶、酸式滴定管、电炉等。

试剂:H_2SO_4(3mol/L)、$KMnO_4$(s)、$Na_2C_2O_4$(s,AR)、双氧水样品、蒸馏水。

【操作步骤】

(1) **配制 0.02mol/L 的 $KMnO_4$ 溶液** 称取 3.3g 高锰酸钾 $KMnO_4$,溶于 1050mL 水中,缓缓煮沸 15min,冷却,于暗处放置2周,用已处理过的玻璃砂芯漏斗(在同样浓度的高锰酸钾溶液中缓缓煮沸 5min)过滤。贮存于棕色瓶中。

(2) **对 $KMnO_4$ 溶液的标定** 称取 0.25g 已于 105~110℃ 电烘箱中干燥至恒量的工作基准试剂草酸钠 $Na_2C_2O_4$,溶于 100mL 硫酸溶液(8+92)中,用配制的高锰酸钾溶液滴定,近终点时加热至约65℃,继续滴定至溶液呈粉红色,并保持30s。同时做空白试验。

$$2MnO_4^- + 5C_2O_4^{2-} + 16H^+ = 2Mn^{2+} + 10CO_2 \uparrow + 8H_2O$$

计算得出高锰酸钾溶液的准确浓度。

(3) 过氧化氢含量测定

① 双氧水的稀释。用吸量管吸取 10.00mL 双氧水样品(H_2O_2 含量约3%)于250mL 容量瓶中(容量瓶中先装入半瓶水),用水稀释至标线,混合均匀。

微课:高锰酸钾标准溶液的标定

② 含量测定。用 25mL 移液管吸取双氧水稀释溶液 25.00mL 三份,分别置于三个 250mL 锥形瓶中,再分别加入 5mL 3mol/L H_2SO_4,用 $KMnO_4$ 标准溶液滴定至溶液显粉红色,经过30s不消褪,即达终点。计算样品中过氧化氢含量(以 mg/L 表示)。数据处理见表 9-1、表 9-2。

表 9-1 $KMnO_4$ 溶液浓度的标定数据处理表

测定次数		1	2	3	空白
称取草酸钠的质量/g	m				—
滴定时消耗 $KMnO_4$ 标准溶液的体积/mL	V				
c_{KMnO_4}/(mol/L)					—
c_{KMnO_4} 的平均值/(mol/L)					—
相对平均偏差/%					—

$$c_{KMnO_4} = \frac{m \times 1000}{(V_i - V_0) \times M} \times \frac{2}{5}$$

式中 c_{KMnO_4}——标定后的高锰酸钾的浓度,mol/L;

m——草酸钠质量,g;

V_i——高锰酸钾溶液体积,mL($i = 1, 2, 3 \cdots\cdots n$,测定次数);

V_0——空白试验消耗高锰酸钾溶液体积,mL;

M——草酸钠的摩尔质量,g/mol。

表 9-2 H_2O_2 含量的测定数据处理表

测定次数		1	2	3
吸取双氧水试样体积/mL	$V_{H_2O_2}$	10	10	10
滴定时消耗 $KMnO_4$ 标准溶液的体积/mL	V_{KMnO_4}			
$\rho_{H_2O_2}$/(mg/L)				
$\rho_{H_2O_2}$ 的平均值/(mg/L)				
相对偏差/%				

$$\rho_{H_2O_2} = \frac{c_{KMnO_4} \times V_{KMnO_4} \times \frac{5}{2} \times M_{H_2O_2}}{V_{H_2O_2} \times \frac{25}{250}} \times 1000$$

式中 $\rho_{H_2O_2}$——H_2O_2 的含量,mg/L;

c_{KMnO_4}——标定后的高锰酸钾的浓度,mol/L;

V_{KMnO_4}——每次滴定消耗的高锰酸钾的体积，mL；

$M_{H_2O_2}$——过氧化氢的摩尔质量，34g/mol；

$V_{H_2O_2}$——双氧水样品吸取的体积，10mL；

5/2——过氧化氢与高锰酸钾反应的配平系数之比；

25/250——双氧水样品被稀释的倍数（250mL容量瓶中移取25mL）；

1000——单位由g/L变化为mg/L。

【注意事项】

① $KMnO_4$溶液在加热及放置时，均应盖上表面皿。

② $KMnO_4$溶液具强氧化性，会腐蚀碱式滴定管的橡胶管部分，所以需用酸式滴定管盛装$KMnO_4$溶液。

③ $KMnO_4$溶液颜色很深，滴定管读数读液面上沿。

④ $KMnO_4$滴定的终点是不太稳定的，由于空气中含有还原性气体及尘埃等杂质，落入溶液中能使$KMnO_4$慢慢分解，而使粉红色消失，所以经过30s不褪色，即可认为已达终点。

⑤ 标定$KMnO_4$溶液浓度时，加热可使反应加快，但不应热至沸腾，因为过热会引起草酸分解，适宜的温度为75~85℃。在滴定到终点时溶液的温度应不低于60℃。

技能二 重铬酸钾滴定技术

情境导入

重铬酸钾滴定技术是以重铬酸钾标准溶液为滴定剂的氧化还原滴定技术，重铬酸钾具有氧化性，在酸性溶液中，$Cr_2O_7^{2-}$被还原成Cr^{3+}，溶液颜色由橙色变成蓝绿色。重铬酸钾滴定技术主要利用重铬酸钾的氧化性来测定具有还原性的待测物的含量。

必备知识

一、重铬酸钾滴定技术的基本原理

重铬酸钾是一种常用的强氧化剂，容易提纯且纯度高，所配溶液稳定，可以直接称量配制标准溶液并长期保存。重铬酸钾的氧化能力没高锰酸钾强，故此法的选择性高，同时此法受其他还原性物质的干扰也较高锰酸钾法小。

在酸性溶液中重铬酸钾与还原剂作用：

$$Cr_2O_7^{2-} + 14H^+ + 6e^- =\!=\!= 2Cr^{3+} + 7H_2O$$

$K_2Cr_2O_7$的还原产物Cr^{3+}为绿色，终点时无法辨别过量的$K_2Cr_2O_7$的黄色，因此需要加入氧化还原指示剂来指示终点，常用二苯胺磺酸钠或邻氨基苯甲酸作为指示剂。

$K_2Cr_2O_7$最大的缺点是Cr是致癌物，其废水需处理后再进行排放，防止污染环境。

> **知识拓展**
>
> 重铬酸钾吸入后可引起急性呼吸道刺激症状、鼻出血、声音嘶哑、鼻黏膜萎缩，有时出现哮喘和紫绀。重者可发生化学性肺炎。口服可刺激和腐蚀消化道，引起恶心、呕吐、腹痛和血便等；重者出现呼吸困难、紫绀、休克、肝损害及急性肾功能衰竭等。慢性影响有接触性皮炎、铬溃疡、鼻炎、鼻中隔穿孔及呼吸道炎症等。六价铬为对人的确认致癌物。
>
> 急救措施：
>
> 皮肤接触——脱去污染的衣着，用肥皂水和清水彻底冲洗皮肤。如有不适感，就医。
>
> 眼睛接触——提起眼睑，用流动清水或生理盐水冲洗。如有不适感，就医。
>
> 吸入——迅速脱离现场至空气新鲜处。保持呼吸道通畅。如呼吸困难，给输氧。呼吸、心跳停止，立即进行心肺复苏术。就医。
>
> 食入——催吐。用水漱口，用清水或1‰硫代硫酸钠溶液洗胃，给饮牛奶或蛋清，就医。

> **查一查**
>
> 地球是一个蔚蓝色的美丽星球，有大片的海洋，但是可供人类饮用的淡水资源却非常少，为了更好地实践绿水青山就是金山银山的论断，保护好水资源显得尤为重要。衡量水体环境时，经常使用化学需氧量、生化需氧量、总有机碳这三个指标。其中，化学需氧量（COD）是指化学氧化剂氧化水中具有还原性的有机污染物时所需的养料，这里所指的氧化剂常用的是重铬酸钾或高锰酸钾，氧化反应在强酸性条件下进行，水中的绝大部分有机物均能被氧化，由于这一指标测定时间短，故应用的范围十分广泛。查一查如何利用所学的内容测量水样中的化学需氧量。

二、氧化还原指示剂

这类指示剂本身是氧化剂或还原剂，其氧化态与还原态具有不同的颜色。在滴定过程中，因被氧化或被还原而发生颜色变化从而指示终点，与酸碱指示剂的变色情况相似。常见氧化还原指示剂如表9-3所示。

表9-3 常见的氧化还原指示剂

指示剂	颜色		指示剂溶液
	氧化态	还原态	
亚甲基蓝	蓝绿色	无色	0.05％水溶液
二苯胺	紫色	无色	0.1％浓硫酸溶液
二苯胺磺酸钠	紫红色	无色	0.05％水溶液
羊毛罂红A(亮蓝)	橙红色	黄绿色	0.1％浓硫酸溶液

续表

指示剂	颜色		指示剂溶液
	氧化态	还原态	
邻二氮菲亚铁	浅蓝色	红色	0.025mol/L 水溶液
邻苯氨基苯甲酸	紫红色	无色	0.1%碳酸钠溶液

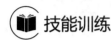技能训练

测定硫酸亚铁中铁的含量

【仪器、试剂】

仪器：容量瓶、烧杯、移液管、滴定管、量筒、锥形瓶等。

试剂：$K_2Cr_2O_7$、二苯胺磺酸钠 0.2%、H_2SO_4（3mol/L）、$FeSO_4 \cdot 7H_2O$（样品）、H_3PO_4 85% 等。

【操作步骤】

(1) 0.02 mol/L $K_2Cr_2O_7$ 标准溶液的配制 用差减法准确称取 1.4710g 烘干过的 $K_2Cr_2O_7$ 于小烧杯中，加适量水溶解，定量转入 250mL 容量瓶中，加水稀释至刻度，充分摇匀。计算其准确浓度，待用。

(2) 硫酸亚铁中 Fe 的测定 准确称取 0.6~0.7g $FeSO_4 \cdot 7H_2O$ 样品，置于 250mL 锥形瓶中，加入 8~10mL 3mol/L H_2SO_4、5mL H_3PO_4，再加入蒸馏水溶解，混合均匀后加入 3~4 滴二苯胺磺酸钠指示剂，立即用 $K_2Cr_2O_7$ 标准溶液滴定至溶液呈紫色或蓝紫色，即为终点。重复测定三次，计算硫酸亚铁中铁含量。数据处理见表 9-4。

表 9-4 硫酸亚铁中的 Fe 含量数据处理表

测定次数		1	2	3	空白
称取硫酸亚铁样品的质量/g	m				—
滴定时消耗 $K_2Cr_2O_7$ 标准溶液的体积/mL	V				
w_{Fe}/%					—
w_{Fe} 的平均值/%					—
相对平均偏差/%					—

$$w_{Fe} = \frac{c_{K_2Cr_2O_7} \times V_{K_2Cr_2O_7} \times 6 \times M_{Fe}}{m_{试样}} \times 100\%$$

式中 w_{Fe}——硫酸亚铁样品中 Fe 的含量，%；

$c_{K_2Cr_2O_7}$——重铬酸钾溶液的浓度，0.02mol/L；

$V_{K_2Cr_2O_7}$——每次滴定消耗的重铬酸钾的体积（已经减去空白对照消耗的体积 V_0），mL；

M_{Fe}——Fe 的摩尔质量，55.845g/mol；

$m_{试样}$——称取硫酸亚铁样品的质量，g；

6——亚铁离子与重铬酸钾反应的配平系数之比。

【注意事项】

① 二苯胺磺酸钠指示剂变绿时，不能使用。

② Fe^{2+} 在酸性介质中易被空气氧化，应立即滴定。

技能三 碘量法

情境导入

维生素C又叫抗坏血酸，是一种水溶性维生素，广泛存在于新鲜水果和蔬菜中，具有参与胶原蛋白合成、抗氧化、提升免疫力、抗感冒、预防贫血、降低癌症的发病风险等功能，人体不能合成，必须从食物中获取。维生素C分子容易失去电子，是一种较强的还原剂，容易被氧化。

必备知识

碘量法是利用I_2的氧化性和I^-的还原性进行滴定的分析方法。

$$I_2 + 2e^- \rightleftharpoons 2I^-$$

I_2是较弱的氧化剂，只能与较强的还原剂作用；而I^-是中强还原剂，能与许多氧化剂作用而被氧化为I_2。因此，可利用I_2的氧化性直接测定较强的还原剂，也可以利用I^-的还原性被氧化剂氧化析出I_2，再用硫代硫酸钠（$Na_2S_2O_3$）标准溶液滴定，可间接地计算出氧化性物质的含量。因此，碘量法又分为直接碘量法和间接碘量法。

一、直接碘量法

用直接碘量法来测定还原性物质时，一般应在弱碱性、中性或弱酸性溶液中进行，如测定AsO_3^{3-}需在弱碱性$NaHCO_3$溶液中进行。若反应在强酸性溶液中进行，则平衡向左移动，且I^-易被空气中的O_2氧化；如果溶液的碱性（pH>9）太强，I_2就会发生歧化反应。

微课：硫代硫酸钠标准溶液的标定

$$3I_2 + 6OH^- = IO_3^- + 5I^- + 3H_2O$$

直接碘量法可利用碘自身的黄色或淀粉作指示剂，I_2遇淀粉呈蓝色。

二、间接碘量法

间接碘量法测定氧化性物质时，须在中性或弱酸性溶液中进行。例如，测定$K_2Cr_2O_7$含量的反应如下：

$$Cr_2O_7^{2-} + 6I^- + 14H^+ = 2Cr^{3+} + 3I_2 + 7H_2O$$
$$I_2 + 2S_2O_3^{2-} = 2I^- + S_4O_6^{2-}$$

若溶液为碱性，则存在如下反应：

$$4I_2 + S_2O_3^{2-} + 10OH^- = 8I^- + 2SO_4^{2-} + 5H_2O$$

在强酸性溶液中，$S_2O_3^{2-}$易被分解：

$$S_2O_3^{2-} + 2H^+ = S\downarrow + SO_2 + H_2O$$

间接碘量法也用淀粉作指示剂，但它不是在滴定前加入，若指示剂加得过早，则由于淀粉与I_2形成的牢固结合会使I_2不易与$Na_2S_2O_3$立即作用，以致滴定终点不敏锐。故一般在近终点时加入。

> **想一想**
> 淀粉指示剂不宜过早加入，需要临近终点时加入，日常生活、工作中，说话做事要掌握火候、把握时机、果断行事，才能收到良好的效果，如何做到"时来易失，赴机在速"？

应用碘量法除须掌握好酸度外，还应注意以下几点：

(1) 防止碘挥发 方法有：

① 加入过量的 KI，使 I_2 变成 I_3^-。KI 与 I_2 形成 I_3^-，以增大 I_2 的溶解度，降低 I_2 的挥发性，提高淀粉指示剂的灵敏度。

② 反应时溶液不可加热。碘量法应在室温下进行，因为升高温度会增大 I_2 的挥发性，降低淀粉指示剂的灵敏度。在保存 $Na_2S_2O_3$ 溶液时，室温升高会增大细菌的活性，加速 $Na_2S_2O_3$ 的分解。

③ 光线的影响，反应在碘量瓶中进行，滴定时不要过分摇动溶液。光线照射能加速 I^- 被空气氧化，所以滴定应避光；I^- 和氧化剂反应析出 I_2 的过程较慢，一般应盖上碘瓶盖，在暗处放置 5~10 min，使反应完全后再立即用 $Na_2S_2O_3$ 进行滴定（避免 I_2 的挥发和 I^- 被空气氧化）。

(2) 防止 I^- 被空气氧化 方法有：

① 降低酸度。

② 防止阳光直射。

③ 滴定前的反应完全后立即滴定，快滴慢摇，以减少 I^- 与空气的接触。

三、相关标准溶液的配制与标定

微课：碘量法

1. 碘标准溶液的配制与标定

(1) 碘标准溶液的配制 碘是以升华法制得的。它具有光泽的片状结晶，易挥发，有腐蚀性，不宜在电子天平上称量，故通常仍用间接法配制。I_2 在水中的溶解度很小，又容易挥发，所以通常将它溶解在浓的 KI 溶液里，使 I_2 与 KI 形成 KI_3 络合物，使之溶解度大大提高，挥发性大为降低，而电位却无显著变化。

为了防止碘标定时在碱性溶液中发生自身氧化还原反应，以及中和 $Na_2S_2O_3$ 溶液中作稳定剂的 Na_2CO_3 和去掉碘中微量 KIO_3 杂质，配制碘液时应加入少量盐酸。另外，为了防止少量未溶解的 I_2 影响浓度，配制后还需过滤后再标定。

碘液有腐蚀性，应避免与橡皮塞、软木塞等有机物接触；见光、受热时 KI 易氧化，故应置带玻璃塞的棕色玻瓶中密闭，在暗凉处保存。

(2) 碘标准溶液的标定 标定碘溶液的浓度，可由准确浓度的 $Na_2S_2O_3$ 标准溶液利用比较法测得，也可用基准物质进行标定。碘溶液浓度的标定，常用升华法精制的 As_2O_3（俗称砒霜，剧毒）作为基准物质。As_2O_3 难溶于水，易溶于 NaOH 溶液，生成 Na_3AsO_3 而溶解。

$$As_2O_3 + 6NaOH = 2Na_3AsO_3 + 3H_2O$$

然后用盐酸中和过量的碱，并加入 $NaHCO_3$ 使溶液呈弱碱性（pH≈8），再用碘液滴定，其反应式为：

$$Na_2AsO_3 + I_2 + 2NaHCO_3 =\!=\!= Na_2AsO_4 + 2NaI + 2CO_2\uparrow + H_2O$$

因为 As_2O_3 有剧毒,所以实验中常使用已标定的 $Na_2S_2O_3$ 标准溶液进行标定。

> **知识拓展**
>
> 三氧化二砷,无臭无味的白色粉末。大量吸入亦可引起急性中毒。慢性中毒表现为消化系统症状、肝肾损害、皮肤色素沉着、角化过度或疣状增生,以及多发性周围神经炎。无机砷化合物已被国际癌症研究中心(IARC)确认为致癌物。
>
> 防护措施:
>
> 呼吸系统防护——可能接触其蒸气时,应该佩戴过滤式防毒面具(半面罩)。紧急事态抢救或撤离时,建议佩戴自给式呼吸器。
>
> 眼睛防护——戴安全防护眼镜。
>
> 身体防护——穿防静电工作服。
>
> 手防护——戴防化学品手套。
>
> 其他——工作现场禁止吸烟、进食、饮水。工作毕,淋浴更衣。保持良好的卫生习惯。

2. $Na_2S_2O_3$ 溶液的配制与标定

(1) $Na_2S_2O_3$ 标准溶液的配制 结晶的 $Na_2S_2O_3 \cdot 5H_2O$ 一般含有少量 S、Na_2SO_3、Na_2CO_3、NaCl 等杂质,因此不能用直接法配制标准溶液。而且 $Na_2S_2O_3$ 溶液不稳定,容易与水中的 CO_2、空气中的氧气作用,以及被微生物分解而使浓度发生变化。因此,配制 $Na_2S_2O_3$ 标准溶液时应先煮沸蒸馏水,除去水中的 CO_2 及杀灭微生物,加入少量 Na_2CO_3 使溶液呈微碱性,以防止 $Na_2S_2O_3$ 分解。日光能促使 $Na_2S_2O_3$ 分解,所以 $Na_2S_2O_3$ 溶液应储存于棕色瓶中,放置暗处,经一两周后再标定。长期保存的溶液,在使用时应重新标定。

(2) $Na_2S_2O_3$ 标准溶液的标定 标定 $Na_2S_2O_3$ 溶液常用 $K_2Cr_2O_7$、$KBrO_3$、KIO_3 等基准物质,用间接碘量法进行标定。如在酸性溶液中,有过量 KI 存在下,一定量的 $K_2Cr_2O_7$ 与 KI 反应产生 I_2。

$$Cr_2O_7^{2-} + 6I^- + 14H^+ =\!=\!= 2Cr^{3+} + 3I_2\downarrow + 7H_2O$$

用 $Na_2S_2O_3$ 标准溶液滴定析出的 I_2。近终点时加入淀粉指示剂,滴定至溶液由蓝色变为亮绿色。

$$I_2 + 2S_2O_3^{2-} =\!=\!= 2I^- + S_4O_6^{2-}$$

$$c_{Na_2S_2O_3} = \frac{6 \times m_{K_2Cr_2O_7} \times 1000}{M_{K_2Cr_2O_7} \times V_{Na_2S_2O_3}}$$

式中 $c_{Na_2S_2O_3}$——$Na_2S_2O_3$ 的浓度,mol/L;

$m_{K_2Cr_2O_7}$——$K_2Cr_2O_7$ 的质量,g;

$M_{K_2Cr_2O_7}$——$K_2Cr_2O_7$ 的摩尔质量,294.19g/mol;

$V_{Na_2S_2O_3}$——$Na_2S_2O_3$ 滴定消耗的体积,mL;

6——硫代硫酸钠与重铬酸钾对应的配平系数之比(通过 I_2 的量比较)。

> **想一想**
>
> 如果在标定硫代硫酸钠时，滴定至终点后经过5min以上，溶液又出现蓝色，是否影响分析结果？

技能训练

测定白菜中维生素C的含量

【仪器、试剂】

仪器：电子天平，研钵，100mL容量瓶，酸式滴定管（棕色），碘量瓶，25mL移液管等。

试剂：白菜，淀粉溶液（0.5%），HCl溶液（0.1mol/L），$Na_2S_2O_3$标准溶液（浓度约为0.1mol/L，预先标定其准确浓度），I_2，KI。

【操作步骤】

(1) 碘标准溶液的配制与标定

① 碘标准溶液（约0.05mol/L）的配制。称取3.3g I_2和5g KI，置于研钵中，加少量水，在通风橱中研磨。待全部溶解后，将溶液转入棕色试剂瓶中，加水稀释至250mL，充分摇匀，放阴暗处保存。

② 碘标准溶液的标定。用移液管移取$Na_2S_2O_3$标准溶液25mL于250mL锥形瓶中，加入30mL蒸馏水，5mL淀粉溶液，使用碘溶液滴定至溶液出现浅蓝色并30s不褪色即为终点。记录碘溶液消耗的体积V_1，计算碘溶液的浓度c_{I_2}。两者反应式为：

$$I_2 + 2S_2O_3^{2-} = 2I^- + S_4O_6^{2-}$$

平行测定三次，并计算平均值。

$$c_{I_2} = \frac{c_{Na_2S_2O_3} \times V_{Na_2S_2O_3}}{2 \times V_1}$$

式中　c_{I_2}——碘溶液的浓度，mol/L；

$c_{Na_2S_2O_3}$——$Na_2S_2O_3$的浓度，已标定，约0.1mol/L；

$V_{Na_2S_2O_3}$——$Na_2S_2O_3$移取至锥形瓶中的体积，25mL；

V_1——碘溶液滴定至终点所消耗的体积，mL；

2——反应式中$Na_2S_2O_3$与I_2的配平系数之比。

(2) 白菜中维生素C含量的测定　称取100g白菜，在研钵中捣烂成糊状，加入50mL蒸馏水，充分搅拌，过滤转移至烧杯中，转移至100mL容量瓶，加水至刻度。

移取25mL白菜汁至250mL锥形瓶中，加入1mL 0.1mol/L HCl，调节溶液的酸度。加入1~2mL淀粉指示剂，用碘标准溶液滴定，直到溶液显浅蓝色且半分钟内不褪色，记录消耗碘溶液的体积V_2。平行测定三次，计算维生素C含量平均值，数据处理见表9-5。

表 9-5　数据处理表——白菜中的维生素 C 的含量测定

测定次数		1	2	3	空白
称取样品的质量/g	m				—
消耗碘标准溶液的体积/mL	$V_{初}$				
	$V_{终}$				
	$V(或\ V_0)=V_{终}-V_{初}$				
$w_{维生素C}/(\text{mg}/100\text{g})$					—
$\overline{w}_{维生素C}/(\text{mg}/100\text{g})$					—
相对平均偏差/%					

$$w_{维生素C}=c_{I_2}\times(V-V_0)\times M_{维生素C}\times\frac{100}{25}$$

式中　$w_{维生素C}$——白菜样品中的维生素 C 含量，mg/100g；

　　　c_{I_2}——碘标准溶液的浓度（标定后），mol/L；

　　　V——锥形瓶中维生素 C（白菜）所消耗的碘标准溶液的体积，mL；

　　　V_0——空白实验消耗的碘标准溶液的体积，mL；

　　　100/25——每次测定从 100mL 容量瓶中取用 25mL。

【注意事项】

① 使用碘量法时，应该用碘量瓶，防止影响实验结果的准确性。

② 维生素 C 的还原性很强，易被氧化，酸化后应立即滴定。

③ 蒸馏水要事先煮沸后使用，防止水中细菌与杂质造成 $Na_2S_2O_3$ 的分解。

想一想

空白试验，可以减小试剂带来的系统误差，对于微量和痕量分析而言，一般化验室的器皿和试剂所引起的系统误差是很大的，更需要做空白试验。因此，空白试验，看似无用之举，实为大用之道。学习生活中，很多看似可有可无的一个小动作，可以成为一个人的高尚品格，成为一个社会的良俗美德。

练习思考

1. 填空题

（1）标定硫代硫酸钠一般可选_____作基准物，标定高锰酸钾溶液一般选用_____作基准物。

（2）氧化还原滴定中，常采用的指示剂类型有_____、_____和_____。

（3）高锰酸钾标准溶液应采用_____方法配制，重铬酸钾标准溶液采用_____方法配制。

（4）碘量法中使用的指示剂为_____，高锰酸钾法中采用的指示剂一般为_____。

（5）氧化还原反应是基于_____转移的反应，比较复杂，反应常分步进行，需要一定时间才能完成。因此，氧化还原滴定时，要注意_____速度与_____速度相适应。

（6）标定硫代硫酸钠常用的基准物为_____，基准物先与_____试剂反应生成_____，再用硫代硫酸钠滴定。

（7）碘在水中的溶解度小，挥发性强，所以配制碘标准溶液时，将一定量的碘溶于_____溶液。

2. 判断题

(1) $KMnO_4$ 溶液作为滴定剂时，必须装在棕色酸式滴定管中。（   ）

(2) 直接碘量法的终点是从蓝色变为无色。（   ）

(3) $K_2Cr_2O_7$ 标准溶液有颜色，应于棕色瓶中保存，防止其见光分解。（   ）

(4) 溶液的酸度越高，$KMnO_4$ 氧化草酸钠的反应进行得越完全，所以用基准草酸钠标定 $KMnO_4$ 溶液时，溶液的酸度越高越好。（   ）

(5) 硫代硫酸钠标准滴定溶液滴定碘时，应在中性或弱酸性介质中进行。（   ）

(6) 用间接碘量法测定试样时，最好在碘量瓶中进行，并应避免阳光照射，为减少与空气接触，滴定时不宜过度摇动。（   ）

(7) 用于重铬酸钾法中的酸性介质只能是硫酸，而不能用盐酸。（   ）

(8) 重铬酸钾法要求在酸性溶液中进行。（   ）

(9) 碘量法要求在碱性溶液中进行。（   ）

(10) 在碘量法中使用碘量瓶可以防止碘的挥发。（   ）

(11) 碘量法中加过量KI的作用是与 I_2 形成 I_3^-，以增大 I_2 溶解度，降低 I^- 的挥发性。（   ）

(12) 高锰酸钾标准溶液可用直接法配制。（   ）

(13) 高锰酸钾法中一般不用另外加指示剂，$KMnO_4$ 自身可作指示剂。（   ）

3. 选择题

(1) 高锰酸钾法测定 H_2O_2 含量时，调节酸度时应选用（   ）。

A HAc　　　　　　B HCl　　　　　　C HNO_3　　　　　　D H_2SO_4

(2) 以 $Na_2C_2O_4$ 为基准物标定 $KMnO_4$ 溶液时，标定条件正确的是（   ）。

A 加热至沸腾，然后滴定　　　　　　B 用 H_3PO_4 控制酸度

C 用 H_2SO_4 控制酸度　　　　　　D 用二苯胺磺酸钠为指示剂

(3) 下列哪些物质可以用直接法配制标准溶液（   ）。

A 重铬酸钾　　　　B 高锰酸钾　　　　C 碘　　　　　D 硫代硫酸钠

(4) 下列哪种溶液在读取滴定管读数时，读液面周边的最高点（   ）。

A NaOH 标准溶液　　　　　　B 硫代硫酸钠标准溶液

C 碘标准溶液　　　　　　　　D 高锰酸钾标准溶液

(5) 配制碘标准溶液时，正确的是（   ）。

A 碘溶于浓碘化钾溶液中　　　　　B 碘直接溶于蒸馏水中

C 碘溶解于水后，加碘化钾　　　　D 碘能溶于酸性溶液中

(6) 对于 $KMnO_4$ 溶液的标定，下列叙述不正确的是（   ）。

A 以 $Na_2C_2O_4$ 为基准物　　　　B 一般控制 $[H^+]$ =1mol/L 左右

C 不用另外加指示剂　　　　　　　D 在常温下反应速度较快

(7) 配制 $Na_2S_2O_3$ 溶液时，要用新煮沸且冷却的蒸馏水的原因是下列之中的（   ）。

A 杀菌　　　　　　　　　　　　B 使水软化

C 促进 $Na_2S_2O_3$ 溶解　　　　　D 除去 O_2 和 CO_2

4. 简答题

(1) 为什么碘量法不适宜在高酸度或高碱度介质中进行？

(2) 氧化还原滴定中的指示剂分为几类？各自如何指示滴定终点？

项目十
配位滴定技术

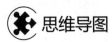思维导图

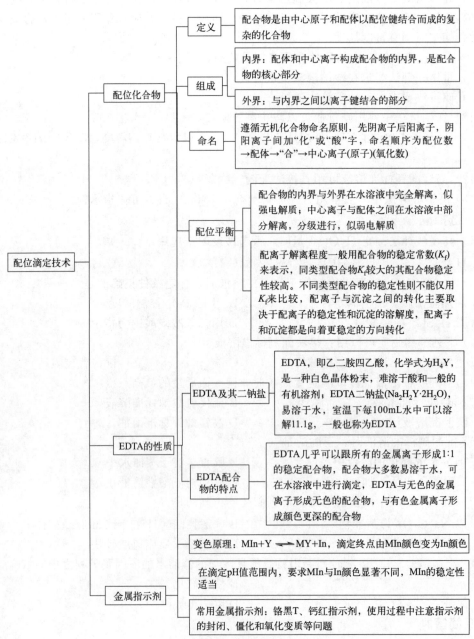

学习要点

1. 认识配位化合物，了解其命名原则。
2. 了解 EDTA 的性质及其与金属离子形成配合物的特点。
3. 理解金属指示剂的作用原理和条件，熟悉配位滴定法的应用。

职业素养目标

1. 通过处理实验过程中的各种问题，养成精益求精的工匠精神。
2. 通过配位化合物的结构构成，强化做事围绕中心、服务大局的意识。

情境导入

水的硬度是指水中的钙离子和镁离子的总含量，这两种离子的含量越高，水的硬度就越大。水的硬度过大会对日常生活造成不同程度的不便和隐患，锅炉用水硬度高了，不仅浪费燃料，还会产生危险；硬水中的钙离子还易与食物中的草酸等发生反应，形成草酸钙、磷酸钙等沉淀，导致肾结石发病率增加。我国《生活饮用水卫生标准》要求，生活饮用水的总硬度不得超出 450mg/L 的限值。

必备知识

配位滴定技术是以配位反应为基础的滴定分析方法，主要用于对金属离子进行测定。配位反应在化学分析技术中应用非常广泛，许多显色剂、萃取剂、掩蔽剂、沉淀剂都是配位体。但是并不是所有的配位反应都可以用于配位滴定，要根据配合物稳定常数的大小来判断配位反应完成的程度以及它是否可用于滴定分析。

用于配位反应的配位剂，一般可分为无机配位剂和有机配位剂。由于大多数无机配位剂与金属离子形成的配合物不够稳定，且各级稳定常数比较接近，不可能分步完成配合，因此，大部分无机配位剂不能得到广泛的应用。而有机配位剂，特别是氨羧配位剂，一般含有两个或两个以上的配位原子，配位能力强，可以与金属离子形成稳定性强、组成恒定的配合物。在配位滴定中，最常用的有机配位剂是乙二胺四乙酸，常缩写为 EDTA。

一、配位化合物

1. 配位化合物及其组成

配位化合物是由可以给出孤对电子的一定数目的离子或分子（统称配体），和接受孤对电子的离子或原子（统称中心离子或中心原子），按一定的组成和空间构型形成的化合物，简称配合物。即配合物是由中心原子和配体以配位键结合而成的复杂的化合物。中心离子（或原子）位于配合物的中心，通常为带正电荷的金属离子或中性原子；配体可以是阴离子，如 OH^-、SCN^-、CN^- 等，也可以是中性分子，如 NH_3、H_2O、CO 等；配体中直接与中心离子（或原子）形成配位键的原子称为配位原子。

只含一个配位原子的配体称为单齿配体，如 SCN^-、OH^-、CN^- 等，由单齿配体与中心离子直接配位形成的配合物称为简单配合物，如 $K_4[Fe(CN)_6]$、$K_2[HgI_4]$。含两个或两个以上配位原子的配体称为多齿配体，如乙二胺 $NH_2CH_2CH_2NH_2$（简写为 en）、草酸根 $C_2O_4^{2-}$ 均为双齿配体，乙二胺四乙酸（EDTA）为六齿配体。中心离子与多齿配体形成的具有环状结构的配合物称为螯合物。图 10-1 为 Ca^{2+} 与 EDTA 形成的螯合物的结构示意图。

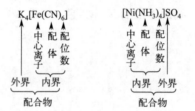

图 10-1 Ca^{2+} 与 EDTA 形成的螯合物

中心离子（或原子）的配位数是与中心离子（或原子）以配位键结合的配位原子的总数，一个配体只提供一个配位原子则配位数与配体数相同，一个配体提供多个配位原子则配位数为配体数与每个配体提供的配位原子数之积。

配合物的组成一般分为内界和外界两个部分，配体和中心离子构成配合物的内界，是配合物的核心部分，书写在方括号内；方括号外的部分称为外界。内界与外界之间是以离子键结合的，整个配合物呈中性。配合物的组成如下图所示：

$$K_4[Fe(CN)_6] \qquad [Ni(NH_3)_4]SO_4$$

（外界 中心离子 配体 配位数 内界；内界 中心离子 配体 配位数 外界）

配合物

> **练一练**
>
> 配体的个数与配位数是不是同一个概念？指出下列配合物中配体的个数及配位数。
>
> $[Cu(NH_3)_4]^{2+}$ \qquad $[Ag(NH_3)_2]^+$ \qquad $[Ca(H_2Y_4)]^{2-}$

> **想一想**
>
> 配位化合物，是以金属离子或中性原子为中心，配位体环绕周围，通过配位键形成的稳定化合物。在大局下思考、在大局下行动，才能明确主攻方向、把握着力重点，实现人生目标。

2. 配合物的命名

配合物的命名方法基本遵循无机化合物的命名原则，先命名阴离子再命名阳离子。配离子是阴离子的配合物称为"某酸某"或"某某酸"；配离子是阳离子的配合物称为"某化某"或"某酸某"。

配离子的命名顺序为：配位数→阴离子配体→中性分子配体→"合"→中心离子（用罗马数字标明氧化数）。若有几种配体，各配体之间用黑点"·"分开。不同阴离子配体的命名顺序是：简单阴离子→复杂阴离子→有机酸根离子；

微视频：配合物的定义与组成

不同中性分子配体的命名顺序是：$NH_3 \rightarrow H_2O \rightarrow$ 有机分子。配体个数用数字一、二、三……写在该种配体名称的前面。配合物的命名举例如下：

$K_2[HgI_4]$　　　　　　　　　四碘合汞（Ⅱ）酸钾

$K_4[Fe(CN)_6]$　　　　　　　六氰合铁（Ⅱ）酸钾

$K_3[Fe(CN)_6]$　　　　　　　六氰合铁（Ⅲ）酸钾

$Na_2[Cu(NH_3)_4]$　　　　　四氨合铜（Ⅱ）酸钠

$[Zn(NH_3)_4]SO_4$　　　　　硫酸四氨合锌（Ⅱ）

$[Cu(NH_3)_4]Br_2$　　　　　二溴化四氨合铜（Ⅱ）

$[Ni(CO)_4]$　　　　　　　　　四羰基合镍

除了正规的命名法之外，有些配合物至今还沿用习惯命名，如 $[Cu(NH_3)_4]^{2+}$ 叫铜氨配离子，$K_3[Fe(CN)_6]$ 叫赤血盐或铁氰化钾，$K_4[Fe(CN)_6]$ 叫黄血盐或亚铁氰化钾。

微视频：配合物的命名

> **练一练**
>
> 命名下列化合物：
>
> $H[AuCl_4]$　　$[PtCl(NO_2)(NH_3)_4]CO_3$　　$[PtCl_4(NH_3)_2]$　　$[Ag(NH_3)_2]NO_3$

3. 配位平衡及其平衡常数

配合物的配离子与外界是以离子键结合的，与强电解质相似，在水溶液中完全解离为配离子和外界离子。例如：

$$[Ag(NH_3)_2]NO_3 \longrightarrow [Ag(NH_3)_2]^+ + NO_3^-$$

而中心离子与配体之间是以配位键结合的，与弱电解质相似，在水溶液中只是部分解离。不同配离子解离程度不同，一般用配合物的稳定常数（K_f）来表示，在溶液中，配离子的解离是逐级进行的，反过来，配离子的生成也是逐步实现的。例如：

$$Ag^+ + NH_3 \rightleftharpoons [Ag(NH_3)]^+ \qquad K_{f1} = \frac{[Ag(NH_3)^+]}{[Ag^+][NH_3]}$$

$$[Ag(NH_3)]^+ + NH_3 \rightleftharpoons [Ag(NH_3)_2]^+ \qquad K_{f2} = \frac{[Ag(NH_3)_2^+]}{[Ag(NH_3)^+][NH_3]}$$

$$K_f = K_{f1} K_{f2} = \frac{[Ag(NH_3)_2^+]}{[Ag^+][NH_3]^2}$$

对于同类型的配合物，K_f 较大的其配合物稳定性较高，但不同类型配合物的稳定性则不能仅用 K_f 来比较。配离子与沉淀之间的转化主要取决于配离子的稳定性和沉淀的溶解度，配离子和沉淀都是向着更稳定的方向转化。

微视频：配合物的稳定性

> **练一练**
>
> 查附录六，根据 K_f 说明下述配离子转化的反应方向。
>
> $$[Ag(NH_3)_2]^+ + 2CN^- \rightleftharpoons [Ag(CN)_2]^- + 2NH_3 \uparrow$$

二、EDTA 的性质

1. EDTA 及其二钠盐

EDTA，即乙二胺四乙酸，化学简式为 H_4Y，是含有羧基和氨基的配位剂，能与多种金属离子形成稳定的配合物。它的结构简式如下：

$$\text{HOOC}-H_2C\diagdown\diagup CH_2-\text{COOH}$$
$$N-CH_2-CH_2-N$$
$$\text{HOOC}-H_2C\diagup\diagdown CH_2-\text{COOH}$$

EDTA 是一种白色晶体粉末，难溶于酸和一般的有机溶剂，易溶于氨水和氢氧化钠溶液。EDTA 在水中的溶解度很小，室温下，每 100mL 水中仅能溶解 0.02g，所以实际工作中常用溶解度较大的二钠盐 $Na_2H_2Y \cdot 2H_2O$（室温下，每 100mL 水中可以溶解 11.1g），一般也称为 EDTA 或 EDTA 二钠盐。

2. EDTA 配合物的特点

（1）**普遍性** 除碱金属外，EDTA 几乎可以跟所有的金属离子形成配合物。

（2）**组成一定** 一般情况下，EDTA 与金属离子均形成 1∶1 型的配合物。即一个 EDTA 只能结合一个金属离子，此特点有利于滴定分析的计算。

（3）**稳定性强** EDTA 与金属离子形成的配合物中存在 5 个五元环，因此非常稳定。

（4）**水溶性** EDTA 与金属离子形成的配合物大多数易溶于水，使得滴定可以在水溶液中进行。

（5）**颜色变化** EDTA 与无色的金属离子形成无色的配合物，与有色金属离子形成颜色更深的配合物。如：

AlY^-	NiY^{2-}	CuY^{2-}	CoY^{2-}	MnY^{2-}	CrY^-	FeY^-
无色	蓝绿色	深蓝色	紫红色	紫红色	深紫色	黄色

三、金属指示剂

1. 金属指示剂的作用原理

在配位滴定中，通常利用一种能与金属离子生成有色配合物的显色剂来指示终点，这种显色剂称为金属指示剂。金属指示剂也是一种配位剂，它能够与金属离子形成颜色明显区别于金属指示剂本身的配合物，从而指示滴定的终点。通常用 In 表示金属指示剂，滴定前将金属指示剂加入待测溶液中，将会发生如下反应：

$$M + In \rightleftharpoons MIn$$
$$\text{（甲色）}\text{（乙色）}$$

此时，溶液显示金属离子与指示剂形成的配合物（MIn）的颜色。随着 EDTA 标准溶液的加入，EDTA 首先会与溶液中游离的金属离子形成无色配合物，溶液仍然显示 MIn 的颜色。当溶液中游离的金属离子被 EDTA 完全结合后，继续加入的 EDTA 便会夺取已经被指示剂结合的金属离子，将指示剂游离出来。反应式为：

$$MIn + Y \rightleftharpoons MY + In$$
$$\text{（乙色）}\text{（甲色）}$$

溶液颜色由指示剂配合物（MIn）的颜色变为金属指示剂（In）的颜色，指示滴定终点的到达。

2. 金属指示剂应具备的条件

金属指示剂指示配位滴定终点的关键在于EDTA必须能够及时从指示剂配合物中夺取已经被指示剂结合的金属离子，从而使指示剂游离出来。因此，在配位滴定中，金属指示剂应该具备以下条件：

（1）在滴定的pH值范围内，金属指示剂（In）的颜色应该与指示剂配合物（MIn）的颜色有明显区别。

（2）指示剂与金属离子的反应必须灵敏、迅速，具有良好的可逆性。

（3）指示剂配合物（MIn）应该具有适当的稳定性，一般要求MIn与MY的稳定常数之间至少相差10^2。如果MIn的稳定性太强，游离的金属离子已经被EDTA结合完全，EDTA还没能从MIn中置换出金属离子，会使滴定终点推迟；如果MIn的稳定性太差，当游离的金属离子还没有被EDTA结合完全时，EDTA便已经从MIn中夺取金属离子，会使滴定终点提前。

3. 常用的金属指示剂

（1）铬黑T 简称EBT，属于偶氮类染料，在溶液中会建立下列平衡：

$$H_2In^- \rightleftharpoons HIn^{2-} \rightleftharpoons In^{3-}$$

（紫红色）　　（蓝色）　　（橙色）

pH<6　　pH=7~11　　pH>12

在pH值不同的水溶液中，铬黑T呈现不同的颜色。铬黑T可以与Mg^{2+}、Zn^{2+}、Mn^{2+}、Ca^{2+}等二价金属离子形成稳定的紫红色配位化合物，在pH<6以及pH>12的溶液中，指示剂本身的颜色与指示剂配合物的颜色差别不大，因此铬黑T通常只能在pH=7~11范围内使用，其最适宜的酸度范围是pH=9~10。滴定过程中，颜色变化由酒红色→紫色→蓝色。但是Al^{3+}、Fe^{3+}、Co^{2+}、Ni^{2+}、Cu^{2+}等金属离子对铬黑T有封闭作用。

铬黑T固体性质稳定，但其在水溶液中不稳定，只能保存几天。因此，使用时常将铬黑T与干燥的NaCl或KNO_3等中性盐按1:100混合配成固体混合物，密闭保存于干燥器中备用。

（2）钙指示剂 简称NN或钙红，也属于偶氮类染料，在溶液中建立下列平衡：

$$H_2In^- \rightleftharpoons HIn^{2-} \rightleftharpoons In^{3-}$$

（酒红色）　　（蓝色）　　（浅粉红色）

pH<8　　pH=8~13　　pH>13

钙指示剂在pH值为12~13时与Ca^{2+}形成酒红色配位化合物，指示剂自身呈现纯蓝色，颜色变化明显。因此，当pH值介于12~13之间，用EDTA标准溶液滴定Ca^{2+}时，可以用钙指示剂指示终点。

钙指示剂纯品为紫黑色粉末，很稳定，但是它在水溶液或乙醇溶液中不稳定，故一般与NaCl（1:100）粉末混合后使用。

微课：EDTA标准溶液的标定

想一想

1. 为什么EDTA能够夺取已经被指示剂结合的金属离子？

2. 配位滴定法与酸碱滴定法相比，有哪些不同点？操作当中应注意哪些问题？

3. 金属指示剂的配位能力不如配位剂强，适时地与金属离子解离，从而指示滴定终点。不管对人对事，都要拿得起，放得下，想得开，不为难自己，成就自己也成就别人。

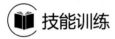

测定饮用水的总硬度

【仪器、试剂】

仪器：电子天平、酸式滴定管、锥形瓶、量筒、移液管等。

试剂：缓冲溶液（pH=10）、硫化钠溶液（50g/L）、盐酸羟胺溶液（10g/L）、氰化钾溶液（100g/L）、EDTA 标准溶液（0.01mol/L）。

【操作步骤】

(1) 锌标准溶液的配制 称取 0.6~0.7g 纯锌粒溶于盐酸溶液（1+1）中，置于水浴上温热至完全溶解，移入容量瓶中，定容至 1000mL，并按下式计算锌标准溶液的浓度。

$$c_{Zn} = \frac{m}{65.39V}$$

式中 c_{Zn}——锌标准溶液的浓度，mol/L；

m——锌的质量，g；

65.39——锌的摩尔质量，g/mol；

V——稀释定容的体积，L。

(2) EDTA 标准溶液的配制与标定

① 配制 0.01mol/L EDTA 标准溶液。称取 3.72g 乙二胺四乙酸二钠溶解于 1000mL 纯水中。用锌标准溶液标定其准确浓度。

② 标定。吸取 25.00mL 锌标准溶液于 150mL 锥形瓶中，加入 25mL 纯水，加入几滴氨水调节溶液至近中性，再加 5mL 缓冲溶液和 5 滴铬黑 T 指示剂，在不断振荡下，用 EDTA 溶液滴定至不变的纯蓝色，计算 EDTA 标准溶液的浓度。

$$c_{EDTA} = \frac{c_{Zn}V_2}{V_1}$$

式中 c_{EDTA}——EDTA 标准溶液的浓度，mol/L；

c_{Zn}——锌标准溶液的浓度，mol/L；

V_1——消耗 EDTA 溶液的体积，mL；

V_2——所取锌标准溶液的体积，mL。

(3) 水样总硬度的测定 吸取 50.0mL 水样（硬度过高的水样，可取适量水样，用纯水稀释至 50mL，硬度过低的水样，可取 100mL），置于 150mL 锥形瓶中。加入 1~2mL 缓冲溶液，5 滴铬黑 T 指示剂，立即用 EDTA 标准溶液滴定至溶液从紫红色转变成纯蓝色为止，同时做空白试验，记下用量。

若水样中含有金属干扰离子使滴定终点延迟或颜色变暗，可另取水样，加入 0.5mL 盐酸羟胺及 1mL 硫化钠溶液或 0.5mL 氰化钾溶液再行滴定。

水样中钙、镁的重碳酸盐含量较大时，要预先酸化水样，并加热除去二氧化碳，以防碱化后生成碳酸盐沉淀，影响滴定时反应的进行。水样中含悬浮性或胶体有机物可影响终点的观察。可预先将水样蒸干并于 550℃ 灰化，用纯水溶解残渣后再行滴定。

总硬度计算公式：

$$\rho_{CaCO_3}=\frac{(V_1-V_0)c\times 100.09\times 1000}{V}$$

式中　ρ_{CaCO_3}——总硬度（以 $CaCO_3$ 计），mg/L；

　　　V_0——空白滴定所消耗 EDTA 标准溶液的体积，mL；

　　　V_1——滴定中消耗乙二胺四乙酸二钠标准溶液的体积，mL；

　　　c——乙二胺四乙酸二钠标准溶液的浓度，mol/L；

　　　V——水样体积，mL；

　　100.09——与 1.00mL 乙二胺四乙酸二钠标准溶液（$c=1.000$mol/L）相当的以毫克表示的总硬度（以 $CaCO_3$ 计），数据处理见表 10-1。

表 10-1　水样总硬度测定数据处理表

测定次数		1	2	3	空白
水样体积/mL	V				—
滴定消耗 EDTA 标准溶液的体积/mL	V_1				—
	V_0	—	—	—	
ρ_{CaCO_3}					—
$\bar{\rho}_{CaCO_3}$					—
相对偏差/%					—

【注意事项】

① 若水样硬度大于 15 度，可取 10~25mL 水样，并用蒸馏水稀释至 50mL。

② 指示剂的量过多显色就浓，少则淡。在这两种情况下，对于终点变色的判断都是困难的，因而添加指示剂的量以能形成明显的红色为好。

③ 水样的酸性或碱性太强，会影响缓冲溶液的作用效果而不能达到一定的 pH。这时要用 NaOH 或 HCl 中和到大致呈中性。

想一想

饮用水硬度测定中为什么要加入缓冲溶液？

练习思考

1. 填空题

（1）EDTA 的化学名称为＿＿＿＿＿。配位滴定常用水溶性较好的＿＿＿＿＿来配制标准滴定溶液。

（2）EDTA 的结构式中含有两个＿＿＿＿＿和四个＿＿＿＿＿，是可以提供六个＿＿＿＿＿的螯合剂。

(3) EDTA 与金属离子配合，不论金属离子是几价，绝大多数都是以_____的关系配合。

(4) 用 EDTA 滴定 Ca^{2+}、Mg^{2+} 总量时，以_____为指示剂，溶液的 pH 必须控制在_____。滴定 Ca^{2+} 时，以_____为指示剂，溶液的 pH 必须控制在_____。

2. 判断题

(1) 配合物在水溶液中可以全部解离为外界离子和配离子，配离子也能全部解离为中心离子和配体。（　　）

(2) 一种配离子在任何情况下都可以转化为另一种配离子。（　　）

(3) 游离金属指示剂本身的颜色一定要和金属离子形成的配合物颜色有差别。（　　）

(4) 指示剂僵化只有另选指示剂，否则实验无法进行。（　　）

3. 选择题

(1) EDTA 滴定 Mg^{2+}，以铬黑 T 为指示剂，指示终点的颜色是（　　）。
A. 蓝色　　　　B. 无色　　　　C. 紫红色　　　　D. 亮黄色

(2) 下列叙述正确的是（　　）。
A 配位滴定法只能用于测定金属离子
B 配位滴定法只能用于测定阴离子
C 配位滴定法既可以测定金属离子又可测定阴离子
D 配位滴定法只能用于测定一价以上的金属离子

(3) 用 EDTA 测定 Ca^{2+} 时，Al^{3+} 将产生干扰。为消除 Al^{3+} 的干扰，加入的掩蔽剂是（　　）。
A NH_4F　　　　B KCN　　　　C 三乙醇胺　　　　D 铜试剂

(4) 下列叙述正确的是（　　）。
A Al^{3+} 与 EDTA 反应很慢，故不能用 EDTA 法测定其含量
B Cr^{3+} 能使指示剂封闭或僵化，故不能用 EDTA 法测定含量
C 通过改变配位滴定的方式，可以测定 Al^{3+} 和 Cr^{3+} 的含量
D Al^{3+} 只能用重量分析法测定其含量

(5) 在配位滴定中，必须在酸性溶液中使用的指示剂是（　　）。
A 铬黑 T　　　　B 钙指示剂　　　　C 磺基水杨酸　　　　D 二甲酚橙

(6) 一般情况下，金属离子与 EDTA 形成的配合物的配位比是（　　）。
A 1:2　　　　B 2:1　　　　C 1:1　　　　D 1:3

4. 简答题

(1) EDTA 和金属离子形成的配合物有哪些特点？

(2) 金属离子指示剂应具备哪些条件？为什么金属离子指示剂使用时要求一定的 pH 范围。

模块三
有机化学

项目十一

烃类化合物

思维导图

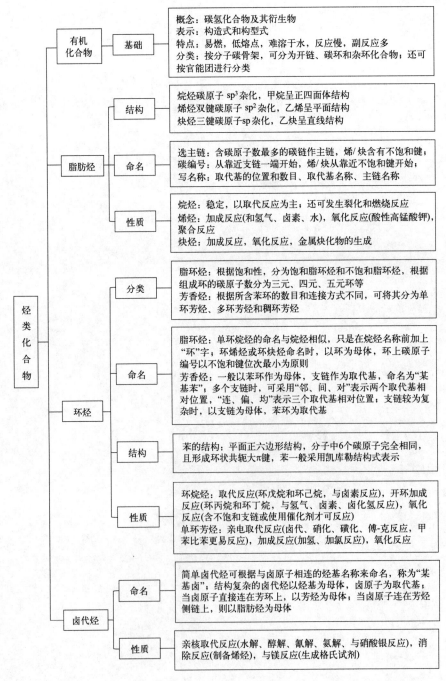

学习要点

1. 了解有机化合物的结构特点，掌握烃类化合物的分类方法及命名方式。
2. 掌握烃类化合物的理化性质及其变化规律。
3. 会利用萃取法分离、提取有机混合物，熟练液液萃取、液固萃取的基本操作。
4. 学会烃类化合物制备的基本方法和实验技能。

职业素养目标

1. 培养良好的药品使用习惯，按规程取放药品，在通风橱中进行操作，注意残液回收，严格控制火源，保证实验安全及环境友好。
2. 通过我国完成的世界首例不依赖植物光合作用合成淀粉的案例，增强文化自信。

知识点一 脂肪烃

情境导入

有机化合物大量存在于自然界中，它与人类的关系非常密切，人类的生产、生活、科学研究都离不开有机物。如粮食、蔬菜、棉花、肉、蛋、丝、麻、药材等天然高分子化合物，合成的纤维、塑料、植物生长调节剂、激素、高能燃料、药物、油漆、橡胶等都是有机物。利用物质在不同溶剂中溶解度的差异，可以用一种溶剂把溶质从混合溶液中萃取出来；萃取效率（E）是指萃取的完全程度，可以比较单次萃取与分次萃取的萃取效率；香精油主要组成为单萜类化合物柠檬烯，可以利用索氏提取器以95%乙醇作溶剂从橙皮中提取柠檬烯；利用溶剂的回流和虹吸原理，对固体混合物中所含成分进行连续提取，练习典型的液固萃取方法。

必备知识

一、有机化合物

只由碳和氢两种元素组成的有机化合物称为烃。脂肪烃是指具有脂肪族化合物基本属性的碳氢化合物。因为这类有机物最早从脂肪中提取，所以也叫作脂肪烃。而脂肪烃及其衍生物（包括卤代烃）等称为脂肪族化合物。脂肪族化合物中，碳原子以直链、支链或环状排列，分别称为直链脂肪烃、支链脂肪烃及脂环烃。

1. 有机化合物的概念

有机化合物是指碳氢化合物及其衍生物。有机化合物都是含碳的化合物，但并不是所有含碳化合物都是有机物，如一氧化碳（CO）、二氧化碳（CO_2）、碳酸盐（$CaCO_3$）、碳化钙（CaC_2）和氢氰酸（HCN）等许多简单的含碳化合物，在结构和性质上与无机物更相似，所以仍将其归入无机物。实际上，无机物与有机物之间很难有一个严格的界限，两者在一定条件下可以相互转化。例如工业上用无机物二氧化碳和氨（NH_3）在高温、高压等条件下大规模合成有机物尿素；有机物乙醇燃烧得到无机物二氧化碳等等。至今已知的含碳化合物数目有 2200 万种以上，除主要含有碳、氢外，许多有机物还含有氧、氮、硫、磷、卤素等元素，所以，有机化合物相对确切的定义为碳氢化合物及其衍生物。

2. 有机化合物的表示

有机分子的结构包含构造和构型两层含义。

(1) 构造式表达 分子中原子间的排列顺序和连接方式称为分子的构造，表示分子构造的式子称为有机物构造式或结构式。例如：

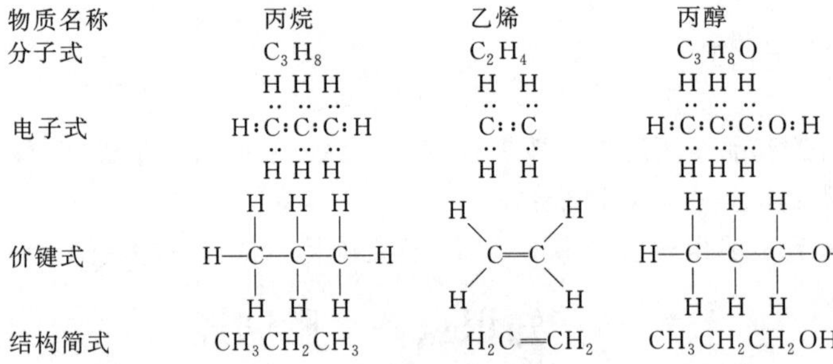

物质名称	丙烷	乙烯	丙醇
分子式	C_3H_8	C_2H_4	C_3H_8O
电子式	H:C:C:C:H	C::C	H:C:C:C:O:H
价键式	H—C—C—C—H	C=C	H—C—C—C—O—H
结构简式	$CH_3CH_2CH_3$	$H_2C=CH_2$	CH_3CH_2OH

其中，用两个小黑点表示一对共用电子的结构式叫电子式，用短线表示共价键的结构式叫价键式。只表明特征价键或官能团的较简单而仍能表明构造特点的结构式叫结构简式。结构简式比价键式、电子式更为常用。

书写结构式或结构简式的基本要求：只要准确地表示出分子中原子的连接顺序和方式，在书写形式上并无严格的限制。例如，2-丙醇的结构简式可以分别表示为下面几种形式：

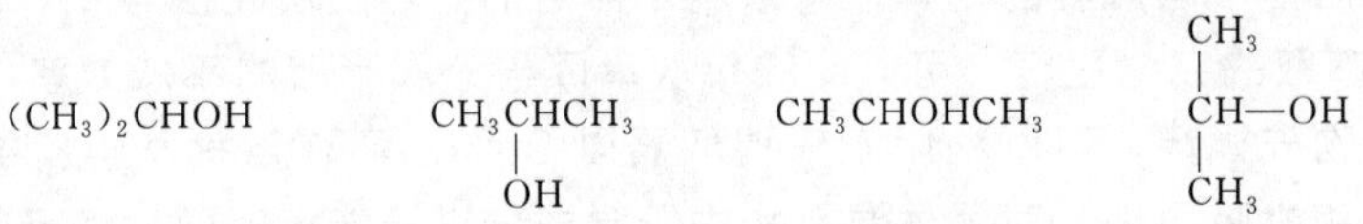

$(CH_3)_2CHOH$ CH_3CHCH_3 $CH_3CHOHCH_3$
                    OH

(2) 构型式表达 只有少数有机分子中的原子排布在一条直线或在同一平面上，而绝大多数有机分子的原子则是立体排布，如图 11-1 所示。分子中，原子的空间排布（不论线形、面形或体形）统称分子构型，或叫立体结构。

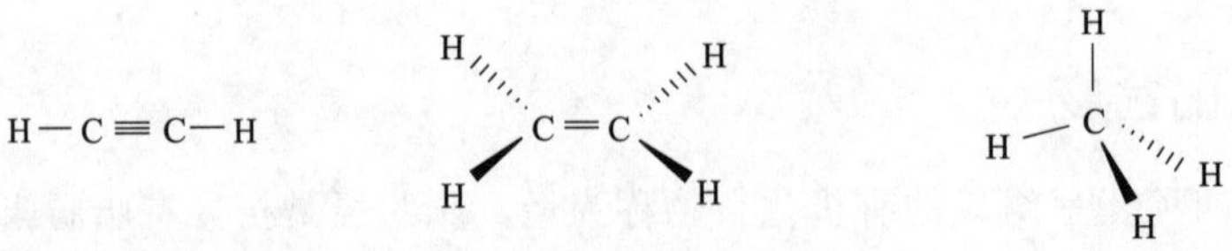

H—C≡C—H   (乙烯平面形 C=C 结构)   (甲烷立体形)

乙炔(直线形)   乙烯(平面形)   甲烷(立体形)

图 11-1 分子构型

(3) 同分异构现象 分子式相同（或组成相同）而结构不同的化合物互为同分异构体，简称异构体。有机物的同分异构现象非常普遍，因此，表示一个有机物不能用分子式，而必须用结构式。

同分异构现象一般有两大类：构造异构和构型异构。分子式相同而原子的连接顺序或方式不同的异构现象简称构造异构或结构异构。分子的构造相同而原子或基团在空间的排布（或在空间伸展方向）不同的异构现象简称构型异构。

> **练一练**
>
> 下列化合物属于有机物的有哪些?
> (1) CH_3COOH (2) $NaHCO_3$ (3) $C_4H_{10}O$ (4) CCl_4 (5) CaC_2
> (6) HCl (7) H_2O (8) $CO(NH_2)_2$ (9) C_2H_6 (10) KCN

3. 有机化合物的特点

(1) 容易燃烧 有机化合物一般都容易燃烧。人类常用的燃料大多是有机化合物,如气体燃料:天然气、液化石油气等;液体燃料:乙醇、汽油等;固体燃料:煤、木柴等。这是因为有机化合物分子中的碳原子和氢原子容易被氧化成二氧化碳和水。

(2) 熔点较低 有机化合物的熔点较低,一般不超过 400℃。纯的有机物大多有固定的熔点,含有杂质时,熔点一般会降低。因此,可利用测定熔点来鉴别固体有机物或检验其纯度。

(3) 难溶于水,易溶于有机溶剂 绝大多数有机化合物都难溶于水,而易溶于有机溶剂,根据"相似相溶"的经验规律,只有结构和极性相近的物质才能互相溶解,所以大多数非极性或弱极性的有机物难溶于水,而离子型的无机物则易溶于强极性的水。利用这一性质可将混在有机物中的无机盐类杂质用水洗去。

> **想一想**
>
> 有机化合物的极性与有机溶剂的极性相似,因此二者常常相溶。生活中,常常与兴趣爱好相似、人生价值观相似、理想信念相同的人成为好朋友,思维、对事物的看法都有意无意地在影响我们。物以类聚,人以群分。

(4) 反应慢、副反应多 有机化合物的反应速率一般都比较慢,这是因为大多数有机物的反应是分子间的反应,要靠分子间的有效碰撞,经历旧的共价键断裂和新的共价键形成才能完成,所以发生反应时,分子中各部位的共价键都可能断裂,也就是说副反应比较多,产率比较低,产物也往往是复杂的混合物,需要进行分离和提纯。

> **知识拓展**
>
> 碳中和、碳达峰中的"碳"即二氧化碳,"中和"即正负相抵。排出的二氧化碳或温室气体被植树造林、节能减排等形式抵消,实现二氧化碳的"零排放",这就是所谓的"碳中和"。而碳达峰则指的是碳排放进入平台期后,进入平稳下降阶段。简单地说,也就是让二氧化碳排放量"收支相抵"。
>
> 减少二氧化碳排放量的手段,一是碳封存,主要由土壤、森林和海洋等天然系统吸收储存空气中的二氧化碳,人类所能做的是植树造林;二是碳抵消,通过投资开发可再生能源和低碳清洁技术,减少一个行业的二氧化碳排放量来抵消另一个行业的排放量,抵消量的计算单位是二氧化碳当量吨数。中国将全方位全过程推行绿色规划、绿色设计、绿色投资、绿色建设、绿色生产、绿色流通、绿色生活、绿色消费,使发展建立在高效利用资源、严格保护生态环境、有效控制温室气体排放的基础上,统筹推进高质量发展和高水平保护,建立健全绿色低碳循环发展的经济体系,确保实现碳达峰、碳中和目标,推动我国绿色发展迈上新台阶。

4. 有机化合物的分类

(1) 按分子中碳骨架分类 根据组成有机化合物的碳骨架不同,可将其分为三大类。

① 开链化合物。分子中的碳原子间互相连接成链状骨架,碳链可长可短,碳原子间的结合方式可以是单键、双键或三键。由于这类开链化合物最初是从脂肪中获得的,所以又叫脂肪族化合物。例如:

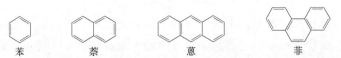

② 碳环化合物。化合物中碳原子间互相连接成环状结构,碳环化合物又分为脂环族化合物和芳香族化合物两类。

脂环族化合物是分子中的碳原子连接成环,性质与脂肪族化合物相似的一类化合物。

芳香族化合物是化合物中都含有由六个碳原子组成的苯环,它们的性质与脂肪族化合物截然不同,由于最初是从香树脂中发现的,所以称为芳香族化合物。

③ 杂环化合物。杂环化合物的分子中一定有杂环结构部分存在。所谓"杂环"即由碳原子和其他原子(如 N、O、S 等)所组成的环。因为通常称碳原子以外的其他原子为"杂原子",所以称此类化合物为杂环化合物。例如:

微视频:杂环化合物

微视频:类脂化合物

(2) 按官能团分类 官能团是指决定一类有机物主要化学性质的原子或原子团,有机化学反应一般发生在官能团上。按官能团分类,是将含有相同官能团的化合物归为一类。具有同一官能团的有机物一般具有相同或相似的化学性质(或称为该类化合物的特征反应)。

有机物的特征反应决定于官能团的特征结构,所谓特征结构是指有机物分子结构中的特殊化学键,这类化学键不仅能帮助我们识别它们,而且是典型化学反应发生处。有机化合物中的主要官能团及其结构见表 11-1。

表 11-1 有机化合物中主要的官能团

官能团	官能团名称	化合物类别	官能团	官能团名称	化合物类别
C=C	碳碳双键	烯烃	—C—O—C—	醚键	醚
—C≡C—	碳碳三键	炔烃	—C(=O)—OH	羧基	羧酸
—X(F,Cl,Br,I)	卤原子	卤代烃	—NH₂(—NHR,—NR₂)	氨基	胺
—OH	羟基	醇或酚	—SH	巯基	硫醇
—C(=O)—H	醛基	醛	—C≡N	氰基	腈
—C(=O)—	酮基	酮	—SO₃H	磺酸基	磺酸
—NO₂	硝基	硝基化合物	—N=N—	偶氮基	偶氮化合物

掌握有机化合物的分类方法，熟悉有机化合物的官能团或特征结构是识别有机物和系统学习有机化学的前提。

> **练一练**
>
> 依据官能团的特征，说出下列化合物的类别。
> (1) C_4H_9—OH　(2) CH_3CH_2—Cl　(3) CH_3—O—CH_3　(4) CH_3CHO
> (5) CH_3NH_2　(6) CH_3—O—CH_3　(7) 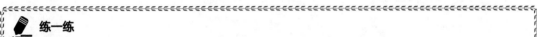　(8) ⌬

> **知识拓展**
>
> 空气也能成为粮食来源　2021年9月23日，中国科学院召开了新闻发布会。中国科学院天津工业生物技术研究所完成不依赖植物光合作用，直接使用二氧化碳与氢气作为材料合成淀粉。这项技术的成功意味着我们可以直接将电能转化成人类可以吸收的化学能，对解决中国粮食供应问题，以及太空、深海等地区食物供应问题有着非常重大的意义。
>
> 二氧化碳和水在阳光的作用下合成淀粉，这个反应在自然界并不少见。只要有一个花盆，种植一棵绿色植物，就可以以最低的代价完成这项反应——光合作用。植物光合作用效率多在 0.3%～0.5% 之间，只有极少数物种能够达到 1%；并且植物光合作用产生的能量大部分都被植物本身消耗，合成的可收集淀粉数量极少；植物生长对土地、水分、光照等要求高，并且培养周期长。合成人工淀粉存在两个难点，一是找到能够促进氢气与二氧化碳合成甲醇的高效催化剂；二是如何通过甲醇直接合成淀粉。中国科学院天津工业生物技术研究所已经在实验室中完成了通过太阳能板产生电能—电解水产生氢气—使用催化剂将氢气与二氧化碳转换为甲醇的实验。整个过程能量转化效率超过 10%，远超光合作用对阳光的能量利用率，在世界范围内也是顶尖水平。另外，中国科学院的科研人员采取了广撒网、深挖掘的研究方法，从动植物、微生物等 31 个物种中提取了 62 种不同的生物酶催化剂，横向对比，去劣存优，最终探索出一条使用十个不

同的酶催化剂逐步将甲醇转化为淀粉的路线。整个合成过程共 11 步，是同等条件下玉米合成淀粉速度的 8.5 倍。

继 20 世纪 60 年代在世界上首次人工合成结晶牛胰岛素之后，中国科学家又在人工合成淀粉方面取得了重大颠覆性、原创性突破——国际上首次在实验室实现二氧化碳到淀粉的从头合成。

二、脂肪烃的结构

1. 烷烃的结构

烷烃是只含有碳碳单键的烃。在烷烃分子中，碳原子只能以 4 个单键（σ 键）与其他碳原子或氢原子结合，这种碳原子称为饱和碳原子。甲烷分子中碳原子四个 sp^3 杂化轨道分别与四个氢原子的 1s 轨道沿对称轴方向相互接近达到最大重叠，形成四个完全相同的 C—H σ 键，而且 σ 键之间的键角为 109.5°，为正四面体结构，如图 11-2 所示。

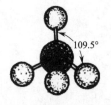

球棒模型　　　　　　　　　　比例模型

图 11-2　甲烷分子模型

烷烃分子中的每一个碳原子都为 sp^3 杂化，随着碳原子数的增多，碳链不是直线而是呈锯齿形。丁烷的球棒模型及比例模型如图 11-3 所示。

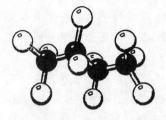

图 11-3　丁烷的球棒模型及比例模型

如果用构造式表示烷烃的分子，最简单的烷烃是甲烷，其他烷烃随着分子中碳原子数的增加，氢原子数也相应有规律地增加。例如：

$$\begin{array}{cccc} \text{H} & \text{H H} & \text{H H H} & \text{H H H H} \\ | & | \ | & | \ | \ | & | \ | \ | \ | \\ \text{H—C—H} & \text{H—C—C—H} & \text{H—C—C—C—H} & \text{H—C—C—C—C—H} \\ | & | \ | & | \ | \ | & | \ | \ | \ | \\ \text{H} & \text{H H} & \text{H H H} & \text{H H H H} \\ \text{甲烷} & \text{乙烷} & \text{丙烷} & \text{丁烷} \end{array}$$

比较甲烷、乙烷、丙烷和丁烷的组成与构造可以看出，烷烃分子中每个碳原子都与两个氢原子结合，即 $(CH_2)_n$，碳链两端的碳原子上再各结合一个氢原子，即 2H，因此，烷烃

的通式为 C_nH_{2n+2}。相邻两个烷烃分子之间总是相差一个 CH_2 原子团，不相邻两个烷烃组成上相差 CH_2 的整数倍，这种在组成上相差一个或几个 CH_2 原子团，且结构相似的一系列化合物称为同系列。同系列中的化合物互称为同系物。同系列中，相邻同系物相差的原子团 CH_2 称为同系差。

微视频：甲烷的结构　　　　　　　　　　　　　微视频：烷烃的构象

2. 烯烃的结构

(1) 单烯烃的结构　单烯烃中，乙烯分子最简单也最有代表性。实验证明乙烯分子（CH_2=CH_2）中六个原子在同一平面上，当碳原子以双键和其他原子结合时，这种双键碳原子用一个 2s 轨道和两个 2p 轨道进行杂化，形成三个等同的 sp^2 杂化轨道[图 11-4(a)]，余下一个 2p 轨道不参加杂化[图 11-4(b)]。三个 sp^2 杂化轨道的轴在一个平面上，键角都是 $120°$，因为只有这样，三个杂化轨道才能彼此相距最远，轨道之间的电子相互排斥作用最小，体系最稳定。余下的一个 2p 轨道保持原来的形状，其轴垂直于三个 sp^2 杂化轨道形成的平面，如图 11-4 所示。

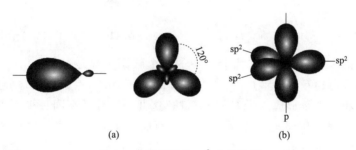

图 11-4　碳原子的 sp^2 杂化轨道

两个碳原子与四个氢原子结合成乙烯分子时，碳原子之间各用一个 sp^2 杂化轨道互相结合形成 C—C σ 键，每个碳原子所余的两个 sp^2 杂化轨道分别与氢结合[图 11-5(a)]；C—C 之间的第二个键是由未参加杂化的 p 轨道重叠形成的，两个 p 轨道只有在相互平行时才能达到最大程度的重叠。两个 p 轨道平行侧面重叠形成的键叫 π 键[图 11-5(b)]。乙烯分子中，所有的原子都在同一平面，π 键的电子云分布在分子平面的上、下两侧，通常说 π 键垂直于 σ 键所形成的平面。

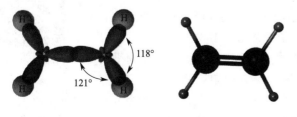 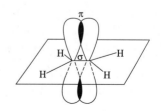

(a)乙烯分子中σ键的形成　　　　　　　(b)乙烯分子中π键的形成

图 11-5　乙烯分子的价键构成

一个 C—C σ 键和一个 C—C π 键两个共价键构成了乙烯分子中的 C═C 双键，单烯烃的通式为 C_nH_{2n}。

微课：烯烃的结构和命名　　　　　　　　　　　微视频：杂化轨道理论

(2) 共轭二烯烃的结构　二烯烃中两个双键被一个单键隔开的称共轭二烯烃，共轭二烯烃中 1,3-丁二烯最简单也最具代表性。实验测得 1,3-丁二烯分子内所有的原子共平面，分子内键角、键长如图 11-6 所示。

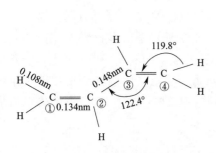
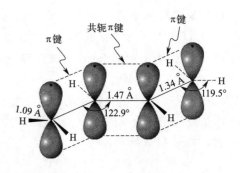

图 11-6　1,3-丁二烯的键长和键角　　　　　图 11-7　1,3-丁二烯分子中的大 π 键

杂化轨道理论认为，1,3-丁二烯分子中的四个碳原子都是 sp^2 杂化的。它们各以 sp^2 杂化轨道沿键轴方向相互重叠形成三个 C—C σ 键，其余的 sp^2 杂化轨道分别与氢原子的 s 轨道沿键轴方向相互重叠形成六个 C—H σ 键，这九个 σ 键都在同一平面上，它们之间的夹角都接近 120°。每个碳原子上还剩下一个未参加杂化的 p 轨道，这四个 p 轨道的对称轴都与 σ 键所在的平面相垂直，彼此平行，并从侧面重叠，形成 π 键。这样 p 轨道就不仅是在 C_1 与 C_2、C_3 与 C_4 之间平行重叠，而且在 C_2 与 C_3 之间也有一定程度的重叠，从而形成一个包括四个碳原子在内的大 π 键，这个大 π 键是一个整体，称为共轭 π 键，如图 11-7 所示。

3. 炔烃的结构

炔烃分子中的官能团是碳碳三键，炔烃分子的通式为 C_nH_{2n-2}。三键碳原子都是以 sp 杂化方式参与成键的，两个 sp 杂化轨道的轴在一条直线上，每个碳原子各以一个 sp 杂化轨道结合成一个 C—C σ 键，另一个 sp 杂化轨道又分别与氢原子结合成 C—H σ 键，所以，乙炔分子中的碳原子和氢原子都在一条直线上（图 11-8），实验测得乙炔分子的键角是 180°。

微课：炔烃的结构和命名

每个碳原子上余下的两个 p 轨道，它们的轴相互垂直，分别平行重叠，形成两个相互垂直的 π 键，而且和 sp 杂化轨道之间相当于空间三维坐标的关系（图 11-9），这样形成的两个 π 键的电子云并不是四个分开的球形，而是合在一起，形成围绕 C—C σ 键的、像厚厚的圆柱一样的形状（图 11-10），乙炔分子的比例模型如图 11-11 所示。

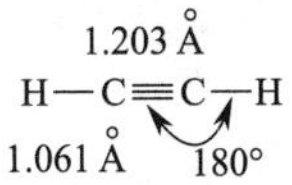

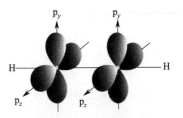

图 11-8 乙炔分子的直线结构

图 11-9 乙炔分子中的两个 π 键

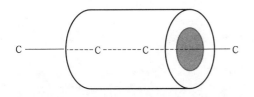

图 11-10 乙炔分子中两个 π 键形成的圆柱形

图 11-11 乙炔分子的比例模型

> **知识拓展**
>
> **石墨烯（二维碳材料）** 石墨烯是一种以 sp^2 杂化连接的碳原子紧密堆积成单层二维蜂窝状晶格结构的新材料。石墨烯具有优异的光学、电学、力学特性，在材料学、微纳加工、能源、生物医学和药物传递等方面具有重要的应用前景，被认为是一种未来革命性的材料。英国曼彻斯特大学物理学家安德烈·盖姆和康斯坦丁·诺沃肖洛夫，用微机械剥离法成功从石墨中分离出石墨烯，因此共同获得2010年诺贝尔物理学奖。石墨烯常见的粉体生产的方法为机械剥离法、氧化还原法、SiC 外延生长法，薄膜生产方法及化学气相沉积法（CVD）。石墨烯在基础研究、传感器、晶体管、柔性显示屏、新能源电池、海水淡化、储氢材料、航空航天、感光元件、复合材料及生物领域均有广阔的应用前景。

三、脂肪烃的命名

1. 饱和脂肪烃的命名

(1) 碳原子的类别 烷烃分子中的碳原子，按照它们所连的碳原子数目的不同，可分为四类：其中只与一个碳原子相连的碳原子称为伯（一级）碳原子，通常用"1°"表示；与两个碳原子相连的碳原子称为仲（二级）碳原子，常用"2°"表示；与三个碳原子相连的碳原子称为叔（三级）碳原子，常用"3°"表示；与四个碳原子相连的碳原子称季（四级）碳原子，常用"4°"表示。与伯、仲、叔碳原子相连的氢原子，分别称为伯、仲、叔氢原子。

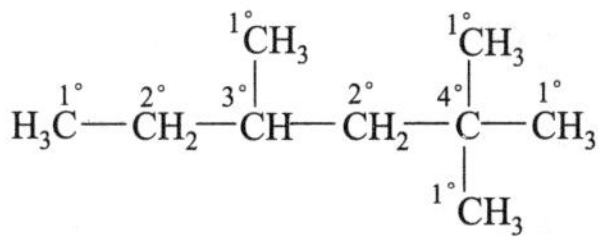

$$\overset{1°}{H_3C}-\overset{2°}{CH_2}-\overset{3°}{CH}-\overset{2°}{CH_2}-\overset{4°}{C}\begin{matrix}\overset{1°}{CH_3}\\|\\|\\\underset{1°}{CH_3}\end{matrix}\overset{1°}{CH_3}$$

(2) 烷基 烷烃分子去掉一个氢原子留下的部分叫烷基，其通式为 C_nH_{2n+1}，通常用"R—"表示（一般用 R 来代表烷烃）。例如：

CH_4	甲烷	CH_3-		甲基
CH_3CH_3	乙烷	CH_3CH_2-	(C_2H_5-)	乙基
$CH_3CH_2CH_3$	丙烷	$CH_3CH_2CH_2-$	(C_3H_7-)	丙基（正丙基）
		CH_3CH- 　　| 　　CH	【$(CH_3)_2CH-$】	异丙基

丁烷有两种同分异构体，因此其对应的烃基种类更为复杂。

$CH_3CH_2CH_2CH_3$	$CH_3CH_2CH_2CH_2-$	$CH_3CH_2CHCH_3$ 　　　　　　|	
丁烷（正丁烷）	丁基（正丁基）	仲丁基	
CH_3CHCH_3 　　　| 　　CH_3	CH_3CHCH_2- 　　　| 　　CH_3	CH_3 　| CH_3C- 　| CH_3	或 $(CH_3)_3C-$
异丁烷	异丁基	叔丁基	叔丁基

(3) 烷烃的命名

① 普通命名法（又称习惯命名法）。普通命名法适于结构比较简单的烷烃的命名，其基本原则：根据碳原子的数目称为"某烷"，十个碳原子以下用甲、乙、丙、丁、戊、己、庚、辛、壬、癸命名，十一个碳原子及以上用中文数字十一、十二……命名。以"正""异""新"等前缀区别不同的构造异构体。没有支链的烷烃（即直链烷烃），在名称前冠以"正"字；主链第二个碳原子有一个甲基支链的，在名称前冠以"异"字；主链第二个碳原子有两个甲基支链的，在名称前冠以"新"字。例如：

$CH_3CH_2CH_2CH_3$	CH_3CHCH_3 　　　| 　　CH_3	
正丁烷	异丁烷	
$CH_3CH_2CH_2CH_2CH_3$	CH_3 　| $CH_3CHCH_2CH_3$	CH_3 　| $H_3C-C-CH_3$ 　| CH_3
正戊烷	异戊烷	新戊烷

② 系统命名法。直链烷烃的命名与普通命名法相同，但不加"正"字。如：$CH_3CH_2CH_2CH_2CH_2CH_3$ 命名为己烷，$CH_3(CH_2)_{12}CH_3$ 命名为十四烷。

带有支链的烷烃将其看成直链烷烃的烷基衍生物。命名步骤如下：

a. 选主链，确定母体。在分子中选择含碳原子数最多的碳链作主链，当有几个等长碳链可供选择时，应选择支链较多的碳链作为主链。根据主链所含碳原子数称为"某烷"，主链以外的支链作为取代基。

b. 主链碳原子编号。从靠近支链最近的一端开始给主链碳原子依次用阿拉伯数字1，2，3，…编号，取代基的位次用与之相连的主链碳原子的编号表示；然后将取代基的位次和名称依次写在主链名称之前，两者之间用半字线"-"相连。当支链距主链两端相等时，把两种不同的编号系列逐项比较，最先遇到位次最小者为"最低系列"，即是应选取的正确编号。

c. 名称书写方式。写名称时按取代基的位置、短横线、取代基的数目、取代基的名称、主链名称的顺序书写；主链上连有几个相同的取代基时，相同基团合并，用二、三、四等表示其数目，并逐个标明所在位次，位次号之间用逗号","分开；主链上连有几个不同的取代基时，按由小至大的顺序排列，两种取代基之间用半字线"-"相连。

$$\underset{5}{CH_3}-\underset{4}{CH_2}-\underset{3}{CH_2}-\underset{2}{\underset{|}{\overset{CH_3}{CH}}}-\underset{1}{CH_3}$$

2-甲基戊烷

$$\underset{1}{CH_3}-\underset{2}{\underset{|}{\overset{CH_3}{CH}}}-\underset{3}{\underset{|}{\overset{CH_2CH_3}{CH}}}-\underset{4}{CH_2}-\underset{5}{\underset{|}{\overset{CH_3}{CH}}}-\underset{6}{CH_2}-\underset{7}{CH_3}$$

2,6-二甲基-3-乙基庚烷

$$CH_3-CH_2-\overset{CH_3}{\underset{|}{CH}}-\overset{CH_3}{\underset{|}{CH}}-\overset{CH_3}{\underset{|}{CH}}-CH_3$$
（位于2,3,5-三甲基-4-乙基己烷）

2,3,5-三甲基-4-乙基己烷

3,4-二甲基己烷

练一练

用系统命名法命名下列化合物。

(1) $CH_3-CH_2-\underset{|}{\overset{CH_3}{CH}}-CH_3$

(2) $CH_3CHCH_2\underset{|}{\overset{CH_3}{CH}}CH_3$，下方带 C_2H_5

(3) $(CH_3)_3CCH_2C(CH_3)_3$

(4) $(CH_3)_2CHCH_2CH(C_2H_5)CH_2CH_2CH_3$

---

2. 不饱和脂肪烃的命名

(1) 直链不饱和烃 不饱和脂肪烃中有官能团双键或三键，在命名时要将双键或三键的位置标记清楚。与直链烷烃的命名相似，根据分子官能团的不同命名为：烯、二烯、炔等。如 $CH_3CH_2CH=CH_2$ 命名为1-丁烯。

微视频：烷烃的结构和命名

(2) 不饱和烃基的命名 不饱和烃分子中去掉一个氢原子剩下的基团叫不饱和烃基。简单的不饱和烃基有：

$CH_2=CH-$ 乙烯基　　$CH\equiv C-$ 乙炔基　　$CH_3CH=CH-$ 丙烯基　　$CH_2=CH-CH_2-$ 烯丙基

(3) 带支链的烯、炔烃的命名 选择含有双键或三键的最长碳链为主链，根据主链碳原子的数目命名为某烯或某炔。编号由距离双键或三键最近的一端开始，其目的是给予双键或三键碳原子以最小的编号。四个碳原子以上的烯烃或炔烃，分子中官能团的位置可以有所不同（官能团的位置异构），所以，命名时必须注明双键或三键的位置，其位置以双键或三键所连碳原子的编号较小的一个表示，写在"某烯"或"某炔"之前，并用半字线相连。取代基的位次、数目、名称写在烯烃或炔烃名称之前，其原则和书写格式与烷烃相同。例如：

4-甲基-2-乙基-1-戊烯　　2,4,5-三甲基-2-己烯

1-戊炔　　3-甲基-1-丁炔　　4-甲基-2-戊炔

当烯烃主碳链的碳原子数多于十个时，命名时在烯字之前加一碳字，即"某碳烯"。例如：$CH_3(CH_2)_7-CH=CH-(CH_2)_7CH_3$ 命名为9-十八碳烯。

(4) 烯烃顺反异构体及其命名

① 顺反异构体。含四个（或四个以上）碳原子的烯烃不仅有碳链异构和位置异构，

而且由于烯烃分子中两个双键碳原子不能绕 π 键轴自由旋转，因此，当双键的两个碳原子上各连接两个不同的原子或基团时，四个基团可以产生两种不同的空间排列方式。例如：

$$\begin{matrix} H_3C \\ \\ H \end{matrix} \!\!C\!\!=\!\!C\!\! \begin{matrix} CH_3 \\ \\ H \end{matrix} \qquad \begin{matrix} H \\ \\ H_3C \end{matrix} \!\!C\!\!=\!\!C\!\! \begin{matrix} CH_3 \\ \\ H \end{matrix}$$

顺-2-丁烯　　　　　　　反-2-丁烯

两个相同的基团（甲基或氢原子）在双键的同侧，称为顺式异构体，用"顺"来表示；两个相同的基团在双键的异侧，称为反式异构体，用"反"来表示，这种异构现象叫作顺反异构。把分子中的原子或基团在空间的排列方式称为构型，顺反异构是一种构型异构。

分子产生顺反异构现象，在结构上应具备两个条件，一是分子中必须有限制旋转的因素，如 C═C、C═N、N═N、环等；二是以双键相连的每个碳原子必须和两个不同的原子或基团相连。例如，1-丁烯就没有顺反异构现象。

② 顺反异构体的命名——Z,E-命名法。两个双键碳原子所连接的四个原子或基团都不相同时，必须确定原子或基团的排列次序，即依据次序规则决定 Z、E 构型。次序规则如下：

a. 将与双键碳原子直接相连的原子按原子序数大小排列，大者为"较优"基团。例如：

$$I > Br > Cl > S > P > O > N > C > H$$

其中，符号 ">" 表示优先于。

b. 如果与双键碳原子直接相连的原子的原子序数相同，则需要比较由该原子外推至相邻的第二个原子的原子序数，如仍相同，再依次外推，直至比较出较优基团为止。例如，几个简单烷基的优先次序为：

$$-\!\!\underset{\underset{CH_3}{|}}{\overset{\overset{CH_3}{|}}{C}}\!\!-\!\!CH_3 > -\!\!\overset{\overset{CH_3}{|}}{CH}\!\!-\!\!CH_2\!\!-\!\!CH_3 > -\!\!\overset{\overset{CH_3}{|}}{CH}\!\!-\!\!CH_2\!\!-\!\!CH_3 >$$

$$-CH_2CH_2CH_3 > -CH_2CH_2CH_3 > -CH_2CH_3 > -CH_3$$

c. 当基团是不饱和的，也就是含有双键或三键时，可以认为双键和三键原子连接着两个或三个相同的原子。由此推出：

$$-C\!\!\equiv\!\!CH > -CH\!\!=\!\!CH_2 > -CH_2CH_3$$

采用 Z、E-命名法命名时，根据次序规则比较出两个双键碳原子上所连接的两个原子或基团的优先次序。当两个双键碳原子上的"较优"原子或基团处于双键的同侧时，称为 Z 式（Z 是德文 Zusammen 的字首，为同侧之意）；两个双键碳原子上的"较优"原子或基团处于双键的两侧时，则称为 E 式（E 是德文 Entgegen 的字首，相反之意）。Z、E 写在括号里放在相应烯烃名称之前，同时用半字线相连。例如：

$$\begin{matrix} H_3C \\ \\ H \end{matrix} \!\!C\!\!=\!\!C\!\! \begin{matrix} CH_3 \\ \\ CH_2\!\!-\!\!CH_3 \end{matrix} \qquad \begin{matrix} H \\ \\ H_3C \end{matrix} \!\!C\!\!=\!\!C\!\! \begin{matrix} CH_3 \\ \\ CH_2\!\!-\!\!CH_3 \end{matrix}$$

(E)-3-甲基-2-戊烯　　　　　　　(Z)-3-甲基-2-戊烯

如果每个双键上所连接的基团都有 Z、E 两种构型，要逐个标明其构型。例如：

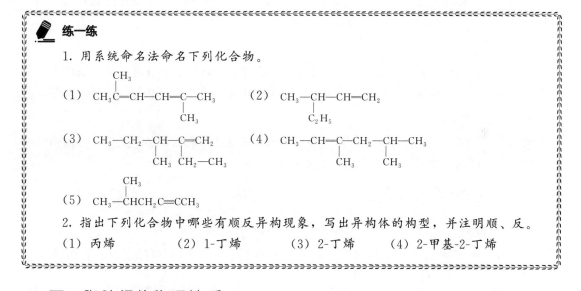

(2E,4Z)-3,5-二甲基-2,4-庚二烯

微视频：光学异构

> **练一练**
>
> 1. 用系统命名法命名下列化合物。
>
> (1) $CH_3-C=CH-CH-CH_3$ 带有 CH_3 和 CH_3 支链
>
> (2) $CH_3-CH-CH=CH_2$ 带有 C_2H_5 支链
>
> (3) $CH_3-CH_2-C=CH_2$ 带有 CH_3 和 CH_2CH_3 支链
>
> (4) $CH_3-C=CH-CH_2-CH-CH_3$ 带有 CH_3 和 CH_3 支链
>
> (5) $CH_3-CHCH_2-C\equiv CH$ 带有 CH_3 支链
>
> 2. 指出下列化合物中哪些有顺反异构现象，写出异构体的构型，并注明顺、反。
>
> (1) 丙烯　　　(2) 1-丁烯　　　(3) 2-丁烯　　　(4) 2-甲基-2-丁烯

四、脂肪烃的物理性质

物质的物理性质通常是指它们的状态、颜色、气味、熔点、沸点、相对密度、折射率和溶解度等。纯的有机化合物的物理性质在一定条件下是不变的，其数值一般为常数。因此可利用测定物理常数来鉴别有机化合物或检验其纯度。同系列的有机化合物，其物理性质往往随分子量的增加而呈现规律性变化。

1. 物态

常温常压下，$C_1 \sim C_4$ 的烷烃为气体，$C_5 \sim C_{16}$ 的烷烃为液体，C_{17} 以上的烷烃为固体；$C_2 \sim C_4$ 的烯烃为气体，$C_5 \sim C_{18}$ 的烯烃为液体，C_{19} 以上的烯烃为固体；$C_2 \sim C_4$ 的炔烃为气体，$C_5 \sim C_{17}$ 的炔烃为液体，C_{18} 以上的炔烃为固体。

2. 沸点

直链烷烃的沸点随分子中碳原子数的增加而升高。烷烃是非极性分子，随着分子中碳原子数目的增加，分子量增大，分子间的范德华引力增强，若要使其沸腾汽化，就需要提供更多的能量，所以烷烃的分子量越大，沸点越高。

在碳原子数目相同的烷烃异构体中，直链烷烃的沸点较高，支链烷烃的沸点较低，支链越多，沸点越低。

3. 熔点

脂肪烃化合物的熔点基本上也是随分子中碳原子数目的增加而升高。顺反异构体中，反式异构体的熔点比顺式异构体高。这是因为反式异构体的对称性较大，在晶格中的排列较为紧密。相同碳原子数的烃的熔点为：炔烃＞烯烃＞烷烃。

4. 溶解性

烷烃分子没有极性或极性很弱,因此难溶于水,易溶于乙醚、石油醚、丙酮、苯和四氯化碳等有机溶剂。

5. 折射率

折射率是液体有机化合物纯度的标志。液态烷烃的折射率随分子中碳原子数目的增加而缓慢增大。

6. 相对密度

脂肪烃化合物的相对密度都小于1,比水轻。随分子中碳原子数目增加而逐渐增大,支链烷烃的密度比直链烷烃略低些。相同碳原子数的烃的相对密度为:炔烃>烯烃>烷烃。

7. 颜色、气味

低沸点的烷烃为无色液体,有特殊气味;高沸点烷烃为黏稠状液体,无味;纯的烯烃都是无色的。乙烯略带甜味,液态烯烃具有汽油的气味。

五、脂肪烃的化学性质

1. 取代反应

烷烃分子中的氢原子被其他原子或基团所取代的反应,称为取代反应。若被卤原子(X:F、Cl、Br、I)取代称为卤代反应。

(1) 卤代反应 烷烃和氯气混合物在室温和黑暗中不起反应,在光照、紫外线、加热或催化剂作用下,可发生剧烈反应,甚至引起爆炸。烷烃分子中的氢原子被卤原子所取代,生成烃的衍生物和卤化氢,同时放出热。例如:

$$CH_4 + Cl_2 \xrightarrow{加热} CH_3Cl + HCl$$
一氯甲烷

甲烷与氯气的反应很难停留在一个氢原子被取代阶段,分子中的氢原子逐步被氯原子取代。例如:

$$CH_3Cl + Cl_2 \xrightarrow{h\nu} CH_2Cl_2 + HCl$$
二氯甲烷

$$CH_2Cl_2 + Cl_2 \xrightarrow{h\nu} CHCl_3 + HCl$$
三氯甲烷

$$CHCl_3 + Cl_2 \xrightarrow{h\nu} CCl_4 + HCl$$
四氯化碳

反应产物是各种氯甲烷的混合物。其他烷烃与卤素也发生取代反应,但反应产物更复杂。

卤素与烷烃的反应速率为:$F_2 > Cl_2 > Br_2 > I_2$。氟代反应太激烈,碘代反应难以进行,所以,卤代反应通常是指氯代和溴代。

(2) 卤代反应机理 反应机理是指化学反应所经历的途径或过程,也称反应历程。它是根据大量实验事实做出的理论推测。研究反应机理可以了解反应的内在规律,从而达到控制和利用反应的目的。

烷烃的卤代反应是一个典型的自由基反应。自由基反应一般分为链引发、链增长、链终止三个阶段。以甲烷与氯气的反应为例说明自由基反应历程。

① 链引发。在光照或加热下，氯分子吸收能量，分解成两个氯原子（氯自由基），即：

$$Cl_2 \xrightarrow{h\nu} 2Cl\cdot$$

② 链增长。氯原子夺取甲烷分子中的一个氢原子，生成氯化氢和·CH_3（甲基自由基），甲基自由基从氯分子中夺取一个氯原子，生成一氯甲烷和新的氯原子。新的氯原子又与甲烷反应，这样经过多次重复形成链反应。

$$Cl\cdot + CH_4 \longrightarrow HCl + \cdot CH_3$$
$$\cdot CH_3 + Cl_2 \longrightarrow CH_3Cl + Cl\cdot$$

在链增长阶段，氯原子除进攻甲烷外，也可以夺取一氯甲烷分子中的氢原子，生成氯化氢和氯甲基自由基（·CH_2Cl），后者再与氯分子反应，生成二氯甲烷和氯原子，氯原子还可以与二氯甲烷、三氯甲烷继续反应，因此反应的最终产物是一氯甲烷、二氯甲烷、三氯甲烷和四氯化碳的混合物。

$$Cl\cdot + CH_3Cl \longrightarrow HCl + \cdot CH_2Cl$$
$$\cdot CH_2Cl + Cl_2 \longrightarrow CH_2Cl_2 + Cl\cdot$$
$$CH_2Cl_2 + \cdot Cl \longrightarrow HCl + \cdot CHCl_2$$
$$\cdot CHCl_2 + Cl_2 \longrightarrow CHCl_3 + Cl\cdot$$
$$CHCl_3 + \cdot Cl \longrightarrow HCl + \cdot CCl_3$$
$$\cdot CCl_3 + Cl_2 \longrightarrow CCl_4 + Cl\cdot$$

③ 链终止。当反应体系内的自由基相互结合时，反应将停止。

$$Cl\cdot + \cdot CH_3 \longrightarrow CH_3Cl$$
$$Cl\cdot + \cdot Cl \longrightarrow Cl_2$$
$$\cdot CH_3 + \cdot CH_3 \longrightarrow CH_3CH_3$$

（3）卤代反应的取向 同一烷烃分子中，由于碳原子的位置不同，与其相连的氢原子被卤原子取代的难易程度、反应的位置不同，即取向不同。实验结果表明，烷烃分子中氢原子的取代反应活性为：叔氢＞仲氢＞伯氢＞甲烷。甲烷分子中的氢原子虽然也是伯氢，但比乙烷、丙烷等分子中的伯氢较难卤代。

（4）烯烃的 α-H 原子的卤代 与官能团直接相连的碳原子为α-碳原子，α-碳原子上的氢原子称α-氢原子。受官能团影响，α-H 有较强的活性，可以在一定的条件下被取代。例如，丙烯与氯气反应时，在较低温度下，主要发生碳碳双键的加成反应，生成 1,2-二氯丙烷；而在较高温度下，则主要发生α-氯代反应，生成 3-氯丙烯。

$$H_3C-\overset{H}{\underset{}{C}}=CH_2 + Cl_2 \begin{cases} \xrightarrow{<300℃} H_3C-\overset{Cl}{\underset{H}{C}}-\overset{Cl}{\underset{}{CH_2}} & \text{1,2-二氯丙烷（主产物）} \\ \xrightarrow{500℃} H_2C-\overset{Cl}{\underset{H}{C}}-CH_2 & \text{3-氯丙烯（主产物）} \end{cases}$$

2. 裂化反应

常温下烷烃很稳定，在高温及隔绝空气的情况下，分子中的 C—C 键和 C—H 键发生断裂，由较大分子转变成较小分子的过程，称为热裂化反应。裂化有热裂化和催化裂化，现在工业中一般采用催化裂化，反应的产物往往是复杂的混合物。例如：

$$CH_3CH_2CH_2CH_3 \xrightarrow{\text{裂化}} \begin{cases} CH_4 + CH_3CH=CH_2 \\ CH_3CH_3 + CH_2=CH_2 \\ CH_3CH_2CH=CH_2 \end{cases}$$

为了得到更多的化学工业原料乙烯、丙烯、丁烯等低级烯烃，化学工业上将石油馏分在更高温度（大约700℃）下进行深度裂化，以制得更多的低级烯烃，称为裂解。不同石油馏分在不同条件下进行裂解，可以得到以某些低级烯为主的裂解产物，因此裂解反应在石油工业中具有非常重要的意义。

3. 加成反应

(1) 催化加氢　烯烃在常温常压下很难与氢气作用。但在催化剂存在下，烯烃可与氢气发生加成反应，生成烷烃，同时放出热量。烯烃加氢放出的热量称为氢化热。

$$\underset{\text{烯烃}}{R-CH=CH_2} + H_2 \xrightarrow{Pt} \underset{\text{烷烃}}{R-CH_2-CH_3}$$

烯烃加氢常用的催化剂为金属，如铂、钯、镍等。工业上常用催化能力较强的雷尼镍作催化剂。烯烃加氢是放热反应，氢化热越高，说明烯烃体系能量越高，越不稳定。

汽油中含有少量烯烃，性能不稳定，可通过催化加氢使烯烃转变为烷烃，从而提高汽油质量。液态油脂中含有少量烯烃，容易变质，可通过催化加氢，将液态油脂转变为固态油脂，便于保存与运输。

在催化剂存在下，炔烃与氢加成，首先生成烯烃，烯烃可进一步加氢生成烷烃。例如：

$$CH\equiv CH \xrightarrow{H_2}{Pd} CH_2=CH_2 \xrightarrow{H_2}{Pd} CH_3-CH_3$$

如果选择活性较小的催化剂，可使加氢反应停留在烯烃阶段。例如，使用林德拉（Lindlar）催化剂（用乙酸铅部分毒化了的 Pd-CaCO$_3$）可使乙炔加氢生成乙烯。在某些高分子化合物的合成中需要高纯度的乙烯，而从石油裂解气中得到的乙烯中经常含有少量乙炔，可用控制加氢的方法将其转化成乙烯，以提高乙烯的纯度。

(2) 烯烃的亲电加成

① 加卤素。烯烃与卤素（氯或溴）在室温下很容易发生加成反应。

$$CH_2=CH_2 + Br_2 \longrightarrow \underset{\text{1,2-二溴乙烷}}{CH_2-CH_2} \atop |\quad\ \ | \atop Br\ \ \ Br$$

当把乙烯或其他烯烃通入溴水或溴的四氯化碳溶液中，溴水的颜色迅速消失生成无色的1,2-二溴乙烷。溴水或溴的四氯化碳溶液都是鉴别不饱和键常用的试剂。

② 加卤化氢。烯烃与卤化氢（氟化氢、氯化氢、溴化氢、碘化氢）发生加成反应，生成卤代烃。

$$CH_2=CH_2 + HX \longrightarrow [CH_3-\overset{+}{C}H_2] + X^-$$

$$[CH_3-\overset{+}{C}H_2] + X^- \longrightarrow \underset{\text{卤乙烷}}{CH_3-CH_2X}$$

其加成历程是 H$^+$ 首先与 C=C 中的一对 p 电子结合使 C=C 中的另一个碳原子形成碳正离子，然后，碳正离子再与 X$^-$ 结合形成卤代烷。

H$^+$ 是亲电子试剂，由亲电子试剂先进攻引起的加成反应叫亲电加成反应。

乙烯是一个对称分子，所以它与卤化氢加成时，无论氢加到哪个碳原子上，都得到相同的产物。但不对称烯烃加成时，就有可能形成两种不同的产物。例如，丙烯与溴化氢的加成，实际上，得到的产物主要是2-溴丙烷。

$$CH_3-CH=CH_2 + HBr \longrightarrow \begin{cases} CH_3-CHBr-CH_3 & \text{2-溴丙烷} \\ CH_3-CH_2-CH_2Br & \text{1-溴丙烷} \end{cases}$$

也就是当不对称烯烃和卤化氢加成时，氢原子主要加到含氢较多的碳原子上，这个经验规律叫作马尔科夫尼科夫（Markovnikov）规律，简称马氏规律。

从杂化轨道理论对不对称烯烃分子结构的分析可以得出，与不饱和碳原子相连的甲基（或烷基）和氢原子相比，甲基（或烷基）是排斥电子的基团，所以，在丙烯分子中，甲基将双键上一对流动性较大的p电子斥向箭头所指的一方：

$$\overset{3}{C}H_3 \rightarrow \overset{2}{C}H = \overset{1}{C}H_2$$

从而使得C_1上的电子密度较高，而C_2上的电子密度较低，与卤化氢加成时，H^+必然加到电子密度较高的C_1上，也就是氢加到含氢较多的碳原子上。利用马氏规律可以预测很多加成反应的产物，其预测结果与实验结果是一致的。

③ 与水的加成。在强酸的催化下，烯烃可以和水加成生成醇，此反应也叫作烯烃的水合。

$$CH_3-CH=CH_2 + H_2O \xrightarrow{H^+} \underset{\text{2-丙醇}}{CH_3-CH(OH)-CH_3}$$

烯烃与水的加成也遵守马氏规律，因此由丙烯水合只能得到异丙醇，而不能制备正丙醇。由石油裂化气中的低级烯烃制备醇的方法之一就是烯烃的水合。

(3) 炔烃的加成

① 与卤素加成。炔烃与氯在催化剂的作用下，能进行加成反应。例如：

$$HC\equiv CH \xrightarrow[CCl_4]{Cl_2, FeCl_3} \underset{\text{1,2-二氯乙烯}}{HClC=CHCl} \xrightarrow[CCl_4]{Cl_2, FeCl_3} \underset{\text{1,1,2,2-四氯乙烷}}{HCl_2C-CHCl_2}$$

炔烃与溴的加成在室温下即可进行，溴的红棕色迅速褪去，此反应可用来鉴别$C\equiv C$。

$$CH_3-C\equiv CH + Br_2 \longrightarrow \underset{\text{1,2-二溴丙烯}}{CH_3-CBr=CHBr} \xrightarrow{Br_2} \underset{\text{1,1,2,2-四溴丙烷}}{CH_3-CBr_2-CHBr_2}$$

炔烃与亲电试剂进行亲电加成反应比烯烃困难。因为sp杂化的三键碳原子比sp^2杂化的双键碳原子具有较多的s轨道成分，s成分越多，轨道越靠近原子核，轨道中的电子受原子核的吸引力越大，因此较难给出电子与亲电试剂进行亲电加成反应。

② 与卤化氢加成。乙炔与氯化氢进行加成反应需用汞盐等作催化剂，并且要加热。例如：

$$HC\equiv CH \xrightarrow[160\sim 170℃]{HCl,HgCl_2} H_2C=CHCl \xrightarrow{HCl,HgCl_2} H_3C-CHCl_2$$
                                    氯乙烯   1,1-二氯乙烷

不对称的炔烃与卤化氢加成时，同样遵守马氏规律，有过氧化物存在时炔烃与溴化氢加成遵循反马氏规则。

③ 与水的加成。与烯烃不同，炔烃在强酸和汞盐存在下，比较容易与水加成，首先得到括号中的产物乙烯醇，然后重排为羰基化合物（醛或酮）。例如：

$$H-C\equiv C-H + H-OH \xrightarrow[H_2SO_4]{HgSO_4} [H_2C=CH-OH] \longrightarrow CH_3-CHO$$
                                        乙烯醇   乙醛

羟基（—OH）与双键碳原子相连的加成产物，称为烯醇。烯醇一般很不稳定，羟基（—OH）上的氢原子易按箭头所指的方向转移到另一个双键碳原子上重排，由烯醇式转变为酮式，生成羰基化合物。这种重排又称为烯醇式和酮式的互变异构。

$$\left[\begin{array}{c}-C=C-\\ \quad | \quad | \\ H-O\end{array}\right] \rightleftharpoons -\overset{|}{\underset{H}{C}}-\overset{}{\underset{O}{C}}-$$
烯醇式(不稳定)　　酮式(稳定)

不对称炔烃与水加成遵从马氏规律，而且，除乙炔加成得到乙醛外，其他炔烃加成均得到酮。

④ 与氢氰酸加成。乙炔在氯化亚铜催化下，可与氢氰酸加成而生成丙烯腈。此反应是一般碳碳双键不能进行的。

$$HC\equiv CH + HCN \xrightarrow[NH_4Cl]{CuCl} H_2C=CHCN$$
                              丙烯腈

含有—CN（氰基）的有机物总称为腈，丙烯腈是人造纤维的单体。

(4) 共轭二烯烃的加成

共轭二烯烃含有离域大π键，离域大π键受外界影响产生极性交替现象，当共轭二烯烃与卤素发生加成反应时，得到1,2-加成和1,4-加成产物，例如：

$$CH_2=CH-CH=CH_2 \xrightarrow{Br_2} \begin{array}{l} \xrightarrow{-80℃} CH_2=CH-CHBr-CH_2Br \quad \text{1,2-加成}\\ \qquad\qquad\quad (3,4\text{-二溴丁烯})\\ \xrightarrow{40℃} BrCH_2-CH=CH-CH_2Br \quad \text{1,4-加成}\\ \qquad\qquad\quad (1,4\text{-二溴-2-丁烯}) \end{array}$$

$$CH_2=CH-CH=CH_2 \xrightarrow[80℃]{HBr} \begin{array}{l} \xrightarrow{80\%} CH_2=CH-CHBr-CH_3 \quad \text{1,2-加成}\\ \qquad\qquad\quad (3\text{-溴丁烯})\\ \xrightarrow{20\%} CH_3-CH=CH-CH_2Br \quad \text{1,4-加成}\\ \qquad\qquad\quad (1\text{-溴-2-丁烯}) \end{array}$$

加成方式的不同导致加成产物不同，一分子 HBr 加到同一双键的两个碳原子时，称为 1,2-加成；而加到共轭双键两端碳原子上，称为 1,4-加成。加成产物的比例决定于共轭烯烃的结构及反应条件，一般情况下，低温有利于 1,2-加成，较高温度或加催化剂利于 1,4-加成。

4. 氧化反应

在有机化合物化学反应中，通常把加氧或脱氢的反应统称为氧化反应，把加氢或脱氧的反应称为还原反应。脂肪烃在不同的氧化剂氧化下，可以生成不同的产物。

烯烃在稀、冷的高锰酸钾中性或碱性溶液中氧化，双键中的 π 键断裂，生成邻二醇，反应过程中高锰酸钾的紫色消失，同时生成褐色二氧化锰沉淀，现象非常明显，因此可用此反应来鉴别烯烃。

$$3CH_3-CH=CH_2 + 2KMnO_4 + 4H_2O \xrightarrow{OH^-} 3CH_3-\underset{OH}{CH}-\underset{OH}{CH_2} + 2MnO_2 + 2KOH$$
1,2-丙二醇

需要提醒的是，除不饱和烃外，醇、醛等有机化合物也能被高锰酸钾所氧化，因此不能认为能使高锰酸钾溶液褪色的就一定是不饱和烃。

在加热浓的高锰酸钾碱性溶液条件下或常温下用酸性高锰酸钾水溶液氧化，碳碳双键完全断裂，生成酮、羧酸等氧化产物。例如：

$$CH_3CH_2CH_2-\underset{CH_3}{\overset{CH_3}{C}}=CHCH_3 \xrightarrow{KMnO_4 + H^+} CH_3CH_2CH_2-\underset{}{\overset{O}{C}}-CH_3 + CH_3-\overset{O}{C}-OH$$
2-戊酮　　　　　乙酸

碳碳双键在碳链两端时，亚甲基被氧化成 CO_2 和 H_2O。例如：

$$CH_3CH_2CH=CH_2 \xrightarrow{KMnO_4 + H^+} CH_3CH_2-\overset{O}{C}-OH + CO_2 + H_2O$$
丙酸

烯烃与臭氧作用生成臭氧化物，臭氧化物在锌粉作还原剂条件下水解，则生成醛或酮。例如：

$$CH_3\underset{CH_3}{\overset{}{C}}=CHCH_3 \xrightarrow{O_3} \begin{matrix}H_3C\\H_3C\end{matrix}\overset{O-O}{\underset{O}{C-C}}\begin{matrix}CH_3\\H\end{matrix} \xrightarrow{Zn, H_2O} CH_3-\overset{H}{\underset{}{C}}=O + O=\underset{}{\overset{CH_3}{C}}-CH_3$$
乙醛　　　丙酮

由于烯烃结构不同，氧化产物不同，所以可以根据烯烃的氧化产物推断原烯烃的结构，也可利用此反应制备醛和酮。

与烯烃相比，炔烃的碳碳三键也可以被高锰酸钾氧化成羧酸或二氧化碳和水，但反应较难一些。

$$CH_3-C\equiv CH \xrightarrow{KMnO_4, H^+} CH_3-\underset{OH}{\overset{O}{C}} + CO_2 + H_2O$$
乙酸

反应过程中，紫色高锰酸钾颜色消失，现象明显，可用此反应鉴别碳碳三键，也可通过产物推测原炔烃的结构。

> **练一练**
>
> 分子式为 C_6H_{12} 的两种烯烃 A 和 B，催化加氢都得到正己烷。用过量的高锰酸钾硫酸溶液氧化后，A 只得到一种产物丙酸（CH_3CH_2COOH），B 得到两种产物乙酸（CH_3COOH）和丁酸（$CH_3CH_2CH_2COOH$）。试推断 A 和 B 的结构，并写出有关的反应方程式。

5. 金属炔化物的生成

在炔烃分子中与三键碳原子（sp 杂化状态的碳原子）直接相连的氢原子显弱酸性，能被某些金属离子取代，生成金属炔化物。例如，将乙炔通入银氨溶液或氯化亚铜的氨溶液中，分别生成白色的乙炔化银和砖红色的乙炔化亚铜沉淀。

$$CH\equiv CH + 2[Ag(NH_3)_2]NO_3 \longrightarrow AgC\equiv CAg \downarrow （白色）$$
乙炔银

$$CH\equiv CH + 2[Cu(NH_3)_2]Cl \longrightarrow CuC\equiv CCu \downarrow （砖红色）$$
乙炔化亚铜

$$RH\equiv CH + [Ag(NH_3)_2]NO_3 \longrightarrow RC\equiv CAg \downarrow （白色）$$
炔化银

此反应非常灵敏，现象明显，可用来鉴别炔烃分子中 $C\equiv C$ 是在碳链的一端（端位炔烃）还是在碳链中间，因为只有三键碳原子上连有氢（乙炔和端位炔烃），才能生成金属炔化物。反应中生成的金属炔化物在湿润时比较稳定，干燥时遇热或撞击易爆炸，所以实验完毕应立即用稀硝酸把它分解掉。

6. 聚合反应

在催化剂作用下，烯烃分子中的 π 键断裂，相同分子间通过加成方式互相结合，生成高分子化合物，这种反应称为聚合反应。例如，乙烯、丙烯等在一定条件下可分别生成聚乙烯、聚丙烯。

$$nCH_2=CH_2 \xrightarrow[60\sim 70℃]{TiCl_4\text{-}Al(C_2H_5)_3} -[CH_2-CH_2]_n-$$
聚乙烯

$$nCH_3CH=CH_2 \xrightarrow[50℃,2MPa]{TiCl_4\text{-}Al(C_2H_5)_3} -[\underset{\underset{CH_3}{|}}{CH}-CH_2]_n-$$
聚丙烯

共轭二烯烃容易进行聚合反应，生成高分子聚合物。异戊二烯是一种重要的共轭二烯，其系统命名叫作 2-甲基-1,3-丁二烯，它在催化剂作用下主要以 1,4-加成方式进行顺式加成聚合，生成异戊橡胶。

$$nCH_2=\underset{\underset{CH_3}{|}}{C}-CH=CH_2 \xrightarrow{\text{催化剂}} -[\underset{H_3C}{}\underset{}{C}=\underset{H}{}\underset{}{C}]_n-$$

异戊二烯　　　　　　　异戊橡胶

聚乙烯无毒，化学稳定性好，耐低温，并有绝缘和防辐射能力，易于加工，可用于制作食品袋、塑料壶、杯等日用品；工业上可制管件、绝缘部件、防辐射保护衣等。聚丙烯有更好的耐热及耐磨性，可以制造汽车部件、纤维等。异戊橡胶的结构和性质与天然橡胶相似，被称为合成的天然橡胶。

查一查

日常生活中，有哪些产品是聚合物？

练一练

1. 用简单的化学方法鉴别下列各组化合物。
   (1) 乙烷、乙烯、乙炔　　　　　　(2) 1-丁炔、2-丁炔
   (3) 丁烷、1-丁烯、2-丁烯　　　　(4) 1-己炔　2-己炔
2. 写出下列化合物的结构式。
   (1) (Z)-3-乙基-2-己烯　　　　　　(2) 3,4,4-三甲基-1-己炔
   (3) 2-甲基-3-异丙基-1,3-戊二烯　　(4) 2-甲基-1,3,5,-己三烯

知识拓展

含有两个及两个以上异戊二烯单位的碳氢化合物统称为萜类。自然界中的萜类至少含有两个异戊二烯单位。萜类化合物常根据分子中含异戊二烯单位的数目分为单萜、二萜、三萜等，萜类化合物广泛存在于动植物界，如植物香精油中的某些组分、植物及动物中的某些色素等。

链状单萜（如香叶烯）及其含氧衍生物很多都是贵重的香料。橙花醇存在于香橙油中，有玫瑰香气，用于化妆香料；当蜜蜂发现食物时，为通知其他蜜蜂而分泌出的昆虫外激素就是香叶醇（橙花醇和香叶醇互为顺反异构体）。

香叶烯　　　橙花醇　　　香叶醇
　　　　　(沸点226～227℃)　(沸点230℃)

维生素 A 是重要的二萜，它存在于鱼肝油、蛋黄、牛奶及动物肝脏中。四萜在自然界分布很广，这一类化合物的分子中都含有一个较长的碳碳双键的共轭体系，所以，它们都是有颜色的物质，而且多数在黄到红的色区内，又称多烯色素。胡萝卜素是此类化合物中最早发现的，广泛存在于植物的花、叶、果实、蛋黄及动物乳汁和脂肪中。

维生素$A(A_1$，熔点64℃)　　维生素A_2

维生素 A 是哺乳动物正常生长发育所必需的物质。体内缺乏维生素 A 则发育不健全，会导致眼膜和角膜硬化、夜盲症等，长期缺乏会造成营养不良和生长滞缓。

α-胡萝卜素　　　　　　　　β-胡萝卜素

胡萝卜素是金黄色固体，不溶于水。三种异构体中以 β-胡萝卜素的活性最强，含量最高，约占胡萝卜素总量的 85%。维生素 A 和胡萝卜素在体内有重要的生理功能，在动物体内胡萝卜素在肝脏中被酶分解可转化成维生素 A，所以胡萝卜素又称维生素 A 原。

技能训练

萃取及萃取效率

1. 碘的萃取

【仪器、试剂】

本任务可在实验室通风橱中进行。

试剂　碘的饱和水溶液、四氯化碳。

仪器　量筒、烧杯、分液漏斗、铁架台、铁圈。

微视频：萜类化合物

【操作步骤】

（1）**检漏**　关闭分液漏斗的活塞，打开上口的玻璃塞，往分液漏斗中注入适量水，盖紧上口玻璃塞。把分液漏斗垂直放置，观察活塞周围是否漏水。再用右手压住分液漏斗上口玻璃塞部分，左手握住活塞部分，把分液漏斗倒转，观察上口玻璃塞是否漏水，用左手转动活塞，看是否灵活。

（2）**装液**　用量筒量取 5mL 碘的饱和水溶液，倒入分液漏斗，然后再注入 2mL 四氯化碳（CCl_4），盖好玻璃塞。

（3）**振荡**　用右手压住分液漏斗口部，左手握住活塞部分，把分液漏斗倒转过来振荡，使两种液体充分接触；振荡后打开上口玻璃塞（或使塞上的凹槽对准漏斗上的小孔），使漏斗内气体放出。

（4）**静置分层**　将分液漏斗放在铁架台上，静置待液体分层。

（5）**分液（取下层溶液）**　将分液漏斗颈上的玻璃塞打开（或使塞上的凹槽对准漏斗上的小孔），再将分液漏斗下面的活塞拧开，使下层液体慢慢沿烧杯壁流下。

（6）**分液（取上层溶液）**　待下层液体全部流尽时，迅速关闭活塞，分液漏斗内上层液体由分液漏斗上口倒出。

（7）**回收**　将碘的四氯化碳溶液倒入指定的容器中。

【注意事项】

① 使用分液漏斗前要检查玻璃塞和活塞是否紧密，使用前玻璃活塞应涂薄层凡士林，但不可太多，以免阻塞流液孔。

② 长期不用分液漏斗时，应在活塞面加夹一纸条防止粘连；并用橡筋套住活塞，以免掉落。

③ 放气时，漏斗向上倾斜，朝无人处放气；分液要彻底，上层物从上口倒出，下层物

从下口放出。

④ 使用乙醚时，近旁不能有明火。

2. 冰醋酸水溶液中醋酸的萃取

【仪器、试剂】

仪器　分液漏斗、锥形瓶、碱式滴定管。

试剂　冰醋酸与水的混合溶液（冰醋酸：水＝1：19）、乙醚、0.2mol/L NaOH、酚酞指示剂。

微视频：
萃取效率

【操作步骤】

(1) 单次萃取法

① 用移液管准确量取 10mL 冰醋酸与水的混合液放入分液漏斗中，用 30mL 乙醚萃取。

② 用右手食指将漏斗上端玻璃塞顶住，大拇指、中指及无名指握住漏斗颈，左手握住漏斗活塞处，大拇指压紧活塞，使振荡过程中玻璃塞和活塞均夹紧，上下轻轻振荡分液漏斗，每隔几秒放气。

③ 将分液漏斗置于铁圈，当溶液分成两层后，小心旋开活塞，放出下层水溶液于 50mL 三角烧瓶内。

④ 加入 3～4 滴酚酞作指示剂，用 0.2mol/L NaOH 溶液滴定，记录消耗 NaOH 溶液的体积。计算留在水中醋酸量及质量分数、留在乙醚中醋酸量及质量分数。

(2) 多次萃取法

① 准确量取 10mL 冰醋酸与水的混合液于分液漏斗中，用 10mL 乙醚如上法萃取，分去乙醚相溶液。

② 将水相溶液再用 10mL 乙醚萃取，分出乙醚相溶液。

③ 将第二次剩余水相溶液再用 10mL 乙醚萃取，如此共三次。

④ 用 0.2mol/L NaOH 溶液滴定水相溶液。计算留在水相中醋酸量及质量分数、留在乙醚相中醋酸量及质量分数。比较两种方法的萃取效率，数据处理见表 11-2。

表 11-2　数据处理表

	样品溶液	单次萃取	三次萃取
V_{NaOH}			
E	—		

其中，V_{NaOH} 为滴定醋酸水溶液消耗氢氧化钠溶液的体积，mL；E 为萃取效率。

$$E_{单次或三次}=\frac{V_{样品溶液}-V_{单次或三次}}{V_{样品溶液}}\times 100\%$$

> **查一查**
> 1. 分液漏斗有哪些主要用途？分液漏斗的种类有几种？
> 2. 影响萃取效率的因素有哪些？

3. 从橙皮中提取柠檬烯

【仪器、试剂】

仪器　索氏提取器、直形冷凝管、接引管、圆底烧瓶、锥形瓶、漏斗。

试剂　新鲜橙子皮，95%乙醇。

【操作步骤】

① 将 1~2 个新鲜橙子皮剪成极小碎片后，放入索氏提取器的滤纸套筒中，橙皮上剪一个合适的滤纸盖上，以保证回流液均匀浸透被萃取物。

② 在 250mL 烧瓶中加入 100mL 95%乙醇和数粒沸石，电热套加热。

③ 记录虹吸次数，虹吸 5~6 次后，当提取筒中提取液颜色变得很浅时，停止加热。

④ 改装成蒸馏装置，回收乙醇。

⑤ 瓶中留下少许橙黄色液体，漏斗过滤，即得橙油。

数据处理见表 11-3。

表 11-3　数据处理表

柠檬烯的体积/mL	
产品形态和色泽	
柠檬烯的折射率	

【注意事项】

① 滤纸套筒要紧贴索氏提取器壁，其高度一定要超过虹吸管，但要低于蒸气上升的支管口，使样品不高于虹吸管。

② 纯柠檬烯的沸点为 176℃，可以用蒸馏的方法与溶剂进行分离。

想一想

索式提取器液-固萃取的原理是什么？

知识点二　环烃

情境导入

环烃是指碳架为环状，由碳氢两种元素组成的化合物。根据其结构和性质的不同，环烃分为脂环烃和芳香烃两类。

必备知识

一、环烃的分类

脂环烃是指分子中具有碳环结构，性质与链状脂肪烃相似的一类有机化合物。芳香烃，简称芳烃，是指具有芳香性的环状碳氢化合物，芳烃及其衍生物总称为芳香族化合物。

1. 脂环烃的分类

根据分子中是否含有不饱和键分为饱和脂环烃和不饱和脂环烃。饱和脂环烃即环烷烃；不饱和脂环烃指分子中含有双键或三键的脂环烃，包括环烯烃和环炔烃。如：

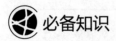

环丙烷　　环己烯　　环己炔

根据分子中碳环的数目分为单环和多环脂环烃。

根据分子中组成环的碳原子数目，环烷烃又分为三元、四元、五元等环烷烃，如：

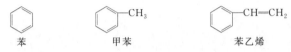

2. 芳香烃的分类

根据芳香烃分子中是否含有苯环，可将其分为苯系芳烃和非苯系芳烃。通常所说的芳香烃一般是指苯系芳烃，即含有苯环的芳香烃。根据所含苯环的数目和连接方式不同，可将其分为单环芳烃、多环芳烃和稠环芳烃。

(1) 单环芳烃 分子中只含有一个苯环的芳烃，主要包括苯、苯的同系物和苯基取代的不饱和烃。如：

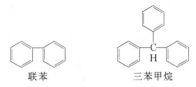

(2) 多环芳烃 分子中含有两个及两个以上独立的苯环的芳烃。如：

(3) 稠环芳烃 两个或两个以上苯环彼此通过共用相邻的两个碳原子稠合而成的芳烃。如：

萘　　蒽

二、环烃的命名

1. 脂环烃的命名

(1) 单环烷烃的命名

单环烷烃的命名与烷烃相似，只是在烷烃名称前加上"环"字。当环上有支链时，以环为母体，支链为取代基。对环上碳原子编号以使取代基所在位次最小为原则。当环上有两个及以上不同取代基时，以简单基团编号最小为原则。当带有的支链较复杂时，则以碳链为母体，环作为取代基。

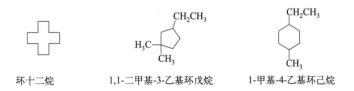

环十二烷　　1,1-二甲基-3-乙基环戊烷　　1-甲基-4-乙基环己烷

(2) 不饱和脂肪烃的命名

环烯烃或环炔烃命名时，以环为母体，环上碳原子编号以不饱和键位次最小为前提，同时应使支链的位次尽可能小，如：

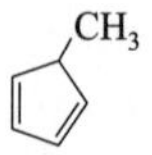

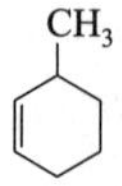

1,3-环戊二烯　　5-甲基-1,3-环戊二烯　　3-甲基环己烯

> **练一练**
>
> 用系统命名法命名下列化合物或写出结构简式。
>
> (1) 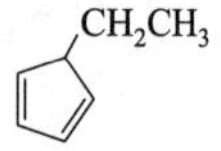 [结构图：环戊二烯-CH₂CH₃]　　(2) [结构图：三甲基环己烷]
>
> (3) 环丁炔　　(4) 2-甲基环戊烷

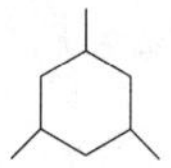

2. 芳香烃的命名

(1) 一元烷基苯的命名　一般是以苯环作为母体，烷基作为取代基，命名为"某基苯"，当烷基的碳原子≤10个，常省略"基"字。如：

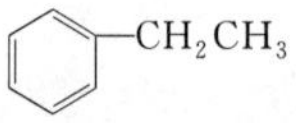

乙苯 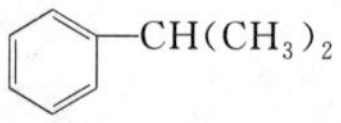　　　　　　异丙苯 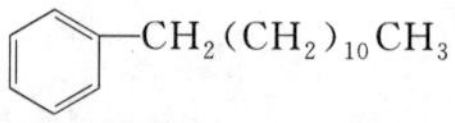　　　　　　十二烷基苯

(2) 二元烷基苯的命名　若苯环上有两个烷基，由于烷基的相对位置不同产生三种同分异构体，命名时以邻（或 o-）、间（或 m-）、对（p-）来表示两个取代基的相对位次，也可采用阿拉伯数字编号来表示。如：

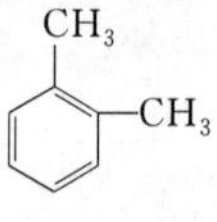

邻二甲苯　　　　　间二甲苯　　　　　对二甲苯
o-二甲苯　　　　　m-二甲苯　　　　　p-二甲苯
1,2-二甲苯　　　　1,3-二甲苯　　　　1,4-二甲苯

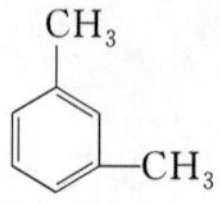

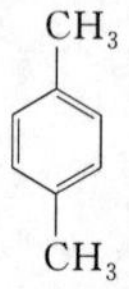

(3) 三元烷基苯的命名　当苯环上带有三个相同的烷基时，常采用连、均、偏来表示它们的相对位置，同样可采用阿拉伯数字编号表示。如：

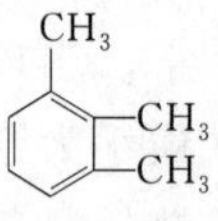

连三甲苯　　　　　均三甲苯　　　　　偏三甲苯
1,2,3-三甲苯　　　1,3,5-三甲苯　　　1,2,4-三甲苯

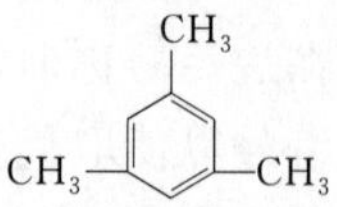

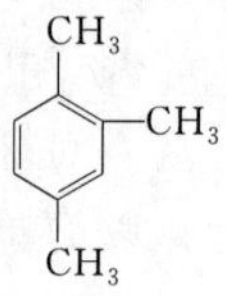

若苯环上连有三个不同的取代基，则应采用阿拉伯数字编号，从最简单取代基的碳原子开始编号，使其他取代基位次尽量最小。如：

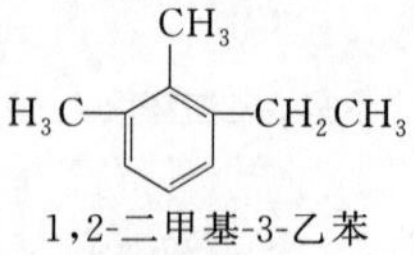

1,2-二甲基-3-乙苯

(4) 复杂取代苯的命名　当苯环上的取代基结构较为复杂或为不饱和基团时，则以支链为母体，苯环作为取代基进行命名。如：

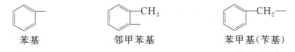

（5）芳烃基的命名 芳烃分子汇总去掉一个氢原子后剩下的基团成为芳烃基（Ar—）。常见的芳烃基有：

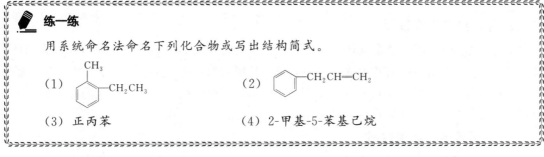

> **练一练**
>
> 用系统命名法命名下列化合物或写出结构简式。
>
> （1）　　　　　　　　　　（2）
>
> （3）正丙苯　　　　　　　（4）2-甲基-5-苯基己烷

三、苯的结构

苯是最简单的芳香烃，也是大多芳香族化合物的基本结构单元。苯的分子式为 C_6H_6，具有高度的不饱和性，但苯的性质与不饱和烃不同。近代物理方法证明：苯分子是平面的正六边形构型，且碳碳键的键长均为 0.140nm，介于单键和双键之间，碳氢键键长均为 0.108nm，所有键角均为 120°（图 11-12）。

由苯分子的平面结构可知，6 个碳原子都是以 sp^2 杂化轨道成键，碳原子之间以 sp^2 轨道形成 6 个 C—C σ 键，每个碳原子剩余的 sp^2 轨道则分别与 1 个氢原子的 1s 轨道重叠形成 C—H σ 键，所有的 σ 键均在同一平面内。每个碳原子还有 1 个未杂化的 p 轨道（含 1 个 p 电子），6 个 p 轨道相互平行，且垂直于 σ 键所在平面，p 轨道之间以"肩并肩"的方式侧面相互重叠，形成一个由 6 个原子和 6 个 p 电子组成的环状 π-π 共轭体系，即共轭大 π 键（图 11-13）。此时，处于 π 轨道中的电子能高度离域，使电子云密度完全平均化（图 11-13），从而降低体系内能，而使苯具有稳定性。

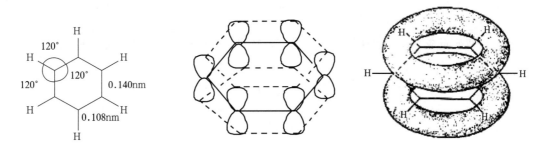

图 11-12　苯的分子结构　　　　图 11-13　苯的共轭大 π 键及电子云分布

综上所述，苯分子中有 6 个相同的 C—C σ 键、6 个相同的 C—H σ 键和一个包括 6 个碳原子在内的环状共轭大 π 键。该结构也决定了苯环具有芳香性，即成环碳原子高度不饱和但化学性质相当稳定、不易破裂、易取代、难加成和氧化的特殊性质。

虽然凯库勒结构式（图 11-14）不能准确地表达苯分子的结构，但目前仍是书籍和文献中应用最多的苯表达式。为了表示苯分子中的环状共轭大 π 键，现代文献也会采用 ◯ 来表示苯的结构，但是这种方式用来表示其他芳香体系就不合适了，特别是稠环芳香烃。本书仍采用凯库勒结构式来表示苯分子的结构。

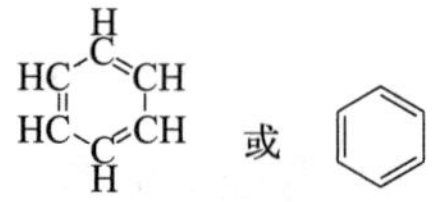

图 11-14 苯的凯库勒结构式

四、环烃的物理性质

1. 环烷烃的物理性质

常温下 $C_3 \sim C_4$ 环烷烃是气体；$C_5 \sim C_{11}$ 环烷烃是液体；C_{12} 以上高级环烷烃为固体。环烷烃的熔点、沸点变化规律是随分子中碳原子数增加而升高。同碳数的环烷烃熔点、沸点高于开链烷烃。环烷烃的相对密度都小于 1，比水轻，但比相应的开链烷烃的相对密度大。环烷烃不溶于水，易溶于有机溶剂。

2. 单环芳烃的物理性质

苯及其同系物多为无色、有特殊气味的液体，其蒸气有毒，特别是苯的生理毒性较大，使用时应采取防护措施。相对密度一般为 0.86~0.9，不溶于水，可溶于乙醚、石油醚、四氯化碳等有机溶剂，且本身常作为溶剂使用。沸点随分子量增大而升高；熔点除了与分子量有关外，还与结构有关，通常对称性较好的分子熔点较高。

> **📁 查一查**
> 　　苯及其同系物在日常生活中哪些场合可能存在，对人体有哪些危害？在使用含有苯及其同系物的有机试剂过程中有哪些注意事项？

五、环烃的化学性质

1. 环烷烃的化学性质

与开链烷烃相似，环烷烃分子中的 C—C 键和 C—H 键一般不易被氧化，在光照或加热条件下可以发生取代反应。小环（三元、四元）烷烃分子内存在键角张力而容易开环，发生加成反应。

（1）取代反应　在光照或加热的情况下，环戊烷和环己烷能与卤素发生取代反应，生成卤代环烷烃。如：

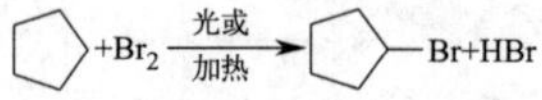

◯ +Br$_2$ $\xrightarrow{\text{光或加热}}$ ◯-Br + HBr
溴代环戊烷

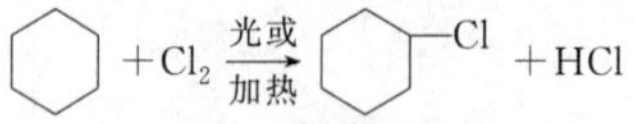

◯ +Cl$_2$ $\xrightarrow{\text{光或加热}}$ ◯-Cl + HCl
氯代环己烷

（2）开环加成反应

① 催化加氢。在催化剂作用下，环丙烷和环丁烷等小环烷烃可以开环发生加氢反应，

生成开链烷烃。

$$\triangleright + H_2 \xrightarrow[80℃]{雷尼镍} CH_3CH_2CH_3$$

$$\square + H_2 \xrightarrow[200℃]{雷尼镍} CH_3CH_2CH_2CH_3$$

② 加卤素。环丙烷和环丁烷都能与卤素发生开环加成反应。其中环丙烷与卤素在常温下就可反应，环丁烷需加热才能反应。

$$\triangleright + Br_2 \xrightarrow{室温} BrCH_2CH_2CH_2Br$$
1,3-二溴丙烷

$$\square + Br_2 \xrightarrow{加热} BrCH_2CH_2CH_2CH_2Br$$
1,4-二溴丁烷

小环与溴发生加成反应后，溴的红棕色消失，现象变化明显，可用于鉴别三元、四元环烷烃。而环戊烷以上的环烷烃很难与卤素发生加成反应，会随着温度升高而发生取代反应。

③ 加卤化氢。环丙烷和环丁烷都能与卤化氢发生加成反应，生成开链一卤代烷烃。

$$\triangleright + HBr \xrightarrow{室温} BrCH_2CH_2CH_3$$
1-溴丙烷

$$\square + HBr \xrightarrow{加热} BrCH_2CH_2CH_2CH_3$$
1-溴丁烷

分子中带有支链的小环烷烃在发生开环加成反应时，其断键位置通常发生在含氢较多与含氢较少的成环碳原子之间。与卤化氢等不对称试剂加成时，符合马氏规则。如：

$$\text{-}\triangleright + HBr \xrightarrow{加热} CH_3\underset{\underset{Br}{|}}{C}HCH_2CH_3$$
2-溴丁烷

(3) 氧化反应 与开链烷烃相似，环烷烃包括环丙烷和环丁烷这样的小环烷烃，在常温下都不能与一般的氧化剂（如高锰酸钾的水溶液）发生氧化反应。若环的支链上含有不饱和键，则不饱和键被氧化断裂，而环不发生破裂。例如：

$$\triangleright\text{-}CH=CHCH_3 \xrightarrow{KMnO_4} \triangleright\text{-}C\underset{\underset{O}{\|}}{\overset{OH}{|}} + CH_3COOH$$

小环烷烃能与溴加成但不能被高锰酸钾溶液氧化，可利用这一性质将其与烷烃、烯烃或炔烃区别开来。

如果在加热下用强氧化剂，或在催化剂存在下用空气作氧化剂，环烷烃也可发生氧化反应。例如，在125～165℃和1～2MPa压力下，以醋酸钴为催化剂，用空气氧化环己烷，可得到环己醇和环己酮的混合物，这是工业上生产环己醇和环己酮的方法之一。

$$\bigcirc + O_2(空气) \xrightarrow[130℃,2MPa]{醋酸钴} \underset{环己醇}{\bigcirc\text{-}OH} + \underset{环己酮}{\bigcirc=O}$$

单环烷烃化学性质可归纳为：大环（五元环、六元环）似烷，易取代；小环（三元环、四元环）似烯，易加成；小环似烯不是烯，酸性氧化（$KMnO_4/H^+$）不容易。

2. 单环芳烃的化学性质

由于苯分子具有特殊的环状共轭大 π 键，因此其化学性质稳定，没有典型的碳碳双键的加成和氧化的性质。同时，苯环上由于 π 电子云的特殊分布，C—H 键中的 H 原子容易发生亲电取代，取代产物仍具有环状共轭大 π 键。因此，苯环表现出特殊的稳定性，即难加成、难氧化、易取代，这就是芳香族化合物特有的性质，称为芳香性。

(1) 亲电取代反应　苯环的卤代、硝化、磺化、烷基化和酰基化是典型的亲电取代反应。

① 卤代反应。苯与卤素在铁粉或三卤化铁的作用下，苯环上的氢原子被取代，生成卤代苯。由于碘不够活泼，而氟代反应过于剧烈，因此反应中的卤素通常指 Cl_2 和 Br_2。

$$C_6H_6 + Cl_2 \xrightarrow[55\sim60℃]{\text{铁粉或} FeCl_3} C_6H_5Cl\ (\text{氯苯}) + HCl$$

$$C_6H_6 + Br_2 \xrightarrow[55\sim60℃]{\text{铁粉或} FeCl_3} C_6H_5Br\ (\text{溴苯}) + HBr$$

烷基苯的卤代反应比苯容易，主要生成邻位和对位的卤代产物。

$$C_6H_5CH_3 + Cl_2 \xrightarrow{\text{铁粉或} FeCl_3} \text{邻氯甲苯} + \text{对氯甲苯}$$

② 硝化反应。苯与浓硝酸和浓硫酸的混合物（常称为混酸）共热，苯环上的氢原子被硝基（—NO_2）取代，生成硝基苯。

$$C_6H_6 + HNO_3 \xrightarrow[50\sim60℃]{\text{浓 } H_2SO_4} C_6H_5NO_2\ (\text{硝基苯}) + H_2O$$

烷基苯的硝化反应比苯容易，主要生成邻位和对位的硝化产物。

$$C_6H_5CH_3 + HNO_3 \xrightarrow[30℃]{\text{浓 } H_2SO_4} \underset{(63\%)}{\text{邻硝基甲苯}} + \underset{(34\%)}{\text{对硝基甲苯}}$$

③ 磺化反应。苯与浓硫酸在加热条件下发生磺化反应，苯环上的氢原子被磺酸基（—SO_3H）取代，生成苯磺酸。

$$C_6H_6 + H_2SO_4 \underset{70\sim80℃}{\rightleftharpoons} C_6H_5SO_3H\ (\text{苯磺酸}) + H_2O$$

若采用发烟硫酸（硫酸和三氧化硫的混合物），则常温下即可反应。磺化反应是一个可逆反应，为使得反应正向进行，常用发烟硫酸进行反应。

$$\text{C}_6\text{H}_6 + \text{H}_2\text{SO}_4 \underset{30\sim50\,°C}{\overset{SO_3}{\rightleftharpoons}} \text{C}_6\text{H}_5\text{SO}_3\text{H} + \text{H}_2\text{O}$$

苯磺酸及其钠盐都易溶于水，可利用这一特性，在不溶于水的有机物中引入磺酸基，可增加其水溶性。芳烃的磺化及芳磺酸的水解反应（即磺化的逆反应）可用于制备和分离某些异构体。在有机合成中，可把磺酸基作为临时占位基团，待得到所需产物后，再经水解除去磺酸基。

烷基苯的磺化反应同样比苯容易，主要生成邻位和对位的磺化产物。

$$\text{C}_6\text{H}_5\text{CH}_3 + \text{H}_2\text{SO}_4 \rightleftharpoons \text{邻甲基苯磺酸}(32\%) + \text{对甲基苯磺酸}(62\%)$$

> **想一想**
>
> 1. 观察以上三个取代反应，苯和甲苯的反应活性和产物有何区别？为何会出现这种差异？
>
> 2. 亲电取代反应主要发生在芳香体系或富电子的不饱和碳上，就本质而言均是较强亲电基团对负电子体系进攻，取代较弱亲电基团。可以说，较弱亲电基团好比能力和魅力较弱的人，将被能力和魅力较强的人所取代。

④ 傅-克反应。傅瑞德尔（Charles Friedel）-克拉夫茨（James Mason Crafts）反应（简称傅-克反应）一般分为烷基化和酰基化两类。

傅-克烷基化反应：在无水三氯化铝的催化下，苯环上的氢原子被卤代烷中的烷基取代生成烷基苯的反应是典型的傅-克烷基化反应。如：

$$\text{C}_6\text{H}_6 + \text{CH}_3\text{CH}_2\text{Cl} \xrightarrow{\text{无水 AlCl}_3} \text{C}_6\text{H}_5\text{CH}_2\text{CH}_3\,(\text{乙苯}) + \text{HCl}$$

傅-克烷基化反应是制备苯的同系物的主要方法。但如果苯环上带有吸电子的钝化苯环的取代基（如：—NO_2，—SO_3H 等），则一般不发生该反应。

傅-克酰基化反应：在无水三氯化铝的催化下，苯与酰氯或酸酐反应，苯环上的氢原子被酰基（R—C(=O)—）取代生成芳酮的反应是典型的傅-克酰基化反应。

$$\text{C}_6\text{H}_6 + \text{CH}_3\text{COCl}\,(\text{乙酰氯}) \xrightarrow{\text{无水 AlCl}_3} \text{C}_6\text{H}_5\text{COCH}_3\,(\text{苯乙酮}) + \text{HCl}$$

知识拓展

了解一元取代苯苯环上亲电取代反应的定位规律 在进行亲电取代反应时，苯环上原有的一个取代基对新引入的取代基有两方面的影响，一是影响取代反应进行的难易程度，二是决定新基团进入苯环的位置，这两种作用称为定位效应。原有取代基称为定位基。根据定位基不同的定位效应，可将定位基分为两类：邻对位定位基和间位定位基，见表11-4。

表 11-4 苯环亲电取代反应的两类定位基

邻对位定位基	间位定位基
强烈活化作用 —O⁻，—NR₂，—NHR，—NH₂，—OH，—OR	强烈钝化作用 —R₃N⁺，—NO₂，—CF₃，—CCl₃
中等活化作用 —NHCOR，—OCOR	中等钝化作用
较弱活化作用 —C₆H₅，—R	—CN，—SO₃H，—CHO，—COR，—COOH，—COOR，—CONH₂
较弱钝化作用 —F，—Cl，—Br，—I，—CH₂Cl	

邻对位定位基：大多数（除卤原子、氯甲基外）是给电子基团，使苯环活化，其结构特征是与苯环直接相连的原子不含双键或三键，且多数含有孤对电子或带负电荷。

间位定位基：都是吸电子基团，使苯环钝化，其结构特征是与苯环直接相连的原子一般含有重键或带正电荷。

(2) 加成反应 苯及其同系物性质稳定，一般不易发生加成反应，但在一定条件下仍可与氢、卤素等发生加成反应。

① 加氢反应。在高温、高压和催化剂（Pt、Pd、雷尼镍等）作用下，苯能和氢加成生成环己烷。

$$\text{C}_6\text{H}_6 + 3\text{H}_2 \xrightarrow[150\sim250℃,2.5\text{MPa}]{\text{雷尼镍}} \text{环己烷}$$

该反应是工业上制备环己烷的方法。

② 加氯反应。在日光或紫外线作用下，苯能与氯加成，生成六氯环己烷。

$$\text{C}_6\text{H}_6 + 3\text{Cl}_2 \xrightarrow{\text{紫外线}} \text{六氯环己烷}$$

六氯环己烷俗称"六六六"，曾作为杀虫剂被广泛使用。但由于其性质稳定，不易分解，残留污染严重，且对人、畜有较大毒性，早已被禁止使用。

(3) 氧化反应 苯环结构稳定，常见的氧化剂（如高锰酸钾、重铬酸钾、硫酸和稀硝酸等）不能将其氧化。但侧链含有α-H的苯的同系物易被氧化，一般情况下，氧化时苯环不变，与苯环相连的烷基被氧化成羧基。而且不管侧链多长，氧化的最终结果都是侧链变成只有一个碳的羧基。若侧链上不含有 α-H，则不会发生氧化反应。

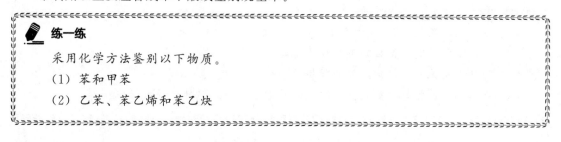

常利用以上反应合成苯甲酸或鉴别烷基苯。

> **练一练**
>
> 采用化学方法鉴别以下物质。
> (1) 苯和甲苯
> (2) 乙苯、苯乙烯和苯乙炔

技能训练

制备环己烯

【仪器、试剂】

仪器　圆底烧瓶 (50mL)、分馏柱、温度计、直形冷凝管、接液管、锥形瓶、量筒、分液漏斗、电热套等。

试剂　环己醇、磷酸 (85%)、饱和氯化钠溶液、无水氯化钙。

【操作步骤】

(1) **反应分馏装置搭建**　在干燥的 50mL 圆底烧瓶中加入 9.6g 环己醇和 5mL 85% 的磷酸，充分振荡烧瓶，使混合均匀。再加几粒沸石，然后在烧瓶上装接一个分馏柱，分馏柱支管连接直形冷凝管，用小锥形瓶作为接收器，置于碎冰浴中。

(2) **环己烯的制备**　将烧瓶置于电热套中，用小火加热混合物至沸腾，慢慢蒸出带水的浑浊液体，控制分馏柱顶部温度不得超过 73℃，直至无馏出液蒸出。大火继续蒸馏，当温度计达到 85℃ 时，停止加热。馏出液为环己烯和水的浑浊液。

(3) **产物除杂**　将馏出液转移到 50mL 分液漏斗中，加入 5mL 饱和氯化钠溶液，振荡分液漏斗，静置分层，弃去水层，上层为粗产物。将粗产物移至干燥的小锥形瓶中，加入 1~2g 无水氯化钙，用塞子将锥形瓶塞好，间歇地加以振荡，约经过 0.5h，液体变得澄清透明。

(4) **产物蒸馏**　将干燥的粗产物滤入干燥的 30mL 蒸馏烧瓶中，加几粒沸石，在水浴中加热蒸馏，收集 81~85℃ 馏分。称量，测折射率，数据处理见表 11-5。

表 11-5　数据处理表

环己烯的质量/g	
环己烯产率/%	
环己烯的折射率	

【注意事项】

① 因为在反应中环己烯与水形成恒沸混合物（沸点 70.8℃，含水 10%），环己醇与水形成恒沸混合物（沸点 97.8℃，含水 80%）。所以，温度不可过高，馏出速度不可过快，使未反应的环己醇尽量不被蒸出来。

② 如果 80℃以下时已蒸出较多的前馏分，应将前馏分收集起来，重新干燥后再蒸馏。这可能是无水氯化钙用量过少或干燥时间太短，使粗产物中的水分未除尽。

③ 产量：4.5～5.5g，产率：57%～70%。

纯环己烯为无色透明液体，沸点 83℃，相对密度 0.8012，折射率 1.4465。

想一想

① 如用浓硫酸代替 85%的磷酸，有什么缺点？
② 为什么要控制分馏柱顶部温度不得超过 73℃？
③ 为什么用饱和氯化钠溶液处理粗产物？
④ 在蒸馏粗产物时，如果蒸出过多的前馏分，应采取什么补救措施？

知识点三　卤代烃

情境导入

由于卤代烃中 C-X 之间是极性键，卤代烃的化学性质比烃类活泼，能发生多种化学反应。因此，卤代烃是有机合成的重要中间体，在工业、农业、医药和日常生活中都有广泛的应用。

必备知识

烃分子中的一个或多个氢原子被卤素取代后生成的化合物，称为卤代烃，简称卤烃，可用通式(Ar)R—X 表示，其中 X=Cl、Br、I、F。由于氟代烃的制备和性质与其他卤代烃有所不同，本任务中所述的卤代烃的性质仅包括氯代烃、溴代烃和碘代烃。

一、卤代烃的分类和命名

1. 卤代烃的分类

(1) 根据卤代烃中烃基结构的不同，可分为饱和卤代烃、不饱和卤代烃和芳香卤代烃。如：

$CH_3CH_2CH_2Cl$　　　$H_2C=CHCH_2I$　　　C_6H_5Br

　　饱和卤代烃　　　　　不饱和卤代烃　　　　　芳香卤代烃

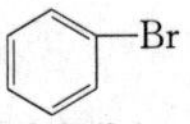

(2) 根据与卤原子相连的碳原子（即 α-C）类型不同，可将一元卤代烃分为伯卤代烃、仲卤代烃和叔卤代烃，分别用 1°卤代烃、2°卤代烃、3°卤代烃表示。如：

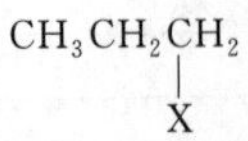

$CH_3CH_2CH_2X$　　　CH_3CHXCH_3　　　$(CH_3)_3CX$

　伯(1°)卤代烃 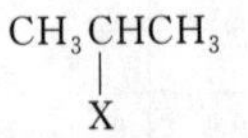　　　　仲(2°)卤代烃 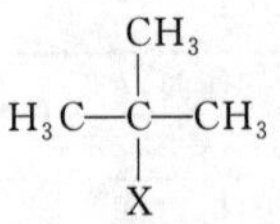　　　　叔(3°)卤代烃

(3) 根据所含卤原子的数目不同，分为一卤代烃和多卤代烃。如：

CH_3CH_2Cl　　　　　　　　$CHBr_2CHBr_2$
一卤代烃　　　　　　　　　　多卤代烃

(4) 根据所含卤原子种类不同，分为氟代烃、氯代烃、溴代烃和碘代烃。

2. 卤代烃的命名

(1) 普通命名法　简单卤代烃可根据与卤原子相连的烃基名称来命名，称为"某基卤"。如：

$H_3C-\underset{CH_3}{\underset{|}{CH}}CH_2Cl$　　　　$C_6H_5-CH_2Br$　　　　$H_3C-\underset{Br}{\underset{|}{\overset{CH_3}{\overset{|}{C}}}}-CH_3$

异丁基氯　　　　　　　苄基溴　　　　　　　叔丁基溴

(2) 系统命名法　结构复杂的卤代烃采用系统命名法命名，以烃基为母体，卤原子为取代基。

饱和卤代烃命名：选择连有卤原子所在碳的最长碳链为主链，按照"最低系列"原则给主链碳编号。当卤原子与烷基的位次相同时，应给予烷基最小编号；当不同卤原子位次相同时，应给予原子系数小的卤原子以最小编号。如：

$\underset{\underset{CH_3}{|}}{CH_2BrCHCH_3}$　　　$\underset{\underset{CH_3}{|}\ \ \ \ \underset{Cl}{|}}{CH_3CHCH_2CHCH_3}$　　　$\underset{\underset{Cl}{|}\ \ \underset{Br}{|}}{CH_3CHCHCH_3}$

2-甲基-1-溴丙烷　　　　2-甲基-4-氯戊烷　　　　2-氯-3-溴丁烷

不饱和卤代烃命名：选择同时含有不饱和键和卤原子所在碳的最长碳链为主链，从靠近不饱和键的一端开始碳编号，以烯或炔为母体命名。如：

$\underset{\underset{Br}{|}}{H_2C=CHCHCH_3}$　　　$\underset{\underset{CH_3}{|}\ \ \underset{Cl}{|}}{H_2C=CCH_2CHCH_3}$

3-溴-1-丁烯　　　　　2-甲基-4-氯-1-戊烯

芳香族卤代烃命名：当卤原子直接连在芳环上，以芳烃为母体；当卤原子连在芳烃侧链上，则以脂肪烃为母体。如：

2-溴甲苯或邻溴甲苯　　　2-苯基-1-氯丙烷

此外，部分卤代烃常使用俗名。如氯仿（$CHCl_3$）、碘仿（CHI_3）等。

微视频：卤代烃的
分类和命名

> **📁 查一查**
>
> 氟利昂类化合物曾被广泛作为冰箱和空调的制冷剂和喷雾剂的推进剂，具有加压易液化、汽化热大、安全性高、不燃不爆、无毒等优良性能，但目前氟利昂已被限制使用。
>
> 请查阅相关资料，氟利昂类化合物的化学结构式是什么，为何会被限制使用？

> **练一练**
>
> 用系统命名法命名下列化合物或写出结构简式。
>
> (1) CH_3CHCH_3 带 Cl 取代基
>
> (2) $\text{H}_2\text{C}=\text{CHCH}_2\text{Br}$
>
> (3) 3-氯-5-溴异丙苯
>
> (4) 1-苯基-1-溴乙烷

二、卤代烃的物理性质

室温下，一般卤代烃是液体，只有少数低级卤代烃是气体，如氯甲烷、氯乙烷、溴甲烷、氯乙烯等，15个碳原子以上的高级卤代烃为固体。卤代烃都有毒，大多有强烈气味，使用时应注意安全。所有卤代烃均不溶于水，但能溶于大多数有机溶剂。许多有机物可溶于卤代烃，故二氯甲烷、三氯甲烷、四氯化碳等常作为有机溶剂使用。一氯代烃密度比水小，溴代烃和碘代烃密度比水大，分子中卤原子增多，密度增大，此性质常用于卤代烃的分离和提纯。

在有机分子中引入氯原子或溴原子可减弱其可燃性，因此某些含氯或含溴的有机化合物是很好的灭火剂和阻燃剂。如二氟二溴甲烷、三氟一溴甲烷可用作灭火剂。

> **查一查**
>
> 氯乙烷被称为"足球场上的化学大夫"，其中的作用原理是什么，与其物理性质是否有关？

三、卤代烃的化学性质

卤代烃的化学性质主要是由于卤原子的存在而引起的。由于卤原子电负性大于碳原子，则形成的C-X键为极性共价键，电子云偏向于卤原子，使C-X键易发生断裂。又因为带负电荷的卤原子比带部分正电荷的碳原子更稳定，在C-X键发生断裂时，往往是带部分正电荷的碳原子被亲核试剂进攻而发生反应。

1. 亲核取代反应

取代反应，主要是指卤原子被其他原子或基团取代的反应。这些反应的共同特点是与卤原子相连的碳原子（即α-C）带部分正电荷，受到带负电荷的试剂（OH^-、CN^-、RO^-）或含孤对电子的试剂（NH_3）的进攻，这些试剂称为亲核试剂，用Nu^-或$Nu:$表示，这类反应称为亲核取代反应。反应通式如下：

$$R-X + Nu^- \longrightarrow R-Nu + X^-$$

在亲核取代反应中，卤代烷的活性顺序为碘代烷＞溴代烷＞氯代烷。

(1) 水解反应 卤代烷与水作用，卤原子被羟基（—OH）取代。由于卤代烷不溶于水，反应较慢，为加快水解速率，常在加热条件下采用稀的强碱水溶液进行反应。如：

$$\text{CH}_3\text{CH}_2\text{Br} + \text{NaOH} \xrightarrow[\triangle]{\text{H}_2\text{O}} \text{CH}_3\text{CH}_2\text{OH} + \text{NaBr}$$

溴乙烷　　　　　　　　乙醇

(2) 醇解反应 卤代烷与醇钠在加热条件下反应,卤原子被烷氧基（—OR）取代生成醚。如:

$$CH_3CH_2Br + NaOCH_2CH_3 \xrightarrow{\triangle} CH_3CH_2OCH_2CH_3 + NaBr$$
乙醇钠　　　　　　　　乙醚

这是制备醚,特别是 R—O—R′ 类型的醚最常用的方法之一。

(3) 氰解反应 伯卤代烷与氰化钠或氰化钾在醇溶液中反应,卤原子被氰基（—CN）取代生成腈。如:

$$CH_3CH_2CH_2Br + NaCN \xrightarrow[\triangle]{CH_3CH_2OH} CH_3CH_2CH_2CN + NaBr$$
氰化钠　　　　　　　　正丁腈

产物腈比原卤代烷多了一个碳原子,这是增长碳链常用的一种方法,也是制备腈的方法。由于—CN 水解生成羧酸（—COOH）,还原生成胺（—CH$_2$NH$_2$）,因此这也是制备羧酸和胺的一种方法。

(4) 氨解反应 伯卤代烷与过量的氨主要发生取代反应,卤原子被氨基（—NH$_2$）取代生成胺,工业上常利用该反应制备伯胺。如:

$$CH_3CH_2Cl + NH_3 \longrightarrow CH_3CH_2NH_2 + HCl$$
氯乙烷　　　　　　乙胺

而仲卤代烷和叔卤代烷在氨的作用下主要发生消除反应生成烯烃。

(5) 与硝酸银反应 卤代烷与硝酸银的醇溶液反应生成卤化银沉淀和硝酸酯。

$$R—X + AgNO_3 \xrightarrow{\text{醇溶液}} R—O—NO_2 + AgX\downarrow$$
　　　　　　　　　　　硝酸酯　　卤化银

不同卤代烷的反应活性不同,对于卤原子相同,烷基不同的卤代烷,其活性顺序为:叔卤代烷＞仲卤代烷＞伯卤代烷。一般叔卤代烷是立即沉淀,而伯卤代烷需要加热才能反应。因此可根据反应的快慢鉴别卤代烷。

2. 消除反应

卤代烷与浓的强碱醇溶液共热,分子内脱去一分子卤化氢生成烯烃。这种从有机物分子内脱去一个小分子（如 H$_2$O、HX 等）生成碳碳不饱和键的反应,称为消除反应。如:

$$CH_3CHBrCH_3 + KOH \xrightarrow[\triangle]{CH_3CH_2OH} CH_3CH = CH_2 + KBr + H_2O$$
1-丙烯

这是制备烯烃的一种方法。该反应中卤代烷的活性顺序为:

叔卤代烷＞仲卤代烷＞伯卤代烷

当卤代烃中含有多个 β-C（如仲卤代烷、叔卤代烷）时,消除产物烯烃不止一种。大量实验证明:卤代烷发生消除反应时,主要脱去含氢较少的 β-C 上的氢原子形成烯烃,即生成双键碳上连接较多烃基的烯烃,这一规则称为扎依采夫（A. M. Saytzeff）规则。如:

$$CH_3CH_2\underset{\underset{Br}{|}}{\overset{\overset{CH_3}{|}}{C}}CH_3 + KOH \xrightarrow[\triangle]{\text{乙醇}} CH_3CH=\underset{}{\overset{\overset{CH_3}{|}}{C}}CH_3 + CH_3CH_2—\underset{}{\overset{\overset{CH_3}{|}}{C}}=CH_2$$

　　　　　　　　　　　　71%（主要产物）　　　　29%

> **想一想**
>
> 正溴丁烷与氢氧化钠稀水溶液共热，正溴丁烷与浓氢氧化钾的乙醇溶液共热，两个反应的主产物是否一致？原因何在？由此可以总结出什么规律？

3. 与金属的反应

卤代烷可与某些金属（如镁、锂等）反应，生成金属有机化合物。卤代烷与金属镁在干醚中反应生成的烷基卤化镁被称为格林尼亚（Grignard）试剂，简称格氏试剂。

$$R-X + Mg \xrightarrow{\text{干醚}} R-Mg-X$$
烷基卤化镁（格氏试剂）

格氏试剂是金属有机化合物中最重要的一类物质，由于结构中含有极性很强的 C—Mg 共价键，因此化学性质非常活泼，易与水、醇、卤化氢、氨等带有活泼氢原子的化合物反应，生成相应的烷烃。

$$RMgX \begin{cases} H-OH \longrightarrow RH + Mg(OH)X \\ H-OR' \longrightarrow RH + Mg(OR')X \\ H-NH_2 \longrightarrow RH + Mg(NH_2)X \\ H-X \longrightarrow RH + MgX_2 \end{cases}$$

由于格氏试剂易被氧化，因此制备时应采用干醚作为溶剂，最好在氮气保护下进行。保存时要求隔绝空气，或临用前配制。

> **知识拓展**
>
> 聚四氟乙烯（PTFE）俗称"塑料王"，是由四氟乙烯加聚而成的高分子化合物。具有良好的耐热及耐冷性能，可在 -250～+250℃ 范围内使用。其化学性质非常稳定，除熔融金属钠和液氟外，和一切化学药品都不反应。此外，聚四氟乙烯还具有良好的电绝缘性、非黏附性、耐候性、不燃性和良好的润滑性等特点，其应用从航天领域到广泛的日用商品，已成为现代科学技术中不可或缺的材料。
>
> 工业上，聚四氟乙烯一般采用悬浮聚合法或乳液聚合法生产，反应式如下：
>
> $$n\text{CF}_2=\text{CF}_2 \xrightarrow[\text{加压}]{(NH_4)_2S_2O_8} \text{—}[\text{CF}_2\text{—}\text{CF}_2]_n\text{—}$$

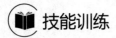

制备正溴丁烷

【仪器、试剂】

仪器　圆底烧瓶、球形冷凝管、直形冷凝管、锥形瓶、分液漏斗、电热套、水浴锅、量筒、电子天平等。

试剂　正丁醇（7.4g 或 9.1mL，0.1mol）、溴化钠（无水，12.4g，0.12mol）、浓硫酸

($d_4^{20}=1.84$,14mL,0.26mol)、10%碳酸钠溶液、无水氯化钙。

【操作步骤】

(1) 制备 在100mL圆底烧瓶中加入12mL水,置烧瓶于冰水浴中,分多次缓慢加入14mL浓硫酸,充分混合。继续冷却,加入9.1mL(0.1mol)正丁醇,混合均匀,将12.4g(0.12mol)经研细的溴化钠分多次加入烧瓶,每加一次必须充分摇匀以免结块。

将烧瓶从冰浴中取出,擦干外壁,加入2~3粒沸石,迅速装上球形冷凝管,在其上口连接一个气体吸收装置,用于吸收反应时逸出的溴化氢气体。将烧瓶置于电加热套上,打开冷凝管循环水,启动加热,经常摇动烧瓶直至大部分溴化钠溶解,调节加热功率,使烧瓶内物质平稳沸腾,回流30min,其间应间歇摇动烧瓶。

(2) 分离、提纯 反应结束后,冷却5min,关闭冷凝管循环水,拆去球形冷凝管,补加1~2粒沸石,改用常压蒸馏装置(图11-15),蒸出粗产物正溴丁烷,直至馏出液中无油滴生成为止。

将馏出液倒入分液漏斗,加入8~10mL水洗涤,分层,将下层粗产物转移到干燥的锥形瓶中。为了除去未反应的正丁醇及副产物正丁醚,用4mL浓硫酸分两次加入锥形瓶内,每加一次都要充分混匀并用冷水浴冷却。后将混合物转移入另一洁净的分液漏斗,静置分层,除去溶液下层浓硫酸,上层依次用12mL水、6mL 10%碳酸钠溶液、12mL水洗涤使呈中性。将下层正溴丁烷粗产物转移入洁净的50mL锥形瓶中,加入约1g粒状无水氯化钙,塞紧瓶塞,间歇振荡,直到液体澄清为止。

将干燥后的液体倒入50mL干燥洁净的蒸馏烧瓶中(应避免氯化钙落入烧瓶),加入1~2粒沸石,电热套加热蒸馏,收集99~102℃馏分于已知质量的样品瓶中。称量,计算产率,测折射率。

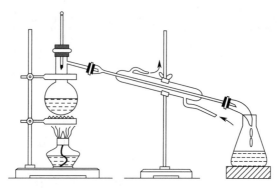

图11-15 常压蒸馏装置图

(3) 检验

化学性质检验:5%硝酸银-乙醇试验。

物理性质检验:纯正溴丁烷为无色透明液体,沸点101.6℃,相对密度$d_4^{20}=1.2758$,折射率$n_D^{20}=1.4400$。数据处理见表11-6。

表11-6 数据处理表

正溴丁烷产量/g	
正溴丁烷产率/%	
化学性质检验	
与5%硝酸银-乙醇反应现象	

物理性质检验	
产品外观	
折射率 n_D^{20}	

【注意事项】

① 如果在步骤（1）中采用的溴化钠是含有结晶水的溴化钠（$NaBr \cdot 2H_2O$），则应按照物质的量进行换算，并相应减少加入水量。

② 第一步反应的产物溴化氢有毒，可用水吸收。吸收过程要注意避免倒吸现象。

③ 正溴丁烷的制备过程可用振荡铁架台的方式摇动烧瓶。

④ 正溴丁烷蒸馏提纯的终点判定，可采用盛有清水的试管收集馏出液，观察有无油滴。

想一想

① 反应产物中可能含有哪些杂质？如何减少副反应的发生？

② 洗涤各步骤的目的分别是什么？如何简便判断分液漏斗萃取时产物在上层还是下层？

练习思考

1. 命名下列化合物。

(1) 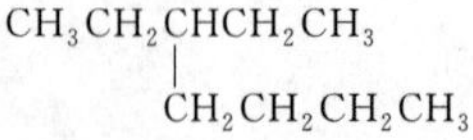 $CH_3CH_2CHCH_2CH_3$ 带 $CH_2CH_2CH_2CH_3$ 支链

(2) $CH_3CH_2-C(CH_3)_2-CH_2CH_3$

(3) $CH_3CH-CH_2CH_3$ 带 CH_3 两个（二甲基）

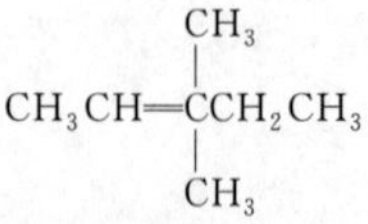

(4) 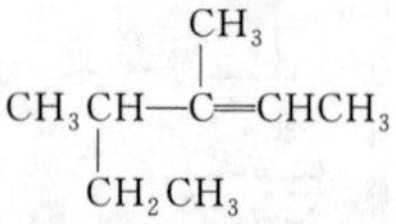 $CH_3CH_2-C(CH_3)=CHCH_3$ 带 CH_2CH_3 支链

(5) $ClBrC=CHC_2H_5$

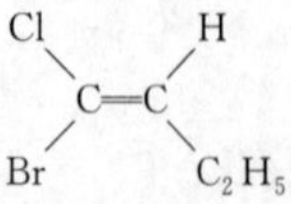

(6) 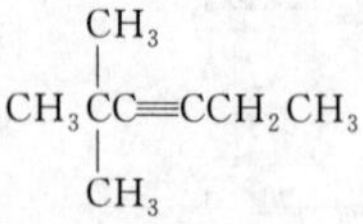 $CH_3CH(CH_3)-C\equiv C-CH_2CH_3$

(7) $C_4H_9-C\equiv C-CH_3$

(8) 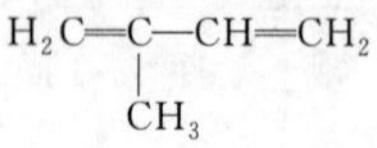 $H_2C=C(CH_3)-CH=CH_2$

(9) 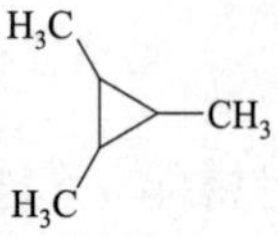 2,3-二甲基环丙基（H_3C、CH_3、H_3C 取代环丙烷）

(10) 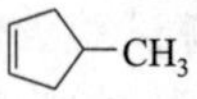 甲基环戊烷

(11) 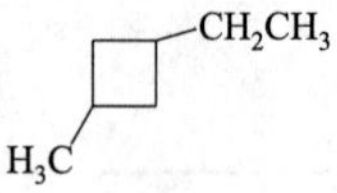 1-甲基-2-乙基环丁烷

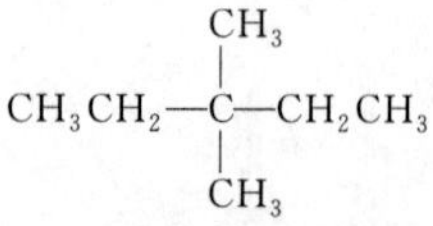

(12) 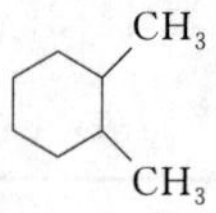 1,2-二甲基环己烷

(13) 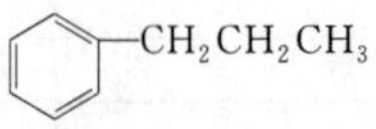 正丙苯（苯环 $-CH_2CH_2CH_3$）

(14) 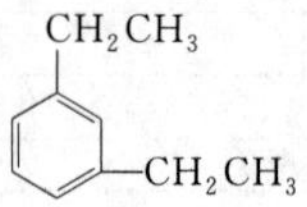 1-甲基-3-乙基苯

(15) [结构式: 1,2-二甲基-4-乙基苯类，含 CH₃, CH₂CH₃, CH₂CH₃ 取代基]

(16) [结构式: 苯环上连 CH₃CHCH₂CH₃ 并有 CH₂CH₃ 支链]

(17) [结构式: 苯-CH₂Cl]

(18) CH₃CHCH₂CHCH₃ 其中一个碳带CH₃，另一个带Br

(19) H₂C=CHCH₂Cl

(20) CH₃CH₂CH₂ 带 Br (结构式)

2. 写出下列化合物的结构式。

(1) 2,2,3,3-四甲基戊烷　　(2) 3-甲基-3-乙基己烷　　(3) 2,4-二甲基-3-乙基己烷
(4) 2,5-二甲基-4-异丙基庚烷　　(5) 3,4-二甲基-2-戊烯　　(6) 2,3-二甲基-1-己烯
(7) 异丁烯　　(8) 顺-3-庚烯　　(9) 5-甲基-2,4-庚二烯
(10) 4-甲基-2-辛炔　　(11) 1,3-环己二烯　　(12) 1,2-二甲基环己烷
(13) 1,2-二乙基环戊烷　　(14) 3-甲基环己炔　　(15) 3-乙基-4-甲基环己炔
(16) 异丙苯　　(17) 间二乙苯　　(18) 2-苯基-1-丁烯
(19) 3-甲基-5-氯庚烷　　(20) 对氯甲苯　　(21) 四氟乙烯

3. 完成下列各反应方程式。

(1) CH₃CH₂C(CH₃)=CHCH₃ $\xrightarrow{H_2/Pt}$

(2) CH₃CH₂C(CH₃)=CHCH₃ $\xrightarrow[常温]{Br_2/CCl_4}$

(3) CH₃CH₂C(CH₃)=CHCH₃ $\xrightarrow[常温]{HBr}$

(4) CH₃CH₂C(CH₃)=CHCH₃ $\xrightarrow{KMnO_4, H^+}$

(5) CH₃CH₂CH₂C≡CH + HBr(过量) ⟶

(6) CH₃CH₂C≡CH + Ag(NH₃)₂NO₃ ⟶

(7) [甲基环丙烷] $\xrightarrow{H_2}$

(8) [环己烷] $\xrightarrow{Br_2/光照}$

(9) [环己烯] $\xrightarrow{过量 KMnO_4, H^+}$

(10) [乙苯] + Br₂ $\xrightarrow{铁粉或氯化铁}$

(11) [苯-CH₂CH₃] $\xrightarrow{KMnO_4/H^+}$

(12) [苯] + CH₃CH₂CH₂Cl $\xrightarrow{无水 AlCl_3}$

(13) CH₃CH₂CH₂Cl $\xrightarrow[\Delta]{NaOH\ 水溶液}$

(14) CH₃CH₂CH₂Cl $\xrightarrow[\Delta]{NaOH\ 醇溶液}$

4. 用简易化学方法鉴别下列各组化合物

(1) 丁烷、1-丁烯、1-丁炔
(2) 丙烷、乙炔、2-丁炔
(3) 丙烷、环丙烷、环丙烯
(4) 甲苯、苯、环己烯

项目十二
含氧有机物

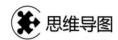思维导图

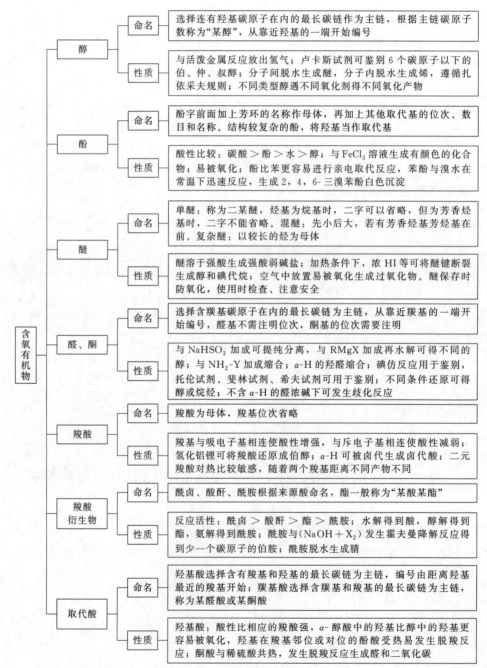

学习要点

1. 了解醇、酚、醚、醛、酮、羧酸及其衍生物的结构特点。
2. 掌握醇、酚、醚的分类、命名方法及物理化学性质。

职业素养目标

培养理论联系实际、勇于探究的科学品质，强化遵章守纪的规则意识。

知识点一　醇、酚、醚

情境导入

醇、酚、醚是烃的含氧衍生物。脂肪烃分子中的氢原子被羟基取代后的衍生物叫作醇；酚是羟基直接连在芳环上的化合物；两个烃基通过一个氧原子连接起来的化合物叫作醚。每种纯液态有机化合物在一定压力下具有固定的沸点，当液态物质受热时，液体的饱和蒸气压增大，待蒸气压增大到和大气压或所给压力相等时，液体沸腾，此时的温度即为液体的沸点。

必备知识

一、醇

脂肪烃分子中的氢原子被羟基（—OH）取代后的衍生物叫作醇（R—OH）。

1. 醇的分类和命名

（1）醇的分类　根据醇分子中烃基种类的不同，可分为饱和醇、不饱和醇、脂环醇和芳香醇。

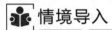

|饱和醇| 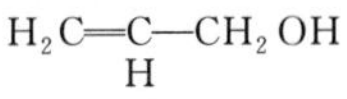不饱和醇| 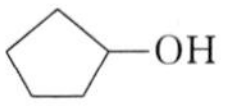脂环醇| 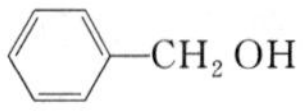芳香醇|

根据醇分子中羟基直接相连的碳原子种类，分为一级醇、二级醇和三级醇。

伯醇（一级醇）　　仲醇（二级醇） 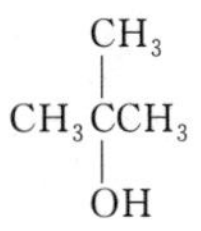　　叔醇（三级醇）

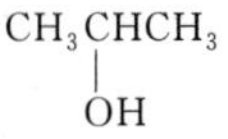

根据醇分子中所含羟基的数目，分为一元醇、二元醇、三元醇和多元醇。

一元醇　　二元醇 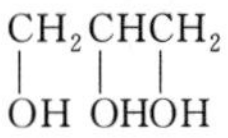　　三元醇

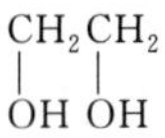

饱和一元醇的通式可表示为 $C_nH_{2n+1}OH$。为了区别于酚中的羟基，醇中的羟基又称醇羟基。

(2) 醇的命名 结构简单的一元醇可用普通命名法命名，即根据与羟基相连的烃基命名为"某醇"或某基醇。

$$CH_3OH \qquad CH_3CH_2OH \qquad CH_2=CHCH_2OH$$
甲醇　　　　　　　　乙醇　　　　　　　　烯丙醇

结构比较复杂的醇，采用系统命名法，选择连有羟基的碳原子在内的最长碳链作为主链，根据主链碳原子数目称为"某醇"，从靠近羟基的一端开始将主链碳原子依次用阿拉伯数字编号，将取代基的位次、数目、名称及羟基的位次写在某醇的前面。

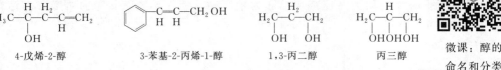

2-丁醇　　　　　　　3-甲基丁醇　　　　　2-甲基-5-氯-3-己醇（或3-氯-1-异丙基丁醇）

不饱和脂肪醇的命名，选择连有羟基的碳和不饱和键在内的最长碳链为主链，根据主链的碳原子数目称为"某烯醇"，从靠近羟基的一端开始将主链碳原子依次用阿拉伯数字编号，并分别在烯、醇的前面标明不饱和键及羟基的位置。

多元醇的命名，要选择含有官能团尽可能多的碳链为主链，依羟基的数目称为二醇、三醇，并标明羟基的位次。

4-戊烯-2-醇　　　3-苯基-2-丙烯-1-醇　　　1,3-丙二醇　　　丙三醇

微课：醇的命名和分类

知识拓展

甲醇最初是由木材干馏得到的，因此又称木醇或木精。甲醇是无色易燃的液体，有毒，服入或吸入其蒸气或经皮肤吸收，均可以引起中毒，损害视力以致失明，量多时会使人中毒致死。工业酒精中因为含有少量甲醇，所以不能饮用。

乙醇俗称酒精，是各类酒的主要成分。临床上常用75%的乙醇溶液作外用消毒剂。乙醇是重要的化工原料，可用作消毒剂、溶剂、燃料等。工业上主要采用发酵法和乙烯水化法制取乙醇。例如乙醇汽油中的乙醇主要是利用含淀粉的谷物、马铃薯或甘薯为原料发酵制得。

丙三醇俗称甘油，甘油具有一定的保湿性，所以常用于制造化妆品。临床上常用55%的甘油水溶液（开塞露）来治疗便秘。甘油的重要用途是制备三硝酸甘油酯，在临床上用作扩张血管和缓解心绞痛的药物。

练一练

写出下列化合物的结构式。
(1) 4-甲基环己醇　　(2) 2-丙炔-1-醇　　(3) 2,4-戊二醇

2. 醇的物理性质

12个碳原子以下的直链饱和一元醇是无色液体，高级醇是蜡状固体。醇分子与水分子

之间能形成氢键。甲醇、乙醇和丙醇能与水混溶,从丁醇开始,溶解度显著减小;高级醇则不溶于水而溶于有机溶剂;多元醇的溶解度比一元醇大。直链饱和一元醇的沸点随着碳原子的增加而有规律地上升。低级醇的沸点比分子量相近的烷烃高得多,随羟基的数目增加,多元醇的沸点也更高。

3. 醇的化学性质

(1) 与活泼金属的反应 醇与水相似,羟基上的氢原子比较活泼,能与活泼金属钠、钾、镁、铝等反应生成金属醇化物,并放出 H_2。

$$ROH + Na \longrightarrow RONa + H_2\uparrow$$

微视频:醇的特性

此反应比水与金属钠的反应缓和,因此,可以把醇看成是比水还弱的酸。

各类醇的反应活性为:甲醇>伯醇>仲醇>叔醇

(2) 与卤化氢(HX)反应 醇与氢卤酸作用,羟基被卤原子取代生成卤代烃和水,这是制备卤代烃的一种重要方法。

$$ROH + HX \longrightarrow RX + H_2O$$

此反应是卤代烃水解的逆反应。不同的醇和相同卤代烃反应的活性次序为:HI>HBr>HCl。不同的卤代烃与相同的醇反应活性次序为:叔醇>仲醇>伯醇。

实验室常用卢卡斯试剂(浓盐酸和无水氯化锌配成的溶液)来区分 6 个碳原子以下的伯醇、仲醇、叔醇。由于 6 个碳原子以下的一元醇能溶于卢卡斯试剂,而生成的卤代烃则不溶而出现浑浊分层现象,根据出现浑浊的快慢便可鉴别出该醇的结构。所以加入卢卡斯试剂后,叔醇立即出现浑浊,仲醇一般需数分钟,而伯醇在室温下放置 1h 也无变化。

(3) 脱水反应 醇与浓硫酸共热可以发生脱水反应,脱水方式随反应温度而异,较高的温度有利于醇的分子内脱水成烯,较低的温度有利于醇的分子间脱水成醚。

① 分子内脱水。仲醇和叔醇容易发生分子内脱水生成烯烃,并遵循扎依采夫规则,生成的主要产物是双键碳上连有较多烃基的烯烃。

$$CH_3CH_2CHCH_3 \xrightarrow[\triangle]{浓\ H_2SO_4} CH_3CH=CHCH_3 + H_2O$$
$$|$$
$$OH$$

② 分子间脱水。两分子醇在较低温度下发生分子间脱水,生成醚。

$$CH_3CH_2OH + HOCH_2CH_3 \xrightarrow[140℃]{浓\ H_2SO_4} CH_3CH_2OCH_2CH_3 + H_2O$$

(4) 氧化反应

① 强氧化剂氧化。常用强氧化剂有 $KMnO_4/H^+$、$KMnO_4/OH^-$、$K_2Cr_2O_7$、CrO_3/H_2SO_4 等,可将伯醇氧化成羧酸,仲醇氧化成酮,叔醇因不含 α-H 而不易被氧化,利用此性质可区别叔醇与伯醇、仲醇。

$$CH_3CH_2OH \xrightarrow{KMnO_4}{H^+} CH_3CHO \xrightarrow{KMnO_4}{H^+} CH_3COOH$$

$$H_3C-\underset{\underset{OH}{|}}{\overset{\overset{H}{|}}{C}}-CH_3 \xrightarrow{K_2Cr_2O_7} H_3C-\underset{\underset{O}{\|}}{C}-CH_3$$

② 控制氧化剂氧化。控制氧化剂 CrO_3、MnO_2 等可将氧化产物控制在醛或酮,且不氧化 C=C、C≡C。

$$H_2C=\underset{\underset{H}{|}}{\overset{\overset{H}{|}}{C}}-\underset{\underset{H}{|}}{\overset{\overset{H_2}{|}}{C}}-OH \xrightarrow{MnO_2} H_2C=\underset{\underset{H}{|}}{\overset{\overset{H}{|}}{C}}-CHO$$

知识拓展

呼吸分析检测器

在醇存在下,可使 Cr(Ⅵ,橙色)变成 Cr(Ⅲ,绿色),这种颜色变化现象被用于测定被怀疑喝酒的司机呼出的气体中乙醇的含量。它的作用原理是血液中的乙醇扩散至肺并进入呼出的气体中,平均分布比例大约为 2100∶1。这种测试方法简单,要求被测者以持续 10~20s 的时间向检测器的管口中吹气(管中含有 $K_2Cr_2O_7$ 和 H_2SO_4 载于粉末状硅胶)。若呼出的气体中存在少许的乙醇,则在将乙醇氧化为乙酸的同时,Cr 元素由六价的橙色被还原为三价的绿色,这可作为检验的特征性反应。

化学反应式为:

$3CH_3CH_2OH + 2K_2Cr_2O_7(橙红) + 8H_2SO_4 = 3CH_3COOH + 2Cr_2(SO_4)_3(暗绿) + 2K_2SO_4 + 11H_2O$

如果绿色变化程度达到一定标准,显示血液中乙醇超标,如饮酒量致使 100mL 血液中含有 80mg 乙醇时,司机被确定为酒驾,在许多国家就会被认为违规或刑事犯罪。

日常生活中,我们要严于律己、遵规守纪,对规则心存敬畏。

练一练

写出下列反应的产物。

(1) 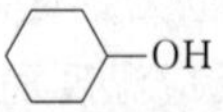 ⌬—OH + HBr ⟶

(2) $C_6H_5CH_2CHCH(CH_3)_2 \xrightarrow[\triangle]{浓 H_2SO_4}$
       |
       OH

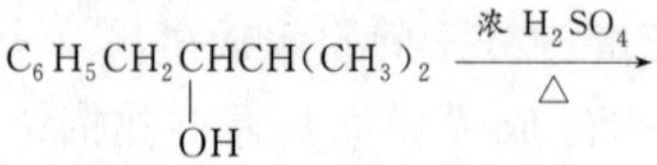

二、酚

酚是羟基直接连在芳环上的化合物,通式可表示为 Ar—OH,醇与酚的主要区别就在于它所含的羟基直接与芳环相连,酚的官能团又称酚羟基。

1. 酚的分类和命名

(1) 酚的分类 根据酚分子中芳环的不同,可分为苯酚、萘酚、蒽酚等;根据分子中羟基的数目又可分为一元酚、二元酚、多元酚等。

(2) 酚的命名 酚命名时一般是在酚字前面加上芳环的名称作母体,再加上其他取代基的位次、数目和名称。结构较复杂的酚的命名,将羟基当作取代基来命名。例如:

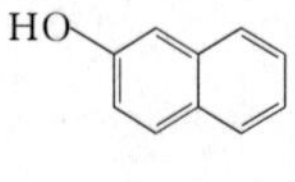

β-萘酚　　　邻苯二酚　　　间苯二酚　　　对苯二酚　　　邻甲苯酚
(2-萘酚)　　(1,2-苯二酚)　 (1,3-苯二酚)　 (1,4-苯二酚)　 (2-甲苯酚)

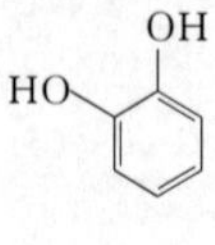

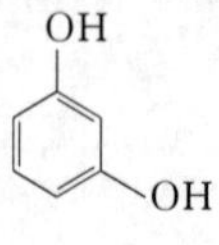

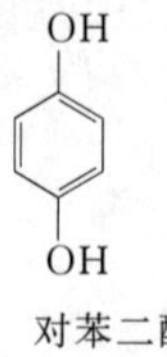

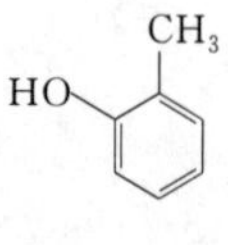

> **练一练**
>
> 写出下列化合物的结构式。
> (1) 对甲苯酚　　　　　(2) α-萘酚　　　　　(3) 1,3,5-苯三酚

> **知识拓展**
>
> 苯酚俗称石炭酸,可从煤焦油分馏得到。露置在空气中易因氧化而显粉红色。苯酚能凝固蛋白质,具有很强的杀菌能力,其稀溶液可用作消毒剂和防腐剂,因其有毒,现已不用。其浓溶液对皮肤有强烈的腐蚀性,使用时要特别小心。
>
> 甲苯酚有邻甲苯酚、间甲苯酚、对甲苯酚3种异构体,都存在于煤焦油中。它们的杀菌能力比苯酚强,医药上常用的消毒药水"煤酚皂溶液"就是47%~53%的3种甲苯酚的肥皂水溶液,俗称来苏儿,常用于皮肤、外科器械、病人排泄物的消毒。
>
> 苯二酚有邻苯二酚、间苯二酚、对苯二酚3种异构体,邻苯二酚又名儿茶酚,常以游离态或化合态存在于动植物体中。对苯二酚又称氢醌。除间苯二酚外,都容易被氧化成醌。邻苯二酚有强还原性,可用作显影剂(将胶片上感光后的卤化银还原为银)。

2. 酚的物理性质

常温下,除少数烷基酚(如甲苯酚)是液体外,多数酚是固体。由于酚的分子间能形成氢键,所以酚的沸点都较高。酚在水中有一定的溶解度,分子中羟基数目越多,溶解度越大。

3. 酚的化学性质

(1) 酸性　酚具有酸性,能与氢氧化钠等强碱作用,生成苯酚钠而溶于水中。

$$\text{C}_6\text{H}_5\text{OH} + \text{NaOH} \longrightarrow \text{C}_6\text{H}_5\text{ONa} + \text{H}_2\text{O}$$

通常酚的酸性比碳酸弱(苯酚 pK_a 为10,碳酸 pK_a 为6.38),因此,酚不溶于碳酸氢钠溶液。在苯酚钠的水溶液中通入 CO_2,可使苯酚重新游离出来,可利用酚的这一性质进行分离提纯。

$$\text{C}_6\text{H}_5\text{ONa} + \text{CO}_2 + \text{H}_2\text{O} \longrightarrow \text{C}_6\text{H}_5\text{OH} + \text{NaHCO}_3$$

(2) 与三氯化铁的显色反应　大多数酚能与三氯化铁溶液反应生成紫、蓝、绿、棕等颜色的化合物。例如,苯酚遇 $FeCl_3$ 溶液显紫色,邻苯二酚与对苯二酚遇 $FeCl_3$ 溶液显绿色,甲苯酚遇 $FeCl_3$ 溶液显蓝色等。这种显色反应主要用来鉴别酚或烯醇式结构的存在。

(3) 氧化反应　酚容易被氧化,空气中的氧就能将酚氧化。例如:苯酚可氧化生成对苯醌。

多元酚比苯酚更易氧化。三元酚是很强的还原剂,在碱液中能吸收氧气,常用作吸氧剂,在摄影中用作显影剂。具有对苯醌或邻苯醌结构的物质都是有颜色的,这也是酚常常带

有颜色的缘故。

(4) 芳环上的取代反应　酚中的芳环与一般的芳香烃一样，也可以发生芳环上的取代反应，因为羟基是邻、对位定位基，对芳环具有活化作用，所以，酚比苯更容易进行亲电取代反应。

① 卤代。苯酚与溴水在常温下迅速反应，生成2,4,6-三溴苯酚白色沉淀。

$$\text{C}_6\text{H}_5\text{OH} \xrightarrow{\text{Br}_2} \text{2,4,6-Br}_3\text{C}_6\text{H}_2\text{OH} \downarrow + \text{HBr}$$

此反应极为灵敏，而且定量完成，常用于苯酚的定性或定量测定。

② 硝化。低温下苯酚与稀硝酸作用生成邻硝基苯酚和对硝基苯酚的混合物。

$$\text{C}_6\text{H}_5\text{OH} \xrightarrow{\text{稀 HNO}_3} \text{邻-O}_2\text{N-C}_6\text{H}_4\text{OH} + \text{对-O}_2\text{N-C}_6\text{H}_4\text{OH}$$

> **想一想**
>
> 用化学方法鉴别环己醇、苯酚、苯。

三、醚

两个烃基通过一个氧原子连接起来的化合物叫作醚，醚的通式可表示为 R—O—R′。

1. 醚的分类和命名

(1) 醚的分类　根据烃基的种类，可分为脂肪醚、脂环醚和芳香醚；按烃基是否相同，分为单醚和混醚。两个烃基相同时称为单醚，不同时称为混合醚。

(2) 醚的命名

① 单醚。按烃基的数目、名称称为"二某醚"，烃基为烷基时，二字可以省略，但为芳香烃基时，二字不能省略。

② 混醚。若都为脂肪烃基，按先小后大书写，若有芳香烃基，芳香烃基在前。

CH₃CH₂—O—CH₂CH₃　　　C₆H₅—O—C₆H₅　　　CH₃OCH₂CH₃　　　H₃C—CH(CH₃)—O—C₆H₅

乙醚　　　　　　　　　二苯醚　　　　　　　甲乙醚　　　　　　苯异丙醚

③ 复杂醚的命名。采用系统命名法，以较长的碳链的烃基所对应的烃为母体，把较小的烃基与氧结合成一个基团，称为烃氧基，并将其作为取代基。

2,4-二甲基-3-甲氧基己烷　　　　　对甲氧基乙苯

> **知识拓展**
>
> 乙醚是无色易挥发的液体，微溶于水，易溶于有机溶剂。乙醚蒸气易燃、易爆，使用时必须特别小心，远离火源。吸入一定量的乙醚蒸气会使人失去知觉，所以，纯乙醚可用作外科手术时的麻醉剂。大牲畜进行外科手术也可用乙醚麻醉。

> **练一练**
> 写出下列化合物的结构式。
> (1) 苯乙醚 　　　　　　　　(2) 3-甲氧基己烷

2. 醚的物理性质

大多数醚在室温下为液体。醚分子因无羟基而不能在分子间形成氢键，所以醚的沸点比相应的醇低而与分子量相当的烷烃接近。由于醚中的氧可与水分子形成氢键，所以，醚在水中的溶解度比较大。醚是良好的有机溶剂。

3. 醚的化学性质

(1) 𨦡盐的生成　醚键氧原子有未共用电子对，可以作为提供电子的试剂与浓的强酸（浓硫酸、浓盐酸等）形成𨦡盐。

$$\ddot{R}-\ddot{O}-R' + HCl \longrightarrow \left[R-\overset{H}{\underset{\ddot{}}{\ddot{O}}}-R' \right]^+ Cl^-$$

𨦡盐可溶于冷的浓酸中，用水稀释会分解析出原来的醚。利用此性质可以区分醚与烷烃或卤代烃，也可用于分离提纯醚类化合物。

(2) 醚键的断裂　在较高温度下，强酸能使醚键断裂，生成醇和卤代烃，最有效的是氢卤酸，又以氢碘酸为最好。若使用过量的氢碘酸，则生成的醇将进一步和氢碘酸作用生成碘代烃。

$$R-O-R + HI \xrightarrow{\triangle} RI + ROH \xrightarrow{HI} RI + H_2O$$

醚键的断裂方式有两种，通常是含碳原子较少的烷基生成卤代烃。若是芳香烷基醚与氢碘酸作用，总是烷氧键断裂，生成酚和碘代烃。例如：

$$\text{C}_6\text{H}_5\text{-O-CH}_3 \xrightarrow[120\sim130℃]{57\%HI} \text{C}_6\text{H}_5\text{-OH} + \text{CH}_3\text{I}$$

(3) 过氧化物的生成　许多烷基醚在空气中久置，能被缓慢氧化，生成过氧化物。

$$CH_3CH_2OCH_2CH_3 \xrightarrow{O_2} CH_3\underset{\underset{O-OH}{|}}{CH}OCH_2CH_3$$

过氧化物不稳定，遇热易爆炸。因此，久置的醚在使用前，特别是蒸馏前，必须检验是否含有过氧化物，并设法除去。常用的检验方法是，如有过氧化物，则碘化钾淀粉试纸（或溶液）呈深蓝色，硫酸亚铁和硫氰化钾溶液显红色。要除去这些过氧化物，可用还原剂硫酸亚铁或亚硫酸氢钠溶液与醚混合，充分振荡和洗涤。醚类应尽量避免露置在空气中，一般应放在棕色瓶中避光保存，还可加入微量的抗氧化剂（如对苯二酚）以防止过氧化物的生成。

> **想一想**
> 乙醚中混有少量乙醇时应如何分离？

技能训练

乙醇的蒸馏和沸点测定

【仪器、试剂】

仪器　圆底烧瓶、直形冷凝管、蒸馏头、温度计、量筒、锥形瓶、铁夹、十字夹、温度计套管、加热套、乳胶管、接引管。

试剂　95%酒精、沸石、蒸馏水。

【操作步骤】

(1) 加料　将仪器安装好（如图 12-1 所示），将待蒸乙醇 40mL 倒入蒸馏瓶中，加入 2～3 粒沸石。

(2) 加热　先打开冷凝水龙头，缓缓通入冷水，然后开始加热。当液体沸腾且蒸气达水银球部位时，温度计读数急剧上升，调节热源，让水银球上的液体和蒸气温度达到平衡，使蒸馏速度为每秒 1～2 滴为宜。此时温度计读数就是馏出液的沸点。

(3) 收集馏液　在达到待测物沸点前常有少量低沸点液体先蒸出，称为前馏分。温度趋于稳定后，更换一只洁净的干燥的接收瓶，此时收集的是较纯的物质，记下该馏分的沸程。即馏分第一滴和最后一滴时温度计的读数。

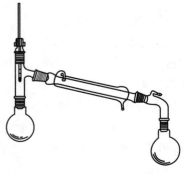

图 12-1　蒸馏装置图

(4) 拆除蒸馏装置　蒸馏完毕，应先撤出热源，然后停止通水，最后（与安装顺序相反）拆除蒸馏装置。

数据记录见表 12-1。

表 12-1　乙醇的蒸馏和沸点测定数据记录表

第一滴馏液温度/℃	
乙醇沸点/℃	
乙醇馏出液体积/mL	

【注意事项】

① 蒸馏烧瓶中所盛液体不能超过其容积的 2/3，也不能少于 1/3。

② 温度计安装时，温度计水银球的上端要与蒸馏头支管的下端平齐。

③ 蒸馏装置的安装一般先从热源处开始，由下向上，由左向右。冷凝管中冷却水从下口进，上口出。

④ 为防止暴沸可在蒸馏烧瓶中加入适量沸石。如果加热后才发现没加沸石，应立即停止加热，待液体冷却后再补加，切忌在加热过程中补加，否则会引起剧烈的暴沸，中途停止蒸馏，再重新开始蒸馏之前，还要重新补加沸石。

> **想一想**
>
> 做事情如蒸馏，应该不温不火、不急不躁，才能得到最好结果。学习、婚姻、爱情如蒸馏，温度太低缺乏激情，得不到爱情，而温度过高也得不到好效果，甚至还会暴沸。

知识点二　醛、酮

情境导入

醛、酮都是含有羰基的化合物，羰基是碳原子和氧原子通过双键相连的基团。羰基分别和一个烃基、一个氢原子相连的化合物称为醛（甲醛除外）；羰基和两个烃基相连的化合物称为酮。糖尿病患者脂肪代谢严重紊乱时，生成的酮体超过肝外组织所能利用的限度，导致血液中酮体堆积，含量升高，即出现酮血症；尿酮检查阳性，称为酮尿症；酮体由 β-羟基丁酸、乙酰乙酸和丙酮组成，均为酸性物质，酸性物质在体内堆积超过机体的代偿能力时，血液的 pH 值 (pH< 7.35)就会下降，这时机体会出现代谢性酸中毒，即通常所说的糖尿病酮症酸中毒。油脂酸败产生难闻的气味是因为生成了挥发性醛、酮、酸等的复杂混合物。

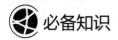
必备知识

一、醛、酮的分类和命名

醛、酮是一类重要的有机化合物，它们的结构通式如下：

$$\underset{\text{醛}}{R(Ar)-\overset{O}{\underset{\|}{C}}-H} \qquad \underset{\text{酮}}{R(Ar)-\overset{O}{\underset{\|}{C}}-R'(Ar')}$$

醛的官能团是—CHO；酮分子中的羰基又称为酮基，是酮的官能团。

1. 醛、酮的分类

根据羰基所连烃基的结构，可将醛、酮分为脂肪醛、酮、芳香醛、酮和脂环醛、酮。例如：

CH₃CHO   H₃C—CO—CH₃   环己酮   C₆H₅—CHO   C₆H₅—CO—CH₃
脂肪醛   脂肪酮   脂环酮   芳香醛   芳香酮

根据烃基是否饱和，可将醛、酮分为饱和醛、酮和不饱和醛、酮。例如：

CH_3CH_2CHO $H_2C=CH-CHO$ $H_2C=CH-CO-CH_3$ 2-环己烯-1-酮
饱和醛   不饱和醛   不饱和酮   不饱和酮

根据酮分子中羰基所连的两个烃基是否相同，可将一元酮分为简单酮和混合酮。例如：

$H_3C-CO-CH_3$ 环己基—CO—CH₃
简单酮   混合酮

根据分子中所含羰基的数目可将醛、酮分为一元醛、酮和多元醛、酮。例如：

CH_3CH_2CHO CH_3COCH_3 $OHC-CH_2-CHO$ $H_3C-CO-CH_2-CO-CH_3$
一元醛   一元酮   多元醛   多元酮

2. 醛、酮的命名

简单的醛、酮可用普通命名法命名。结构复杂的醛、酮则使用系统命名法命名。

（1）普通命名法   醛的普通命名法与醇相似，只需根据碳原子数称为"某醛"。例如：

CH_3CH_2CHO $CH_3CH_2CH_2CHO$ $(CH_3)_2CHCH_2CHO$
丙醛   正丁醛   异戊醛

酮的普通命名法与醚相似，按羰基所连的两个烃基来命名。例如：

$$H_3C-\overset{O}{\underset{}{C}}-CH_2-CH_3 \qquad C_6H_5-\overset{O}{\underset{}{C}}-CH_2-CH_3$$

甲(基)乙(基)酮　　　　　　　苯(基)乙(基)酮

(2) 系统命名法 命名时，选择含有羰基的最长碳链为主链，根据主链碳原子数称为"某醛"或"某酮"。从靠近羰基的一端开始编号，由于醛基总是在碳链一端，因此不需注明位次，但酮基的位次需要注明。如有取代基，则将取代基的位次、数目、名称写在醛或酮的前面。编号时，也可采用希腊字母标注，与羰基相连的碳依次用 α、β、γ、δ⋯表示。例如：

$$CH_3CH_2\overset{CH_3}{\underset{}{CH}}CHO \qquad CH_3\overset{CH_3}{\underset{}{CH}}CH_2COCH_3$$

2-甲基丁醛(α-甲基丁醛)　　　　4-甲基-2-戊酮(β-甲基-2-戊酮)

命名不饱和醛、酮时，选择含有羰基与不饱和键的最长碳链为主链，称为某烯醛或某烯酮，编号时，使羰基位次最小。例如：

$$CH_3CH=CHCHO \qquad H_3C-\overset{CH_3}{\underset{H}{C}}=CH-\overset{O}{\underset{}{C}}-CH_3$$

2-丁烯醛　　　　　　　　　4-甲基-3-戊烯-2-酮

芳香醛、酮命名时，以脂肪醛、酮为母体，芳香烃基作为取代基来命名。例如：

苯甲醛　　　　苯乙酮　　　　3-苯基丁醛

脂环酮的命名与脂肪酮相似，编号从羰基开始。例如：

环己酮　　　　2-甲基环戊酮

二元醛、酮命名时，称为某二醛或某二酮。例如：

$$OHCCH_2CH_2CHO \qquad CH_3COCH_2COCH_3$$

丁二醛　　　　　　　　　2,4-戊二酮

> **知识拓展**
>
> 甲醛又名蚁醛。甲醛在常温下是无色、对黏膜有刺激性的气体，易溶于水。甲醛有凝固蛋白质的作用，因而有杀菌和防腐的作用。35%的甲醛水溶液（常含有8%～10%甲醇）是医学和农业上常用的消毒剂"福尔马林"。
>
> 苯甲醛是有杏仁香味的无色液体，微溶于水，易溶于乙醇、乙醚、氯仿等有机溶剂。苯甲醛工业上叫苦杏仁油，它和糖类物质结合存在于杏仁、桃仁等许多果实的种子中。苯甲醛在空气中放置能被氧化为苯甲酸。苯甲醛多用于制造香料及作为制备其他芳香族化合物的原料。
>
> 丙酮常温下是无色液体，具有令人愉快的气味，可与水、乙醇、乙醚等混溶，也是一种优良的溶剂，具有酮的典型性质。丙酮是重要的有机合成原料，应用丙酮可以合成有机玻璃，并可制得氯仿、碘仿、乙烯酮等。

练一练

写出下列化合物的结构式。
(1) 1,4-环己二酮
(2) 2,3-二甲基-4-戊烯醛

二、醛、酮的物理性质

常温下除甲醛是气体外，其他醛、酮都为液体或固体。醛、酮分子不能成为氢键给体，沸点比分子量相近的醇低得多，但由于羰基具有极性，偶极相吸使分子间作用力增大，因而其沸点比相应的烷烃和醚类要高。

醛、酮能与水分子形成分子间氢键，低级醛、酮在水中有一定的溶解度，甲醛、乙醛、丙酮可与水混溶。其他醛、酮的水溶性随分子量的增大而减小。含六个碳以上的醛、酮几乎不溶于水，但可溶于乙醚、甲苯等有机溶剂中。

知识拓展

乙醛衍生物的催眠作用 乙醛衍生物有氯醛衍生物及副醛，它们都具有催眠及镇静作用。水合氯醛是最早用于临床的催眠药，效力较强，作用迅速，服药后 10~15min 开始入睡，维持时间长达 6~8h，无不良反应，不易引起蓄积中毒，但对胃有刺激作用，迄今为止仍为临床有效的催眠药之一。特别适合难以入睡及对巴比妥类催眠药耐受性不好的儿童和老年人。副醛为较老的催眠药，亦有局部刺激性，其催眠作用较水合氯醛弱，而毒性较小；但服用后部分药物从呼吸道排出，发出大蒜的气味，刺激呼吸道，所以有呼吸道疾病的病人不能用此药催眠。副醛放置后易分解，生成乙醛和乙酸，近年来已很少用副醛作为催眠药。

三、醛、酮的化学性质

醛、酮分子中都含有极性的羰基，使这两类化合物具有相似的化学性质，主要表现在羰基的亲核加成反应以及受羰基影响的 α-H 上的反应、还原反应。但醛、酮在结构上存在差别，使醛、酮的化学性质也有差异，一般来说，醛比酮具有更大的反应活性，某些反应为醛所特有，而酮则不能发生。

1. 羰基的亲核加成反应

羰基的 C=O 双键与 C=C 双键相似，也能发生加成反应。但由于羰基具有极性，碳原子带有部分正电荷，氧原子带有部分负电荷，因此发生加成反应时一般是亲核试剂中带负电荷的部分（Nu⁻）首先进攻羰基碳原子，然后带正电荷的部分（A⁺）加到羰基氧原子上，这种由亲核试剂进攻引起的加成反应称为亲核加成反应。羰基加成反应与 C=C 双键的亲电加成不同，属于亲核加成。

$$\begin{array}{c} R \\ \diagdown \\ C=O \\ \diagup \\ R' \end{array} \xrightleftharpoons{Nu^-} \begin{array}{c} R \quad O^- \\ \diagdown \diagup \\ C \\ \diagup \diagdown \\ R' \quad Nu \end{array} \xrightleftharpoons{A^+} \begin{array}{c} R \quad OA \\ \diagdown \diagup \\ C \\ \diagup \diagdown \\ R' \quad Nu \end{array}$$

(1) 与氢氰酸加成 醛、脂肪族甲基酮和八个碳原子以下的环酮能与氢氰酸加成，芳香酮难与氢氰酸反应。生成的产物称 α-羟基腈，又称 α-氰醇。反应产物比原来的醛、酮增加了一个碳原子，是有机合成上增长碳链的方法之一。

$$\underset{(H)R}{\overset{R}{>}}C=O + HCN \longrightarrow \underset{(H)R}{\overset{R}{>}}C\underset{CN}{\overset{OH}{<}}$$

$$\underset{H_3C}{\overset{H_3C}{>}}C=O \xrightarrow{HCN} H_3C-\underset{CN}{\overset{CH_3}{\underset{|}{C}}}-OH$$

醛、酮进行亲核加成反应的难易不仅与亲核试剂的亲核性有关，还与羰基化合物的结构有关。不同结构的醛、酮进行亲核加成反应活性不同，由易到难次序如下：

$$\underset{H}{\overset{H}{>}}C=O > \underset{H}{\overset{R}{>}}C=O > \underset{H_3C}{\overset{R}{>}}C=O > \underset{R'}{\overset{R}{>}}C=O$$

上述次序，是电子效应和空间效应综合作用的结果。①电子效应：烷基是供电子基，与羰基相连后，将降低羰基碳原子的正电性，因而不利于亲核加成反应。②空间效应：烷基与羰基相连后，不仅降低了羰基碳的正电性，同时增大了空间位阻，使亲核试剂不易接近羰基碳原子，亲核加成反应难以进行。

(2) 与亚硫酸氢钠加成 醛、脂肪族甲基酮及八个碳原子以下的环酮，与饱和亚硫酸氢钠溶液发生加成反应，生成 α-羟基磺酸钠。

$$\underset{(R)H}{\overset{R}{>}}C=O + NaHSO_3 \rightleftharpoons \underset{(R)H}{\overset{R}{>}}C\underset{SO_3Na}{\overset{OH}{<}} \downarrow$$

此反应是可逆反应，生成的加成产物能溶于水而难溶于饱和亚硫酸氢钠溶液（40%），因而析出白色结晶，反应中需加入过量的饱和亚硫酸氢钠溶液，使平衡向右移动。α-羟基磺酸钠若与酸或碱共热，又能分解为原来的醛和酮。因此常利用这个反应分离和提纯醛、酮。

(3) 与格氏试剂加成 格氏试剂 RMgX 中的 C-Mg 键是极性键，碳原子带部分负电荷，镁原子带部分正电荷。带部分负电荷的碳原子具有很强的亲核性，极易与醛、酮发生亲核加成反应。加成产物经水解后生成醇，这是由格氏试剂制备醇的重要方法。

$$\overset{\delta^+}{>}C\overset{\delta^-}{=}O + \overset{\delta^-}{R}-\overset{\delta^+}{MgX} \xrightarrow{无水乙醚} >\underset{R}{\overset{OMgX}{\underset{|}{C}}}< \xrightarrow[H_2O]{H^+} >\underset{R}{\overset{OH}{\underset{|}{C}}}<$$

甲醛与格氏试剂反应，得到比格氏试剂增加 1 个碳原子的伯醇。例如：

$$HCHO + CH_3CH_2CH_2MgBr \xrightarrow[\text{②}H^+, H_2O]{\text{①无水乙醚}} CH_3CH_2CH_2CH_2OH$$

其他醛与格氏试剂反应，得到仲醇。例如

$$CH_3CHO + C_6H_5-MgBr \xrightarrow[\text{②}H^+, H_2O]{\text{①无水乙醚}} C_6H_5\underset{CH_3}{\overset{OH}{\underset{|}{CH}}}$$

酮与格氏试剂反应，得到叔醇。例如：

$$CH_3\underset{}{\overset{O}{\underset{\|}{C}}}CH_3 + CH_3CH_2MgBr \xrightarrow[\text{②}H^+, H_2O]{\text{①无水乙醚}} CH_3\underset{CH_3}{\overset{OH}{\underset{|}{C}}}CH_2CH_3$$

（4）与醇加成　醛在干燥氯化氢存在下与醇发生加成反应生成半缩醛，半缩醛又能继续与过量的醇作用，脱水生成缩醛。反应是可逆的，必须加入过量的醇以促使平衡向右移动。

$$\begin{array}{c}R\\ \diagdown\\ C\!=\!O\\ \diagup\\ H\end{array} + HOR' \underset{\mp HCl}{\rightleftharpoons} R\!-\!\underset{\underset{H}{|}}{\overset{\overset{OH}{|}}{C}}\!-\!OR' \underset{\mp HCl}{\overset{HOR'}{\rightleftharpoons}} R\!-\!\underset{\underset{H}{|}}{\overset{\overset{OR'}{|}}{C}}\!-\!OR'$$

　　　　　　　　　　　　　　半缩醛　　　　　　缩醛

缩醛比半缩醛稳定得多，尤其在碱性溶液中相当稳定。但在稀酸中易分解成原来的醛和醇，因此在有机合成中常用生成缩醛的方法来保护醛基。在同样的条件下，酮很难与醇发生加成反应。

（5）与氨的衍生物加成-消除反应　许多氨的衍生物如羟胺、肼、苯肼、2,4-二硝基苯肼和氨基脲等分子中氮原子上有孤对电子，可作为亲核试剂与醛、酮发生亲核加成，加成产物脱水生成含碳氮双键的化合物，所以此反应称为加成-消除反应。其反应过程可用通式表示如下：

$$\diagdown\!\!\!\!C\!=\!O + H\!-\!NH\!-\!G \rightleftharpoons \diagdown\!\!\!\!\underset{\underset{OH}{|}}{C}\!-\!N\!-\!G \overset{-H_2O}{\rightleftharpoons} \diagdown\!\!\!\!C\!=\!N\!-\!G$$

醛、酮与氨衍生物加成-消除反应的产物可概括如下：

H_2N-OH　　　　　　　$\diagdown\!\!\!\!C\!=\!N\!-\!OH$
羟胺　　　　　　　　　　　肟

H_2N-NH_2　　　　　　$\diagdown\!\!\!\!C\!=\!N\!-\!NH_2$
肼　　　　　　　　　　　　腙

$H_2N-NH-C_6H_5$　　　$\diagdown\!\!\!\!C\!=\!N\!-\!NH-C_6H_5$
苯肼　　　　　　　　　　苯腙

$\diagdown\!\!\!\!C\!=\!O + H_2N\!-\!NH\!-\!\text{(2,4-二硝基苯基)} \longrightarrow \diagdown\!\!\!\!C\!=\!N\!-\!NH\!-\!\text{(2,4-二硝基苯基)}$
　　　　　　　　2,4-二硝基苯肼　　　　　　　　　　2,4-二硝基苯腙

$H_2N\!-\!\underset{\underset{H}{|}}{N}\!-\!\overset{\overset{O}{\|}}{C}\!-\!NH_2$　　　$\diagdown\!\!\!\!C\!=\!N\!-\!\underset{\underset{H}{|}}{N}\!-\!\overset{\overset{O}{\|}}{C}\!-\!NH_2$
氨基脲　　　　　　　　　　缩氨脲

醛、酮与氨的衍生物加成-消除的产物大多是晶体，且具有固定的熔点，故测定其熔点就可以推知是由哪一种醛或酮所生成的，尤其是 2,4-二硝基苯肼几乎能与所有的醛、酮发生反应，立即生成橙黄色或橙红色 2,4-二硝基苯腙沉淀，因而常用来鉴别醛、酮。若产物用稀酸加热水解，可得到原来的醛、酮，常用于醛、酮的分离和提纯。

在化学分析中，常用氨的衍生物作为鉴定具有羰基结构物质的试剂，所以把这些氨的衍生物称为羰基试剂。

2. α-H 的反应

醛、酮分子中与羰基直接相连的碳原子，称为 α-C，α-C 上的氢原子称为 α-氢原子（α-H）。受羰基吸电子效应的影响，使醛、酮 α-C 上的 C—H 键极性增大，使 α-H 比较活泼，称为

α-活泼氢，具有 α-H 的醛、酮性质比较活泼，可以发生一些反应。

(1) 卤代和卤仿反应　在酸或碱催化下，醛、酮分子中的 α-H 可被卤素取代，生成 α-卤代醛、酮。在酸催化下，可通过控制反应条件，得到一卤代物。例如：

$$H_3C-\underset{\underset{O}{\|}}{C}-CH_3 + Br_2 \xrightarrow{H^+} H_3C-\underset{\underset{O}{\|}}{C}-CH_2Br$$

在碱（常用卤素的氢氧化钠溶液或次卤酸钠）催化下反应，具有 $-\underset{\underset{O}{\|}}{C}-CH_3$ 结构的醛、酮（如乙醛和甲基酮），甲基的 3 个氢原子都被卤原子取代，生成三卤代物，很难控制在一卤代物阶段。

$$(R)H-\underset{\underset{O}{\|}}{C}-CH_3 \xrightarrow{X_2 + NaOH} (R)H-\underset{\underset{O}{\|}}{C}-CX_3$$

三卤代物在碱性溶液中不稳定，立即分解成三卤甲烷（卤仿）和羧酸盐。

$$(R)H-\underset{\underset{O}{\|}}{C}-CX_3 \xrightarrow{NaOH} (H)RCOONa + CHX_3$$

因为有卤仿生成，故此反应称为卤仿反应。若使用的卤素是碘，称为碘仿反应。碘仿（CHI_3）是不溶于水的黄色沉淀，所以利用碘仿反应可鉴别乙醛和甲基酮。

α-C 上有甲基的仲醇也能被碘的氢氧化钠（NaOI）溶液氧化为相应的羰基化合物：

$$(R)H-\underset{\underset{OH}{|}}{C}-CH_3 \xrightarrow{NaOI} (R)H-\underset{\underset{O}{\|}}{C}-CH_3$$

所以利用碘仿反应，不仅可鉴别乙醛或甲基酮，还可鉴别带有甲基的仲醇。

(2) 羟醛缩合反应　在稀碱催化下，含 α-H 的醛发生分子间的加成反应，生成 β-羟基醛，这类反应称为羟醛缩合反应。例如：

$$H_3C-\underset{\underset{O}{\|}}{C}-H + HCH_2-\underset{\underset{O}{\|}}{C}-H \xrightleftharpoons{\text{稀 } OH^-} H_3C-\underset{\underset{OH}{|}}{\overset{H}{C}}-CH_2CHO$$

β-羟基醛在加热下很容易脱水生成 α,β-不饱和醛：

$$H_3C-\underset{\underset{OH\,H}{|}}{\overset{H}{C}}-CHCHO \xrightarrow{\triangle} CH_3CH=CHCHO + H_2O$$

关于羟醛缩合反应的几点说明如下：
① 不含 α-H 的醛，如甲醛、苯甲醛等不发生羟醛缩合反应。
② 如果使用两种不同的含有 α-H 的醛，则可得到 4 种羟醛缩合产物的混合物，不易分离，无制备意义。
③ 如果一个含 α-H 的醛和另一个不含 α-H 的醛反应，则可得到收率好的单一产物。例如：

$$\text{C}_6\text{H}_5\text{CHO} + CH_3CHO \xrightarrow[\triangle]{\text{稀 } NaOH} \text{C}_6\text{H}_5-\underset{H}{\overset{}{C}}=\overset{}{C}-CHO$$

羟醛缩合是增长碳链的一种方法，在有机合成中具有重要用途。

3. 氧化反应

醛、酮最主要的区别是对氧化剂的敏感性。因为醛中羰基的碳上还有氢，所以醛很容易被氧化为相应的羧酸，空气中的氧都可将醛氧化。酮则不易被氧化，即使在高锰酸钾的中性溶液中加热，也不受影响。因此，利用这种性质可以选择一个较弱的氧化剂来区别醛和酮。常用的弱氧化剂有托伦试剂、斐林试剂。

（1）托伦试剂 即为硝酸银的氨溶液。将醛和托伦试剂共热，醛被氧化为羧酸，银离子被还原为金属银附着在试管壁上形成明亮的银镜，这个反应又称为银镜反应。

$$RCHO + 2[Ag(NH_3)_2]OH \xrightarrow{\triangle} (Ar)RCOONH_4 + 2Ag\downarrow + 3NH_3\uparrow + H_2O$$

托伦试剂可氧化脂肪醛和芳香醛，在同样的条件下酮不发生反应。

（2）斐林试剂 由 A、B 两种溶液组成，A 为硫酸铜溶液，B 为酒石酸钾钠和氢氧化钠溶液，使用时等量混合组成斐林试剂。脂肪醛与斐林试剂反应，生成氧化亚铜砖红色沉淀。酮及芳香醛不与斐林试剂反应。

$$RCHO + 2Cu(OH)_2 + NaOH \xrightarrow{\triangle} RCOONa + Cu_2O\downarrow + 3H_2O$$

甲醛可使斐林试剂中的 Cu^{2+} 还原成单质的铜。

$$HCHO + Cu(OH)_2 + NaOH \xrightarrow{\triangle} HCOONa + Cu\downarrow + 2H_2O$$

以上反应可用于鉴别醛、甲醛和酮。

4. 还原反应

醛、酮都可以被还原，用不同的还原剂可以把羰基还原成醇羟基或亚甲基。

（1）催化加氢 醛、酮在金属催化剂 Ni、Pd、Pt 的催化下可被加氢还原为伯醇或仲醇。

$$RCHO + H_2 \xrightarrow[\triangle]{Pt} RCH_2OH$$

$$\begin{matrix} R \\ R' \end{matrix}C=O + H_2 \xrightarrow[\triangle]{Pt} \begin{matrix} R \\ R' \end{matrix}CH-OH$$

醛、酮分子含有不饱和键时，如 C=C、—NO_2、—CN 等，羰基和不饱和键同时被还原。

$$CH_3CH=CHCHO \xrightarrow{H_2}{Ni} CH_3CH_2CH_2CH_2OH$$

（2）金属氢化物还原 采用选择性还原剂，常用金属氢化物如硼氢化钠（$NaBH_4$）、氢化铝锂（$LiAlH_4$）等，可以选择性地还原羰基，分子中其他基团不被还原。例如：

$$CH_3CH=CHCHO \xrightarrow{LiAlH_4} CH_3CH=CHCH_2OH$$

（3）克莱门森反应 用锌汞齐和浓盐酸作还原剂，醛、酮分子中的羰基被还原为亚甲基，此法称为克莱门森还原法。克莱门森还原法在有机合成上被广泛用于制备烷烃、烷基芳烃或烷基酚类。

$$\text{C}_6\text{H}_5\text{COCH}_3 \xrightarrow[\triangle]{Zn\text{-}Hg/HCl} \text{C}_6\text{H}_5\text{CH}_2\text{CH}_3$$

5. 歧化反应

不含 α-H 的醛（如甲醛、苯甲醛等）与浓碱共热，发生自身氧化还原反应，一分子醛被氧化成酸，另一分子醛被还原成醇，该反应称为歧化反应，又称康尼查罗反应。例如：

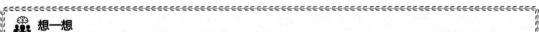

两种不同的不含 α-H 的醛在浓碱条件下进行的康尼查罗反应称交错康尼查罗反应，产物是混合物，无制备价值。若甲醛与其他不含 α-H 的醛作用，则产物比较简单，由于甲醛的还原性比其他醛强，因此甲醛被氧化成甲酸，而另一种醛被还原成醇。例如：

6. 醛的显色反应

品红是一种红色染料，将二氧化硫通入品红水溶液中后，品红的红色褪去，得到无色溶液，称为品红亚硫酸试剂，又称希夫试剂。醛与希夫试剂作用可显紫红色，反应非常灵敏，而酮则不能，因此常用希夫试剂来鉴别醛类化合物。

> **想一想**
> 如何用化学方法鉴别甲醛、乙醛、苯甲醛？

技能训练

油脂氧化酸败的定性检验及酸值的测定

【仪器、试剂】

仪器 锥形瓶、试管、试管架、量筒、电子天平、胶塞、电子天平、碱式滴定管、容量瓶。

试剂 氯仿-冰醋酸混合液（氯仿 40mL，冰醋酸 60mL）、饱和碘化钾溶液、0.5％淀粉溶液、0.1％间苯三酚乙醚溶液、浓盐酸、中性乙醚-乙醇混合液（体积比为 2∶1）、酚酞指示剂、0.1000mol/L 氢氧化钾标准溶液，花生油、猪脂肪（新鲜与不新鲜样品各 1 种）等食用油脂。

【操作步骤】

（1）油脂氧化酸败的定性检验 过氧化物的检出：称取油脂 2～3g，溶于 30mL 氯仿-冰醋酸混合溶液中，摇匀使其溶解，加饱和碘化钾溶液 1mL，3～5min 后，加 3mL 0.5％淀粉溶液，观察溶液的颜色。溶液有蓝色生成，说明油脂已开始酸败，无蓝色生成，未酸败。

间苯三酚乙醚溶液法（克莱斯氏环氧丙醛反应）：取样品 5mL 于试管中，加入浓盐酸 5mL，用橡皮塞塞好管口，剧烈振荡 10s 左右，再加 0.1％间苯三酚乙醚溶液 5mL，加塞剧烈振荡 10s 左右，使酸层分离。观察下层溶液颜色。下层呈桃红色或红色表示油脂已酸败，下层呈浅粉红色或黄色表示未酸败。

（2）油脂酸值的测定 准确称取 3～5g 样品置于锥形瓶中，加入 50mL 中性乙醚-乙醇混合液，摇匀使油脂溶解，必要时可置热水中，温热使其溶解。冷至室温，加入酚酞指示剂 2～3 滴，用 0.1000mol/L 氢氧化钾标准溶液滴定至初现微红色，且 0.5min 内不褪色为终点，记录消耗的氢氧化钾标准溶液的体积，平行滴定3次，求其平均值，数据记录见表12-2。

表 12-2 数据记录表

测定次数	1	2	3
样品质量/g			
KOH标准溶液浓度/(mol/L)			
KOH体积初读数/mL			
KOH体积终读数/mL			
KOH标准溶液体积/mL			
酸值/(mg/g)			
酸值平均值/(mg/g)			

$$酸值 = \frac{cV \times 56.1}{m}$$

式中 c——氢氧化钾标准溶液浓度，mol/L；

V——滴定时消耗的氢氧化钾标准溶液体积，mL；

56.1——氢氧化钾的摩尔质量，g/mol；

m——样品质量，g。

【注意事项】

① 间苯三酚乙醚法试验、酸值测定，切忌明火。

② 酸值测定中，如油样色泽深，可减少试样用量或适当增加混合溶剂的用量；如因色深判断终点困难，可改换指示剂，用碱性蓝6B百里酚酞作指示剂或用酚酞试纸作外指示剂。

③ 按有效数字运算规则进行计算，正确保留有效数字位数。

> **知识拓展**
>
> 天然油脂长时间暴露在空气中会产生难闻的气味，这种现象称为油脂的酸败。酸败的原因主要是油脂中的不饱和脂肪酸在空气中发生自动氧化，产生过氧化物并进而降解成挥发性醛、酮、酸的复杂混合物。其次是微生物的作用，它们把油脂水解为游离的脂肪酸和甘油。一些低级脂肪酸本身就有异味，而且脂肪酸经过一系列酶促反应也产生挥发性的低级酮，甘油进一步脱水分解形成丙烯醛，使油脂产生臭味和烧焦味，丙烯醛被氧化后，还会生成具有异臭的环氧丙醛。通过油脂中过氧化物、醛类等的检出，可定性判断油脂是否已发生酸败。

知识点三　羧酸及其衍生物

情境导入

分子中含有羧基（—COOH）的有机物称为羧酸。羧酸衍生物是羧基上的羟基被其他原子或原子团取代后的产物，主要的羧酸衍生物有酰卤、酸酐、酯和酰胺。羧酸及其衍生物广泛存在于自然界中，乳酸最初从牛奶中发现，苹果酸、柠檬酸等广泛存在于水果中，某些羧酸是动、植物代谢的重要物质。

必备知识

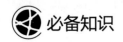

一、羧酸

1. 羧酸的分类和命名

(1) 羧酸的分类 羧酸的种类繁多，根据羧酸分子中所连烃基的结构，可将羧酸分为脂肪羧酸（饱和脂肪羧酸和不饱和脂肪羧酸）、脂环羧酸（饱和脂环羧酸和不饱和脂环羧酸）、芳香羧酸；按羧酸分子中羧基的数目不同，又可把羧酸分为一元羧酸、二元羧酸和多元羧酸等。

(2) 羧酸的命名

① 俗名。常根据羧酸的来源而用俗名，例如：蚁酸（HCOOH，即甲酸）是从蚂蚁中得来的。醋酸（CH_3COOH，即乙酸）是食醋的主要成分。还有一些物质常用的俗名举例如下：

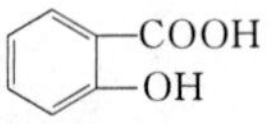

水杨酸

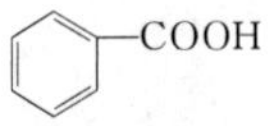

安息香酸

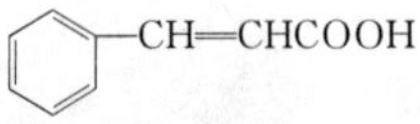

肉桂酸

HOOC—COOH
草酸

$HOOCCH_2CH_2COOH$
琥珀酸

② 系统命名法。羧酸的系统命名法与醛相似。饱和脂肪酸命名时，选择包括羧基碳原子在内的最长碳链为主链，根据主链碳原子数目称为"某酸"，从羧基碳原子开始用阿拉伯数字给主链编号，或用希腊字母 α、β、γ…从与羧基相邻的碳原子开始编号，将取代基的位次、数目、名称写在"某酸"前面。例如：

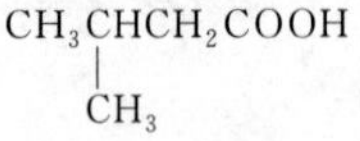

3-甲基丁酸
（β-甲基丁酸）

3-甲基-2-乙基戊酸
（β-甲基-α-乙基戊酸）

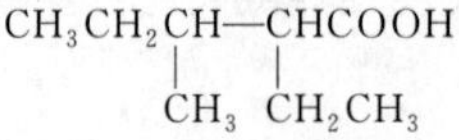

不饱和脂肪酸命名时，选择含羧基和不饱和键在内的最长碳链为主链，称为"某烯酸"或"某炔酸"。例如：

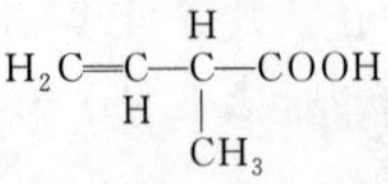

2-甲基-3-丁烯酸

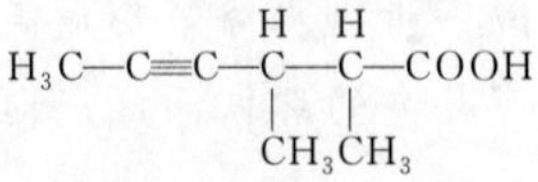

2,3-二甲基-4-己炔酸

二元脂肪酸命名时，选择含有两个羧基碳原子在内的最长碳链为主链，根据主链碳原子数称为"某二酸"。

HOOC—COOH
乙二酸

$HOOCCH_2COOH$
丙二酸

脂环酸和芳香酸命名时，以脂肪酸为母体，脂环和芳环作为取代基来命名。例如：

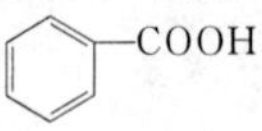

苯甲酸

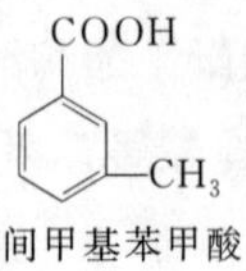

间甲基苯甲酸

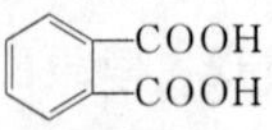

邻苯二甲酸

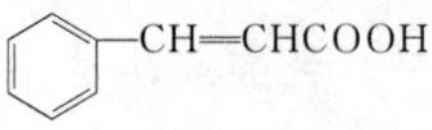

3-苯基-2-丙烯酸

知识拓展

甲酸俗称蚁酸，存在于蚂蚁、蜂毒、毛虫的分泌物中，也存在于松叶、荨麻中。甲酸是无色、有刺激气味的液体，易溶于水，也溶于乙醇、乙醚等有机溶剂。甲酸有较强的酸性和腐蚀性，能刺激皮肤起泡、红肿。

乙酸俗称醋酸。普通食醋中含有4%~8%的乙酸。纯乙酸在16℃以下能结成冰状的固体，俗称冰醋酸。乙酸常以盐或酯的形式存在于植物的果实和汁液内，许多微生物可以将某些有机物转化为乙酸，生物体内乙酸是重要的中间代谢产物。

苯甲酸常以苯甲酸苄酯的形式存在于安息香胶及其他一些树脂中，故俗称安息香酸。苯甲酸为白色晶体，难溶于冷水，易溶于沸水、乙醇、氯仿和乙醚。苯甲酸毒性较低，有抑制霉菌的作用，故苯甲酸的钠盐常用作食品和某些药物的防腐剂。

练一练

写出下列化合物的结构式。
（1）1-萘乙酸　　　　　　（2）2,3-二甲基己酸

2. 羧酸的物理性质

在饱和一元羧酸中，含1~9个碳原子的脂肪酸是有刺激性气味的液体。10个碳原子以上的羧酸为无味的蜡状固体。脂肪族二元羧酸和芳香羧酸都是结晶性固体。

羧酸能与水分子形成氢键。4个碳以下的羧酸可与水混溶，但随着碳原子数目的增加，水溶性降低。高级一元酸不溶于水，但能溶于有机溶剂；低级二元羧酸易溶于水，但随碳原子数目的增加溶解度减小；芳香羧酸一般微溶或难溶于水。

微视频：有机酸的酸性

羧酸的沸点比分子量相近的醇高，并随着分子量的增加而升高。羧酸的熔点随着碳原子数的增加而呈锯齿状上升。含偶数碳原子羧酸的熔点比前后两个相邻的含奇数碳原子羧酸的熔点高。

3. 羧酸的化学性质

（1）酸性　羧酸具有酸性，在水溶液中能解离出H^+。常见的一元羧酸pK_a在3~5之间，比碳酸（$pK_a=6.5$）酸性强，因此羧酸不仅能与氢氧化钠作用生成盐，还能分解碳酸盐和碳酸氢盐，放出二氧化碳。酚的酸性比碳酸弱，不能与碳酸氢盐反应，利用此性质可以区别羧酸和酚类。

$$RCOOH + NaOH \longrightarrow RCOONa + H_2O$$
$$RCOOH + NaHCO_3 \longrightarrow RCOONa + CO_2\uparrow + H_2O$$

羧酸盐与强无机酸作用，游离出羧酸，用此性质可以分离、精制羧酸，或从草药中提取含羧基的有效成分。羧酸的钾、钠盐易溶于水，医药上常将水溶性差的含羧基的药物制成羧酸盐，以增大水溶性。如青霉素常制成钾盐或钠盐供注射用。

$$RCOONa + HCl \rightleftharpoons RCOOH + NaCl$$

羧酸的酸性强弱受整个分子结构的影响。羧基与吸电子基相连时，能降低羧基中羟基氧

原子的电子云密度，从而增加 O—H 键的极性；同时吸电子诱导效应使电离后的羧酸根负离子电荷得以分散而稳定，两方面的结果都使酸性增强。相反，羧基与斥电子基相连时，酸性减弱。综上所述，一元羧酸的酸性强弱比较如下：

饱和一元羧酸：

$$HCOOH > CH_3COOH > CH_3CH_2COOH > (CH_3)_2CHCOOH > (CH_3)_3CCOOH$$

取代基的电负性越大，数目越多，离羧基越近，则酸性越强。例如：

$$FCH_2COOH > ClCH_2COOH > BrCH_2COOH > ICH_2COOH > CH_3COOH$$

$$Cl_3CCOOH > Cl_2CHCOOH > ClCH_2COOH > CH_3COOH$$

$$\underset{\underset{Cl}{|}}{CH_3CH_2CHCOOH} > \underset{\underset{Cl}{|}}{CH_3CHCH_2COOH} > \underset{\underset{Cl}{|}}{CH_2CH_2CH_2COOH} > CH_3CH_2COOH$$

苯甲酸的酸性比饱和一元羧酸的酸性强，但比甲酸弱。苯基虽是吸电子基，但由于苯环的大 π 键与羧基形成 π-π 共轭，电子云向羧基偏移，减弱了 O—H 键的极性，故酸性比甲酸弱，但比其他饱和一元羧酸的酸性强。

$$HCOOH > C_6H_5COOH > CH_3COOH$$

饱和二元羧酸的酸性比一元羧酸的酸性强，尤其是乙二酸，因为羧基具有很强的吸电子能力，随着两个羧基距离的增长，相互影响减小，酸性随之减弱。

$$HOOC—COOH > HOOCCH_2COOH > HOOCCH_2CH_2COOH$$

(2) 还原反应 羧酸不易被一般还原剂或催化氢化还原，但氢化铝锂可将羧酸还原成伯醇。例如：

$$CH_3CH_2COOH \xrightarrow[②H_3^+O]{①LiAlH_4/无水乙醚} CH_3CH_2CH_2OH$$

氢化铝锂是一种选择性还原剂，它对羧酸分子中的双键、三键不产生影响。例如：

$$CH_3CH=CHCOOH \xrightarrow[②H_3^+O]{①LiAlH_4/无水乙醚} CH_3CH=CHCH_2OH$$

(3) α-H 的卤代反应 羧基能使 α-H 活化，但羧基对 α-H 的致活作用比羰基弱，羧酸的 α-H 不如醛、酮活泼，因此卤代反应需在催化剂红磷或三卤化磷催化下才能发生。例如：

$$CH_3COOH \xrightarrow[P]{Cl_2} ClCH_2COOH \xrightarrow[P]{Cl_2} Cl_2CHCOOH \xrightarrow[P]{Cl_2} Cl_3CCOOH$$

(4) 二元酸的热解反应 二元羧酸对热比较敏感，当单独加热或与脱水剂共热时，随着两个羧基距离不同发生不同的反应。

乙二酸和丙二酸受热后易脱羧生成一元羧酸。例如：

$$HOOC—COOH \xrightarrow{\triangle} HCOOH + CO_2 \uparrow$$

$$HOOC—CH_2—COOH \xrightarrow{\triangle} CH_3COOH + CO_2 \uparrow$$

丁二酸和戊二酸与脱水剂（如乙酸酐）共热时，则脱水生成五元或六元环的酸酐。例如：

丁二酸　　丁二酸酐　　戊二酸　　戊二酸酐

两个羧基间隔 4 个或 5 个碳原子的二元羧酸，受热发生脱水、脱羧反应，生成五元或六元环酮。例如：

$$\text{己二酸} \xrightarrow{\Delta} \text{环戊酮} + H_2O + CO_2\uparrow$$

$$\text{庚二酸} \xrightarrow{\Delta} \text{环己酮} + H_2O + CO_2\uparrow$$

> **知识拓展**
>
> **草酸的毒性** 草酸（乙二酸），可用作洗衣店里的漂洗剂和用于除去汽车水箱中的水垢和铁锈。草酸的名字源于"xaliso"，希腊语为"酸"，并且也是包括番茄、菠菜和大黄的草本植物的标志，它们都含有一定量的草酸，大黄叶中含有很大量的酸，毒性相当大，因而只有大黄的茎可以食用。菠菜中草酸的量较少，但如果食用太多，依然存在草酸过量的危险。草酸过量的症状包括从肠胃不舒服到呼吸困难，肌肉无力，肾衰（草酸结合钙离子形成难溶的肾结石），循环性虚脱、昏迷和死亡。

> **想一想**
>
> 将下列化合物按酸性强弱次序排列。
>
> $CH_3CH_2CCl_2COOH$ $CH_3CH_2CHClCOOH$ $CH_3CHClCH_2COOH$ $CH_3CH_2CH_2COOH$

二、羧酸衍生物

羧酸衍生物一般是指羧酸分子羧基中的羟基被其他原子或基团取代后生成的化合物。重要的羧酸衍生物有酰卤、酸酐、酯和酰胺，其结构通式如下：

$$\underset{\text{酰卤}}{R-\overset{O}{\underset{\|}{C}}-X} \quad \underset{\text{酸酐}}{R-\overset{O}{\underset{\|}{C}}-O-\overset{O}{\underset{\|}{C}}-R'} \quad \underset{\text{酯}}{R-\overset{O}{\underset{\|}{C}}-OR'} \quad \underset{\text{酰胺}}{R-\overset{O}{\underset{\|}{C}}-NH_2}$$

1. 羧酸衍生物的生成

在一定条件下，羧酸分子羧基上的羟基可被卤素（—X）、烷氧基（—OR）、酰氧基（—OCOR）、氨基（—NH$_2$）取代，分别生成酰卤、酯、酸酐和酰胺等羧酸衍生物。

（1）酰卤的生成 羧酸与三卤化磷、五卤化磷等反应，羧基中羟基可被卤素取代生成酰卤。有机合成中最常用的酰卤是酰氯。

$$R-\overset{O}{\underset{\|}{C}}-OH + PCl_3 \xrightarrow{\Delta} R-\overset{O}{\underset{\|}{C}}-Cl + H_3PO_3$$

(2) 酸酐的生成　　羧酸在强脱水剂如 P_2O_5 的存在下加热，两分子羧酸间失去一分子水而形成酸酐。某些二元羧酸分子内脱水生成内酐（一般生成五、六元环）。例如：

$$\begin{array}{c}\text{R—C—OH}\\\parallel\\\text{O}\\\text{R—C—OH}\\\parallel\\\text{O}\end{array}\xrightarrow[\triangle]{P_2O_5}\begin{array}{c}\text{R—C}\\\parallel\\\text{O}\\\quad\quad\text{O}\\\text{R—C}\\\parallel\\\text{O}\end{array}+H_2O\qquad\begin{array}{c}\text{—C—OH}\\\parallel\\\text{O}\\\text{—C—OH}\\\parallel\\\text{O}\end{array}\xrightarrow{\triangle}\begin{array}{c}\text{—C}\\\parallel\\\text{O}\\\quad\text{O}\\\text{—C}\\\parallel\\\text{O}\end{array}+H_2O$$

(3) 酯的生成　　羧酸和醇生成酯的反应称为酯化反应。酯化反应须在加热及无机酸催化下进行。

$$\text{R—C(=O)—OH}+\text{HO—R}'\xrightleftharpoons[\triangle]{H^+,\triangle}\text{R—C(=O)—OR}'+H_2O$$

由于酯化反应是可逆的，所以为提高产率，则必须增大某一反应物的用量或降低生成物的浓度，使平衡向生成酯的方向移动。如果生成的酯沸点较低，可在反应过程中不断蒸出酯。

(4) 酰胺的生成　　羧酸与氨作用，先生成羧酸铵盐，然后将该羧酸铵盐加热，分子内脱水生成酰胺。酰胺是一类重要的化合物，许多药物的分子中都含有酰胺键。

$$\text{R—C(=O)—OH}+NH_3\longrightarrow\text{R—C(=O)—ONH}_4\xrightarrow[\triangle]{-H_2O}\text{R—C(=O)—NH}_2$$

2. 羧酸衍生物的命名

(1) 酰卤和酰胺的命名　　羧酸分子中去掉羧基中的羟基后剩余的基团称为酰基。酰基的命名可根据相应的羧酸，即将羧酸名称中的"某酸"改为"某酰基"。

酰卤和酰胺是根据酰基来命名，称为"某酰卤"或"某酰胺"。例如：

$$\underset{\text{乙酰氯}}{H_3C-\overset{O}{\underset{\parallel}{C}}-Cl}\qquad\underset{\text{丙酰溴}}{H_3CH_2C-\overset{O}{\underset{\parallel}{C}}-Br}\qquad\underset{\text{苯甲酰氯}}{C_6H_5-\overset{O}{\underset{\parallel}{C}}-Cl}$$

$$\underset{\text{丙酰胺}}{H_3CH_2C-\overset{O}{\underset{\parallel}{C}}-NH_2}\qquad\underset{\text{丙烯酰胺}}{H_2C=HC-\overset{O}{\underset{\parallel}{C}}-NH_2}\qquad\underset{\text{对甲基苯甲酰胺}}{H_3C-C_6H_4-\overset{O}{\underset{\parallel}{C}}-NH_2}$$

酰胺分子中氮原子上的氢原子被烃基取代时，可用"N"表示烃基的位置。例如：

$$\underset{N,N\text{-二甲基甲酰胺}}{H-\overset{O}{\underset{\parallel}{C}}-N(CH_3)_2}\qquad\underset{N\text{-乙基乙酰胺}}{H_3C-\overset{O}{\underset{\parallel}{C}}-NHCH_2CH_3}\qquad\underset{N\text{-甲基-乙基苯甲酰胺}}{C_6H_5-\overset{O}{\underset{\parallel}{C}}-N(CH_3)(CH_2CH_3)}$$

(2) 酸酐的命名　　酸酐是根据它水解所得的羧酸来命名。酸酐中含有两个相同或不同的酰基时，分别称为单酐或混酐。酸字可省略。例如：

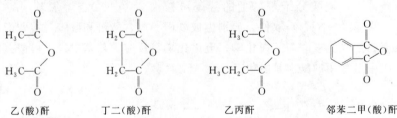

乙(酸)酐　　　丁二(酸)酐　　　乙丙酐　　　邻苯二甲(酸)酐

(3) 酯的命名　酯是根据其水解所得的酸和醇来命名，称为"某"酸"某"酯。例如：

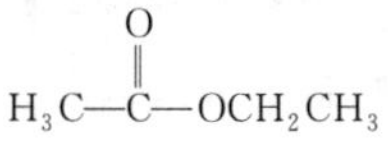

$H_3C-\overset{O}{\underset{\|}{C}}-OCH_3$　　　　Ph-$\overset{O}{\underset{\|}{C}}$-OCH$_3$　　　　$H_3C-\overset{O}{\underset{\|}{C}}$-O-Ph　　　　$\begin{array}{c}COOC_2H_5\\|\\COOC_2H_5\end{array}$

　　乙酸乙酯 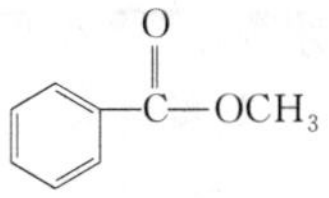　　　　　　苯甲酸甲酯 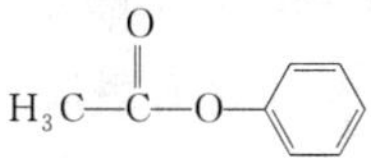　　　　　　乙酸苯酯 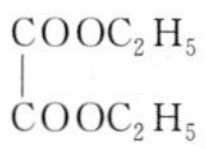　　　　　乙二酸二乙酯

> **知识拓展**
>
> 　　乙酰氯是无色、有刺激性气味的液体，遇水剧烈水解并放出大量的热，空气中的水分就能使它水解产生氯化氢而冒白烟，乙酰氯是常用的乙酰化试剂。
> 　　乙酐又名醋酐，也是常用的乙酰化试剂。为无色、具有刺激性气味的液体，是良好的溶剂，也是重要的化工原料。用于制造醋酸纤维，合成染料、药物、香料等。
> 　　乙酸乙酯是无色透明的液体，具有令人愉快的香味，易挥发，具有优异的溶解性、快干性，用途广泛，是一种重要的有机化工原料和工业溶剂。

> **练一练**
>
> 写出下列化合物的结构式。
> （1）N-甲基苯甲酰胺　　　　　（2）丙烯酰溴

3. 羧酸衍生物的物理性质

酰卤中常用的是酰氯，一般是具有强烈刺激性气味的无色液体或低熔点固体。酰氯难溶于水，低级酰氯遇水猛烈水解，如乙酰氯在空气中即与空气中的水作用而分解。酰氯的沸点较相应的羧酸低，这是因为酰氯分子中没有羟基，不能通过氢键缔合。

低级酸酐是无色液体，具有刺激性气味，高级酸酐是无色、无味的固体。酸酐不溶于水，易溶于乙醚、氯仿等有机溶剂。酸酐的沸点较分子量相近的羧酸低。

低级酯是具有花果香味的无色液体。例如乙酸异戊酯有香蕉香味，苯甲酸甲酯有茉莉花香味。高级酯为蜡状固体。低级酯微溶于水，其余都难溶于水，易溶于有机溶剂。

酰胺可以通过氨基上的氢原子形成分子间氢键而缔合，所以沸点相当高，一般是结晶性固体。低级酰胺溶于水，随着分子量增大，在水中溶解度降低。

4. 羧酸衍生物的化学性质

羧酸衍生物分子中都含有酰基，且与酰基相连的都是吸电子基团，因此它们有相似的化学性质。主要表现为带正电的羰基碳易受亲核试剂的进攻，发生水解、醇解、氨解等反应。

(1) 水解反应　酰卤、酸酐、酯和酰胺均可与水作用，生成相应的羧酸。

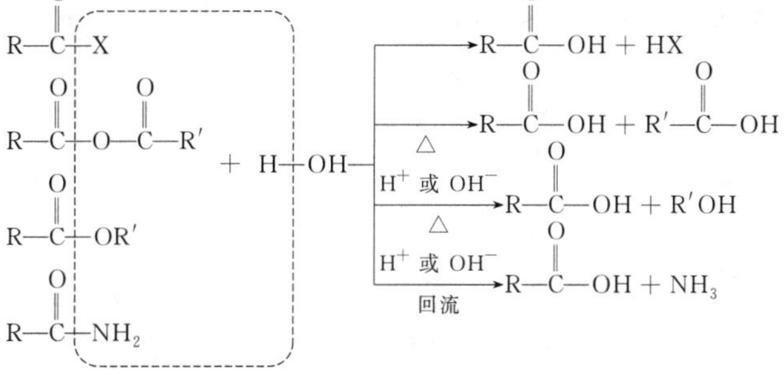

$$\left.\begin{array}{l} R-\overset{O}{\underset{\|}{C}}-X \\ R-\overset{O}{\underset{\|}{C}}-O-\overset{O}{\underset{\|}{C}}-R' \\ R-\overset{O}{\underset{\|}{C}}-OR' \\ R-\overset{O}{\underset{\|}{C}}-NH_2 \end{array}\right\} + H-OH \xrightarrow[H^+\ 或\ OH^-]{\Delta} \begin{array}{l} R-\overset{O}{\underset{\|}{C}}-OH + HX \\ R-\overset{O}{\underset{\|}{C}}-OH + R'-\overset{O}{\underset{\|}{C}}-OH \\ R-\overset{O}{\underset{\|}{C}}-OH + R'OH \\ R-\overset{O}{\underset{\|}{C}}-OH + NH_3 \end{array}$$

回流

四种羧酸衍生物水解反应的难易程度不同。羧酸衍生物进行水解反应活性顺序是：酰卤＞酸酐＞酯＞酰胺。由于羧酸衍生物易水解，故在保存和使用含有这些结构的药物时应注意防止水解失效。如含有酰胺结构的氨苄西林钠等极易水解，都是在临用时才配成注射液。

（2）醇解反应 酰卤、酸酐、酯、酰胺与醇反应，生成相应的酯的反应为醇解。

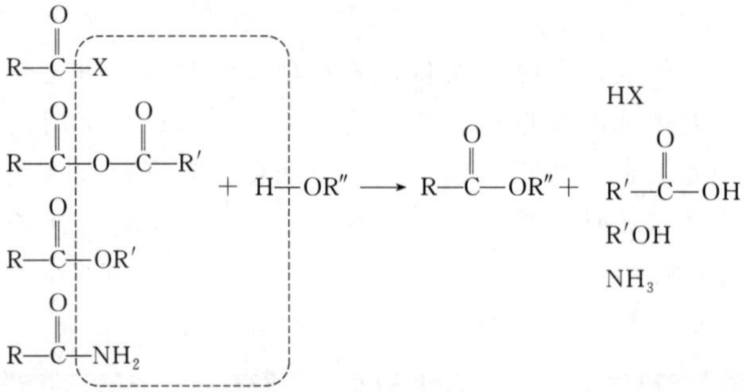

酰卤和酸酐可直接与醇反应，此法广泛用于酯的合成，特别适用于制备利用酯化反应难以制备的酯，例如酚酯不能用羧酸与酚来制取。

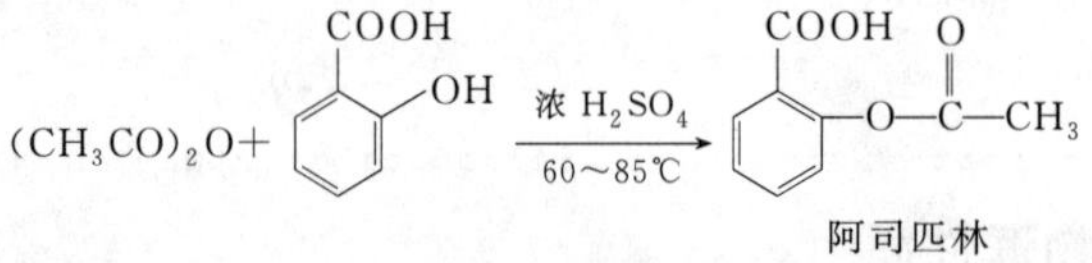

$$(CH_3CO)_2O + \text{水杨酸} \xrightarrow[60\sim85℃]{浓 H_2SO_4} \text{阿司匹林}$$

酯的醇解反应也叫酯交换反应。反应结果是醇分子中的烷氧基—OR″取代酯分子中的烷氧基—OR′，生成新的酯和新的醇。酯交换反应是可逆反应，可以通过将低分子醇移出反应体系使反应正向进行。通过酯交换反应，可以从简单酯制备结构复杂的酯。

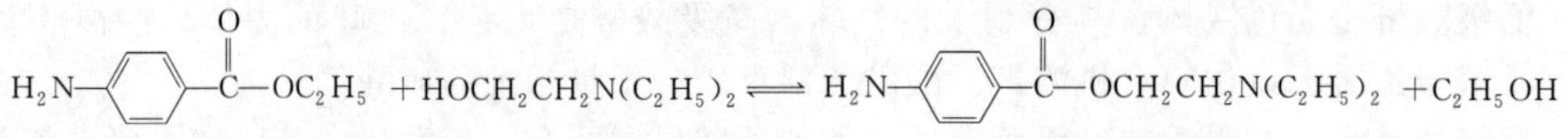

$$H_2N-\text{C}_6\text{H}_4-COOC_2H_5 + HOCH_2CH_2N(C_2H_5)_2 \rightleftharpoons H_2N-\text{C}_6\text{H}_4-COOCH_2CH_2N(C_2H_5)_2 + C_2H_5OH$$

普鲁卡因（局部麻醉药）

羧酸衍生物醇解反应的活性顺序与水解反应相似。

（3）氨解 酰卤、酸酐和酯与氨作用生成相应的酰胺。

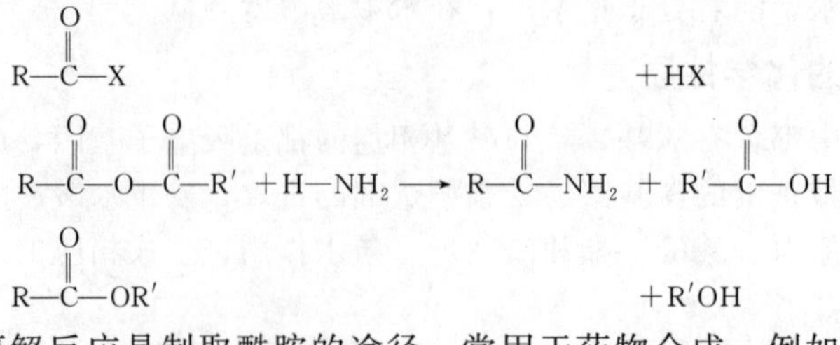

羧酸衍生物的氨解反应是制取酰胺的途径，常用于药物合成。例如制备解热镇痛药扑热息痛。

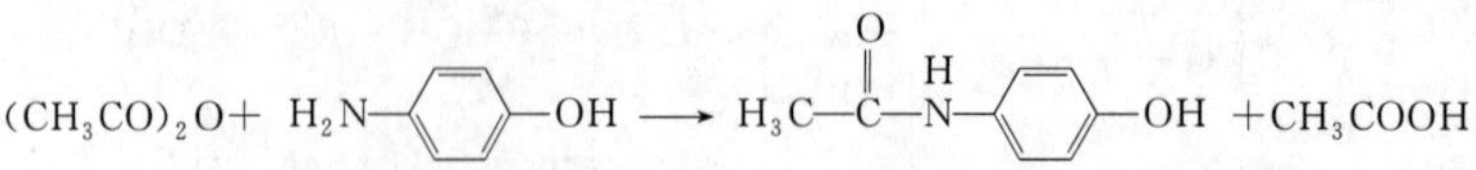

$$(CH_3CO)_2O + H_2N-\text{C}_6\text{H}_4-OH \longrightarrow H_3C-CONH-\text{C}_6\text{H}_4-OH + CH_3COOH$$

对氨基苯酚　　　　对乙酰氨基苯酚

（4）酯缩合反应 酯分子中的 α-H 也是比较活泼的，在醇钠等碱性试剂作用下，生成 α-碳负离子，碳负离子与另一分子酯进行取代反应，碳负离子取代烷氧负离子，生成酮酸酯，该反应称为克莱森酯缩合反应。例如：

$$H_3C-\overset{O}{\underset{}{C}}-OC_2H_5 + H-\overset{H_2}{\underset{}{C}}-\overset{O}{\underset{}{C}}-OC_2H_5 \xrightleftharpoons{C_2H_5ONa} H_3C-\overset{O}{\underset{}{C}}-\overset{H_2}{\underset{}{C}}-\overset{O}{\underset{}{C}}-OC_2H_5 + C_2H_5OH$$

(5) 酰胺的特殊反应

① 弱酸性和弱碱性。酰胺分子中，p-π 共轭体系使氮原子上的电子云密度降低，减弱了氨基接受质子的能力，是近乎中性的化合物。在酰亚胺分子中，由于两个酰基的吸电子诱导效应，使氮原子上氢原子的酸性明显增强，能与强碱作用生成盐。例如：

② 脱水反应。酰胺与强脱水剂（如 P_2O_5、PCl_5、$SOCl_2$）共热脱水生成腈。

$$CH_3CH_2-\overset{O}{\underset{}{C}}-NH_2 \xrightarrow[\Delta]{P_2O_5} H_3CH_2C-C\equiv N + H_2O$$

③ 霍夫曼降解反应。一级酰胺与次卤酸钠溶液作用时，酰胺分子失去羰基，生成比原酰胺少一个碳原子的伯胺，该反应称为酰胺的霍夫曼降解反应。

$$RCONH_2 + Br_2 + 4NaOH \longrightarrow RNH_2 + 2NaBr + Na_2CO_3 + 2H_2O$$

> **想一想**
>
> 如何用化学方法区别乙酰氯、乙酸酐、乙酸乙酯、乙酰胺？

三、取代酸

羧酸分子中烃基上的氢原子被其他原子或基团取代的产物称为取代酸。重要的取代酸有羟基酸、羰基酸、卤代酸和氨基酸等，本部分重点讨论羟基酸、羰基酸。

1. 羟基酸

(1) 羟基酸的分类和命名 羧酸烃基上的氢原子被羟基取代的产物称为羟基酸。羟基酸包括醇酸和酚酸两类。

羟基酸除可按系统命名法命名外，更常用俗名，因为许多重要的羟基酸能由自然界获得。按系统命名法命名时，选择含有羧基和羟基的最长碳链为主链，编号由距离羟基最近的羧基开始，也可从与羧基直接相连的碳原子开始用希腊字母 α，β，γ…编号。例如：

2-羟基丙酸(乳酸)　　羟基丁二酸(苹果酸)　　2,3-二羟基丁二酸(酒石酸)

3-羟基-3-羧基戊二酸(柠檬酸)　　邻羟基苯甲酸(水杨酸)　　3,4,5-三羟基苯甲酸(没食子酸)

> **知识拓展**
>
> 乳酸最初是从酸牛奶中得到的,因而得名。乳酸广泛存在于自然界,许多水果都含有乳酸,也存在于青储饲料、酸乳和泡菜中。存在于人的血液和肌肉中的乳酸是葡萄糖经缺氧代谢得到的氧化产物。乳酸的酸性很强,在医药上用作防腐剂。乳酸的钙盐不溶于水,所以在工业上常用乳酸作除钙剂,医药上用作补钙剂。
>
> 酒石酸以游离态或以钾、钙、镁盐的形式存在于多种水果中,以葡萄中含量最多。葡萄发酵制酒的过程中,酒石酸氢钾由于难溶于水及乙醇,便逐渐以细小的结晶析出,古代将这种附着于酒桶上的沉淀叫作酒石,酒石酸的名称由此而来。在食品工业上,酒石酸可作酸味剂。酒石酸钾钠用于配制斐林试剂,酒石酸锑钾俗称吐酒石,可用作催吐剂和治疗血吸虫病。
>
> 柠檬酸又称枸橼酸,柠檬酸广泛存在于各种果实中,以柠檬和柑橘类的果实中含量较多,未成熟的柠檬中含量可高达6%。在食品工业上用作糖果及清凉饮料的调味品,也可用于制药,如柠檬酸钠是抗凝血剂,柠檬酸铁铵用作补血剂。
>
> 水杨酸因取自水杨柳而得名,又名柳酸。水杨酸是典型的酚酸,具有酚和羧酸的性质。其水溶液与氯化铁溶液作用显紫色。水杨酸钠盐及其衍生物是常用的药物,具有杀菌防腐、镇痛解热和抗风湿的作用。如乙酰水杨酸就是常用的解热镇痛药阿司匹林。

(2) 羟基酸的物理性质 醇酸多为结晶或糖浆状的液体,酚酸都是固体。由于分子中含有羟基和羧基两个极性基团,它们都能与水形成氢键,所以羟基酸一般能溶于水,水溶性大于相应的羧酸。

(3) 羟基酸的化学性质 羟基酸除具有羧酸和醇(酚)的典型化学性质外,还具有两种官能团相互影响而表现的特殊性质。

① 酸性。由于羟基的吸电子诱导效应,醇酸的酸性比相应的羧酸强。羟基离羧基越近,其酸性越强。例如,羟基乙酸的酸性比乙酸强,而 α-羟基丙酸的酸性比 β-羟基丙酸的酸性强。

② α-醇酸的氧化反应。α-醇酸中的羟基比醇中的羟基更容易被氧化。托伦试剂与醇不发生作用,但能把 α-醇酸氧化为 α-羰基酸。例如:

$$H_3C-\underset{OH}{\underset{|}{\overset{H}{\overset{|}{C}}}}-COOH \xrightarrow{[Ag(NH_3)_2]^+} H_3C-\underset{O}{\underset{\|}{C}}-COOH$$

③ 醇酸的脱水反应。醇酸受热能发生脱水反应,但脱水的方式随羟基的位置而不同。α-醇酸受热一般发生双分子的脱水反应,一分子 α-羟基酸中的羟基与另一分子的羧基两两脱水,形成环状的酯,叫作交酯。β-醇酸中的 α-H 同时受羧基和羟基的影响,比较活泼,所以在受热时,容易和相邻碳原子上的羟基脱水而生成 α,β'-不饱和羧酸。例如:

$$\begin{array}{c}\text{R-CH-O-H} \\ \text{H-O} \quad \text{O-H} \\ \text{H-O} \quad \text{CH-R}\end{array} \xrightarrow{\triangle} \begin{array}{c}\text{R-CH-O} \\ | \quad \quad | \\ \text{O} \quad \text{CH-R}\end{array} + 2H_2O$$

$$H_3C-\underset{OH}{\underset{|}{C}}H-CH_2-COOH \xrightarrow{\triangle} H_3C-CH=CH-COOH + H_2O$$

④ 酚酸的脱羧反应。羟基在羧基邻位或对位的酚酸，受热容易发生脱羧反应。例如：

$$\underset{}{\text{邻羟基苯甲酸}} \xrightarrow{\triangle} \underset{}{\text{苯酚}} + CO_2$$

2. 羰基酸

羰基酸是指脂肪酸碳链上含有羰基的化合物，可分为醛酸和酮酸，羰基在碳链一端的是醛酸，在链中的是酮酸。酮酸常根据羰基和羧基的相对位置分为 α-酮酸、β-酮酸等。

羰基酸的系统命名与羟基酸相似，选择含羰基和羧基的最长碳链为主链，叫作某醛酸或某酮酸，命名酮酸时需注明羰基的位次，也可用酰基命名，称为"某酰某酸"。例如：

$$\underset{\text{乙醛酸（甲酰甲酸）}}{H-\overset{O}{\overset{\|}{C}}-COOH} \quad \underset{\text{丙酮酸（乙酰甲酸）}}{H_3C-\overset{O}{\overset{\|}{C}}-COOH} \quad \underset{\beta\text{-丁酮酸（乙酰乙酸）}}{H_3C-\overset{O}{\overset{\|}{C}}-\overset{H_2}{\overset{|}{C}}-COOH}$$

酮酸与稀硫酸共热，发生脱羧反应生成醛和二氧化碳。例如：

$$H_3C-\overset{O}{\overset{\|}{C}}-COOH \xrightarrow[\triangle]{H_2SO_4} CH_3CHO + CO_2$$

生物体内的丙酮酸在缺氧时，在酶的作用下脱羧生成乙醛，然后还原为乙醇。水果刚开始腐烂或饲料开始发酵时，常有酒味，就是由此引起的。

$$H_3C-\overset{O}{\overset{\|}{C}}-COOH \longrightarrow CO_2 + CH_3CHO \xrightarrow{[H]} CH_3CH_2OH$$

丙酮酸是糖类在生物体内代谢的中间产物，是联系糖、油脂和蛋白质代谢的枢纽，在物质代谢过程中处于重要地位。

> **练一练**
>
> 写出下列化合物的结构式。
> （1）α-羟基苯乙酸　　　　（2）丁酮二酸

技能训练

乙酸乙酯的制备

【仪器、试剂】

仪器　电子天平、玻璃棒、量筒、烧杯、三口烧瓶、温度计、刺形分馏柱、锥形瓶、容量瓶、滴液漏斗、分液漏斗、量筒、圆底烧瓶、回流冷凝管、加热套、蒸馏头、乳胶管、接引管。

试剂　乙醇、浓硫酸、冰醋酸、氯化钠、无水碳酸钠、无水硫酸镁、沸石。

【操作步骤】

在 250mL 三口烧瓶中加入乙醇 10mL，在振摇下分次加入 10mL 浓硫酸，混合均匀，加入 2～3 粒沸石（如图 12-2 所示）。瓶口两侧装置温度计和滴液漏斗，烧瓶口装置刺形分馏柱，它的上端用软木塞封闭，它的支管与冷凝管连接，最后是接收瓶。装置完毕，在滴液漏斗中加 20mL 冰醋酸与 20mL 乙醇，小心加热，使反应体系升温至 110～120℃，将滴液漏斗中的混合液慢慢滴入反应瓶中（约 70min）。滴完后继续保温 120℃ 10 分钟。

把收集到的馏液放在分液漏斗中，以 10mL 饱和食盐水洗涤，分离下面的水层后，上层液体再用 20mL 2mol/L 碳酸钠溶液洗涤，一直洗到上层液体 pH=7～8 为止。然后再用 10mL 水洗一次，用 10mL 4.5mol/L 氯化钠洗两

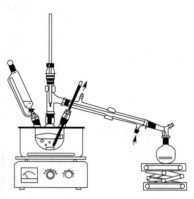

图 12-2 乙酸乙酯制备装置

次。静置，弃去下面水层，上面酯层自分液漏斗上口倒入干燥的 50mL 锥形烧瓶中，加适量无水硫酸镁（或无水硫酸钠）干燥，加塞，放置，直至液体澄清，得到乙酸乙酯粗品。通过漏斗把乙酸乙酯粗品滤入 60mL 蒸馏烧瓶中，加沸石，在水浴上加热蒸馏，用已知重量的 50mL 锥形烧瓶收集 73～78℃ 的馏液，称重、密塞、贴上标签，计算产率。数据记录见表 12-3。

表 12-3 乙酸乙酯制备数据记录表

乙酸乙酯的体积/mL	
产率/%	
实验现象	

【注意事项】

① 酸的用量为醇的用量的 3% 时即能起催化作用。当硫酸用量较多时，由于它同时又能起脱水作用而增加酯的产率。但硫酸用量过多时，由于高温时氧化作用的结果对反应反而不利。

② 用油浴加热时，油浴的温度约在 135℃。如果不采用油浴，也可改用在电热套上直接加热的方法，但反应液的温度必须控制在不超过 120℃ 的范围，否则将增加副产物乙醚的量。

> **想一想**
>
> 各组分别调整冰醋酸与乙醇的用量，乙酸乙酯的产率会如何变化？

练习思考

1. 命名下列化合物。

(1) HO—⬡—C₂H₅ 结构 (环己基，含OH和C$_2$H$_5$)

(2) 间二甲基苯酚结构（OH，两个CH$_3$）

(3) $CH_3OCH_2CH_3$

(4) CH₃CH(OH)CH(CH₃)₂ with structure: CH₃CH(CH₃)CH(OH)CH₃

(5) 2,4,6-三硝基苯酚 (picric acid structure)

(6) 邻苯二酚 (catechol)

(7) 1-萘酚

(8) 苯甲醚 (C₆H₅OCH₃)

(9) H₃C-CH(OH)-CH₂-C≡C-CH₃

(10) CH₃CH(CH₃)CH(CH₃)CHO

(11) CH₃CH(CH₃)CH₂COCH₃

(12) CH₃CH₂CH(COOH)₂

(13) 对硝基苯乙酮

(14) H₃C-C₆H₄-COOH (对甲基苯甲酸)

(15) C₆H₅CON(CH₃)₂

(16) 邻羟基苯甲酸 (水杨酸)

(17) HOOC-CH(OH)-CH₂-COOH

(18) 对羟基苯甲醛

(19) CH₃-CO-CH₂-CO-O-C₂H₅

(20) CH₃-CO-O-CH₂CH₃

2. 写出下列化合物的结构式。

(1) 2-甲基-1,3-丁二醇　　(2) 环丁醇　　(3) 叔丁醇
(4) 乙醚　　(5) 3-苯基-1-丙醇　　(6) 2-乙氧基戊烷
(7) 对苯二酚　　(8) 间甲苯酚　　(9) 2-萘酚
(10) 对氯苯乙酮　　(11) 4-苯基-2-丁酮　　(12) α-溴代丙醛
(13) 对甲氧基苯乙醛　　(14) 草酸　　(15) β-萘乙酸
(16) 乙酸酐

3. 完成下列各反应方程式。

(1) CH₃CH₂CH(CH₃)CH(OH)CH₃ $\xrightarrow{\text{浓}H_2SO_4}$

(2) $C_2H_5OH \xrightarrow[140℃]{\text{浓}H_2SO_4}$

(3) CH₃CH(OH)CH₂CH₃ + HBr $\xrightarrow{\triangle}$

(4) CH₃CH(OH)CH₃ $\xrightarrow{KMnO_4}$

(5) C₆H₅-CH₂OH $\xrightarrow{MnO_2}$

(6) 环己醇 $\xrightarrow[H_2SO_4]{Na_2Cr_2O_7}$

(7) 2-甲基-5-异丙基环己醇 $\xrightarrow{\text{浓}H_2SO_4}$

(8) CH₂=CHCH₂OH $\xrightarrow{CrO_3}$

(9) CH₃CH₂CHO + HCN ⟶

(10) CH₃CH₂CHO $\xrightarrow[\triangle]{\text{稀}OH^-}$

(11) 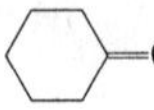 [cyclohexanone]=O + H$_2$NOH ⟶

(12) CH$_3$CH=CHCHO $\xrightarrow{\text{LiAlH}_4}$

(13) 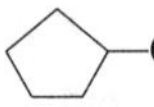 [cyclopentane]—COOH + CH$_3$CH$_2$OH $\xrightarrow[\triangle]{\text{浓 H}_2\text{SO}_4}$

(14) CH$_3$CH=CHCOOH $\xrightarrow{\text{LiAlH}_4}$

(15) $\begin{array}{c}\text{CHCOOH}\\ \|\\ \text{CHCOOH}\end{array}$ $\xrightarrow{\triangle}$

(16) 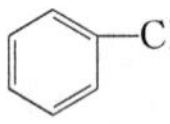 [phenyl]—CH$_2$COOH + Cl$_2$ $\xrightarrow{\text{P}}$

4. 用简易化学方法鉴别下列各组化合物

(1) 1-戊醇　2-戊醇　2-甲基-2-丁醇

(2) 苯甲醇　对甲苯酚　苯甲醚

(3) 丙醛　苯甲醛

(4) 2-戊酮　3-戊酮

(5) 苯乙醛　苯乙酮

项目十三
含氮有机化合物

思维导图

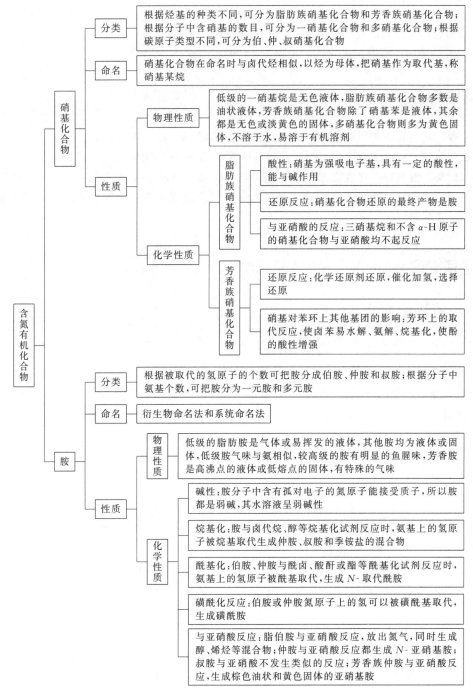

学习要点

1. 了解硝基化合物和胺的结构、分类和命名。
2. 掌握硝基化合物和胺的理化性质,能利用含氮有机化合物的化学特性鉴别、分离和提纯有机物。

职业素养目标

1. 具有合理使用含氮有机化合物的可持续发展观念。
2. 培养动手操作能力,树立认识来源于实践的观点。

情境导入

含氮有机化合物通常是指分子中含有碳氮键的有机化合物,包括胺、硝基化合物、酰胺、腈、重氮化合物、偶氮化合物等。有时,分子中含有C—O—N的化合物,如硝酸酯、亚硝酸酯等也归入此类。含氮有机化合物广泛存在于自然界,是一类非常重要的化合物。许多含氮有机化合物具有生物活性,如生物碱;有些是生物细胞的重要组成部分,是生命活动的物质基础,如蛋白质、核酸等。

必备知识

一、硝基化合物

烃分子中一个或多个氢原子被硝基(—NO_2)取代的化合物称为硝基化合物。

1. 硝基化合物的分类和命名

(1) 硝基化合物的分类 根据烃基的种类不同,可分为脂肪族硝基化合物(R—NO_2)和芳香族硝基化合物(Ar—NO_2)。

① 脂肪族硝基化合物,如:硝基甲烷(H_3C—NO_2)、硝基乙烷(H_3CH_2C—NO_2)。
② 芳香族硝基化合物,如:

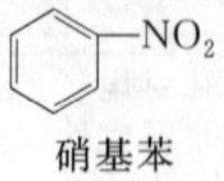

硝基苯 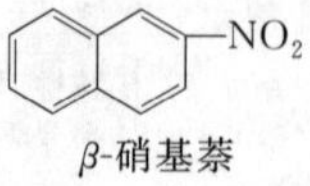　　　　β-硝基萘

根据分子中含硝基的数目,可分为一硝基化合物和多硝基化合物;根据碳原子类型不同,可分为伯、仲、叔硝基化合物。

(2) 硝基化合物的命名 硝基化合物在命名时与卤代烃相似,以烃为母体,把硝基作为取代基,称硝基某烷。如:

CH_3NO_2　　　　2-硝基丙烷　　　　硝基苯 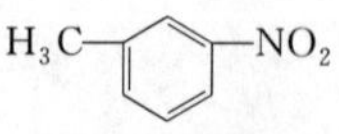　　　　间硝基甲苯
硝基甲烷

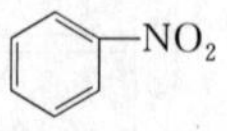

命名多官能团的硝基化合物时,硝基也作为取代基。例如:

邻硝基氯苯　　　　　　　对硝基苯酚

> **练一练**
> 写出下列化合物的结构式。
> （1）对硝基甲苯　　（2）硝基乙烷　　（3）邻二硝基苯

2. 硝基化合物的物理性质

硝基化合物有毒，它的蒸气能透过皮肤，引起肝、肾和血液中毒，亦可引起高铁血红蛋白血症，硝基化合物的相对密度都大于1，通常沸点较高。低级的一硝基烷是无色液体，毒性不大，是常用的有机溶剂，能溶解油脂、染料、蜡、纤维素酯和许多合成树脂。脂肪族硝基化合物多数是油状液体，芳香族硝基化合物除了硝基苯是液体，其余都是无色或淡黄色的固体，多硝基化合物则多为黄色固体，都不溶于水，易溶于乙醚、四氯化碳等有机溶剂；多硝基化合物具有爆炸性，有的具有香味，如 2，4，6-三硝基甲苯（TNT）为黄色炸药，二甲苯麝香、酮麝香等可用作香料。

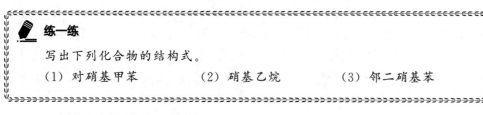

二甲苯麝香　　　　　　　酮麝香

3. 脂肪族硝基化合物的化学性质

（1）酸性　在硝基化合物中，硝基为强吸电子基，能活泼 α-H，从而具有一定的酸性，能与强碱氢氧化钠发生反应，生成钠盐。

$$R-CH_2NO_2 + NaOH \longrightarrow [R-CHNO_2]^- Na^+ + H_2O$$

钠盐经酸化后可重新生成硝基化合物。

$$[R-CHNO_2]^- Na^+ + HCl \longrightarrow R-CH_2NO_2 + NaCl$$

含有 α-H 的硝基化合物可溶于氢氧化钠溶液中，无 α-H 硝基化合物则不溶于氢氧化钠溶液。

（2）还原反应　硝基化合物还原的最终产物是胺。脂肪族硝基化合物可在催化剂（如 Ni 和 H_2）或酸性还原系统中（如铁、锌、锡和盐酸）生成伯胺：

$$R-NO_2 + 3H_2 \xrightarrow{Ni} R-NH_2 + 2H_2O$$

（3）与亚硝酸的反应

$$R-CH_2-NO_2 + HONO \longrightarrow \underset{\text{蓝色结晶}}{\begin{matrix}R-CH-NO_2\\|\\NO\end{matrix}} \xrightarrow{NaOH} \underset{\text{溶于 NaOH 呈红色溶液}}{\left[\begin{matrix}R-C-NO_2\\|\\NO\end{matrix}\right]^- Na^+}$$

$$R_2-CH-NO_2 + HONO \longrightarrow \underset{\text{蓝色结晶}}{\begin{matrix}R_2-C-NO_2\\|\\NO\end{matrix}} \xrightarrow{NaOH} \text{不溶于 NaOH，蓝色不变}$$

三硝基烷和不含 α-H 原子的硝基化合物与亚硝酸均不起反应，此性质可用于区别三类硝基化合物。

4. 芳香族硝基化合物的化学性质

芳香族硝基化合物由于没有α-H且氮原子处于高氧化态，硝基的强吸电子作用又使苯环钝化，所以芳香族硝基化合物性质比较稳定，其主要化学性质如下：

(1) 还原反应 硝基化合物在酸性条件下与还原剂（如Fe、Sn、Zn等）作用或催化氢化（如Ni、Pt和H_2），可使硝基被还原成氨基，生成芳伯胺；在碱性介质中用锌粉还原，得到氢化偶氮化合物，氢化偶氮苯再进行酸性还原也生成苯胺。工业上用铁粉和盐酸还原硝基苯生产苯胺。

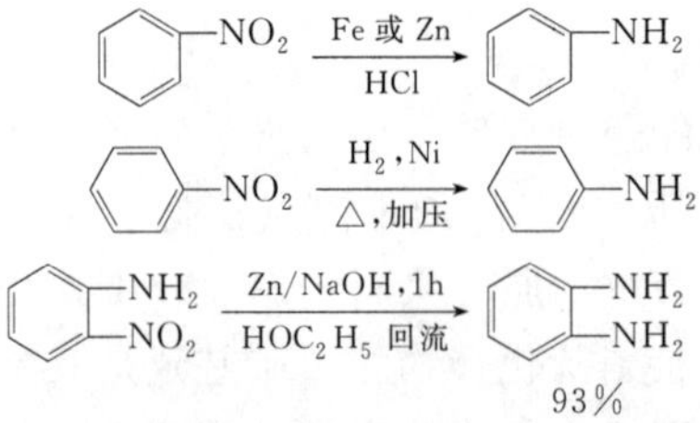

$$C_6H_5NO_2 \xrightarrow{Fe \text{ 或 } Zn / HCl} C_6H_5NH_2$$

$$C_6H_5NO_2 \xrightarrow{H_2, Ni / \triangle, 加压} C_6H_5NH_2$$

$$o\text{-}NH_2\text{-}C_6H_4\text{-}NO_2 \xrightarrow{Zn/NaOH, 1h / HOC_2H_5 \text{ 回流}} o\text{-}NH_2\text{-}C_6H_4\text{-}NH_2 \quad 93\%$$

(2) 硝基对苯环上其他基团的影响 硝基同苯环相连后，对苯环呈现出强的吸电子诱导效应和吸电子共轭效应，使处于它邻、对位的环碳原子的电子云密度大大降低，亲电取代反应变得困难，但硝基可使邻位基团的反应活性（亲核取代）增加。

① 芳环上的取代反应。硝基是强钝化的间位定位基，所以，硝基苯的苯环上取代反应主要发生在间位且只能发生卤代、硝化和磺化，不能发生傅-克（Friedel-Crafts）反应。例如：

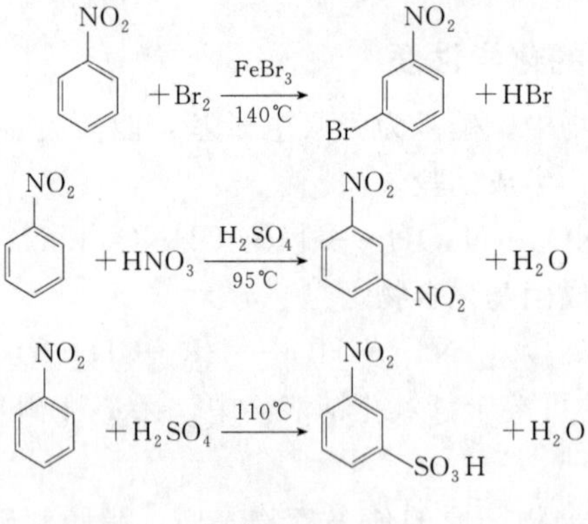

$$C_6H_5NO_2 + Br_2 \xrightarrow{FeBr_3 / 140℃} m\text{-}Br\text{-}C_6H_4\text{-}NO_2 + HBr$$

$$C_6H_5NO_2 + HNO_3 \xrightarrow{H_2SO_4 / 95℃} m\text{-}O_2N\text{-}C_6H_4\text{-}NO_2 + H_2O$$

$$C_6H_5NO_2 + H_2SO_4 \xrightarrow{110℃} m\text{-}HO_3S\text{-}C_6H_4\text{-}NO_2 + H_2O$$

② 使卤苯易水解、氨解、烷基化。例如：

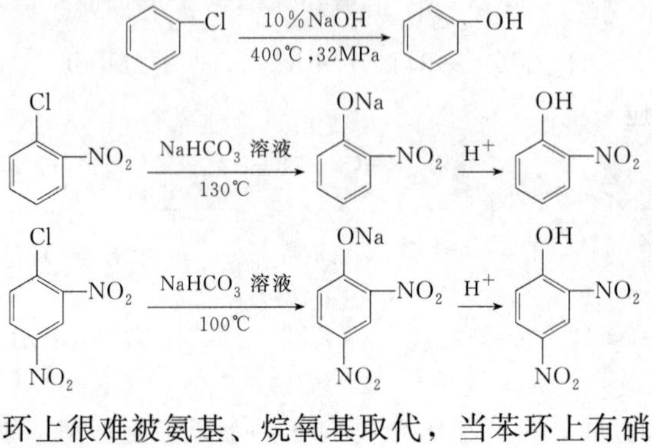

$$C_6H_5Cl \xrightarrow{10\%NaOH / 400℃, 32MPa} C_6H_5OH$$

$$o\text{-}Cl\text{-}C_6H_4\text{-}NO_2 \xrightarrow{NaHCO_3 \text{ 溶液} / 130℃} o\text{-}NaO\text{-}C_6H_4\text{-}NO_2 \xrightarrow{H^+} o\text{-}HO\text{-}C_6H_4\text{-}NO_2$$

$$2,4\text{-}(NO_2)_2\text{-}C_6H_3\text{-}Cl \xrightarrow{NaHCO_3 \text{ 溶液} / 100℃} 2,4\text{-}(NO_2)_2\text{-}C_6H_3\text{-}ONa \xrightarrow{H^+} 2,4\text{-}(NO_2)_2\text{-}C_6H_3\text{-}OH$$

卤素直接连接在苯环上很难被氨基、烷氧基取代，当苯环上有硝基存在时，则卤代苯的氨化、烷基化在没有催化剂条件下即可发生。

> **想一想**
>
> 硝基的存在对卤苯有一定的影响,它使卤苯的水解、氨解、烷基化反应更易发生。硝基对卤苯是"有用"的。在社会上也要成为一个有用之人,社会分工有差异,人的能力有大小,也许没有多大能力去建树丰功伟绩,可以在平凡岗位上扮演好自己的角色,承担好自己的责任。

③ 使酚的酸性增强。苯环上的硝基除了对邻、对位上卤原子有活化作用外,还能增强环上邻、对位的羟基酸性。例如:

| pK_a | 9.89 | 7.15 | 4.09 | 0.38 |

二、胺

1. 胺的分类和命名

(1) 胺的分类 氨分子中的一个或几个氢原子被烃基取代的化合物称为胺。

① 根据被取代的氢原子的个数可把胺分成伯胺、仲胺和叔胺。

② 根据取代烃基的类型不同,又可分为脂肪胺(氨基与脂肪类烃基直接相连)和芳香胺(氨基与氮原子直接连在芳环上)。

③ 根据分子中氨基个数,可把胺分为一元胺和多元胺。

CH$_3$CH$_2$NH$_2$	H$_2$NCH$_2$CH$_2$NH$_2$	C$_6$H$_5$NH$_2$	C$_6$H$_5$N(CH$_3$)$_2$
一元胺、脂肪胺、伯胺	二元胺、脂肪胺	一元胺、芳香胺	叔胺、芳香胺

氨接受一个质子后生成铵离子,同样,胺接受一个质子的产物亦称为铵离子,而叔胺接受一个烃基的产物称为季铵盐。如:叔胺(CH$_3$)$_3$N、季铵盐(CH$_3$)$_4$N$^+$I$^-$。

> **知识拓展**
>
> 伯、仲、叔胺的含义和以前醇、卤代烃等处的伯、仲、叔含义是不同的,它是由氨中所取代的氢原子的个数决定的,而不是由氨基(—NH$_2$)所连接碳原子的种类决定的,与氨基所连碳原子是伯碳、仲碳还是叔碳无关。例如,异丙胺(CH$_3$)$_2$CHNH$_2$中,同氨基相连的碳原子是仲碳原子,但氨中仅有一个氢原子被烃基取代,所以异丙胺是伯胺,而(CH$_3$)$_2$CHOH 异丙醇却是仲醇。

> **练一练**
>
> 能准确、迅速地判断下列哪些胺为伯胺,哪些胺为仲胺,哪些胺为叔胺吗?
>
>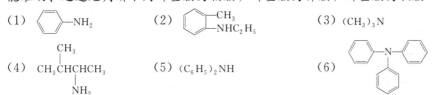

（2）胺的命名　胺类的命名有两种方法。对于结构简单的胺一般采用衍生物命名法进行命名。把氨看作母体，烃基看作取代基，命名时通常省去"基"字。例如：

CH_3NH_2　　　环己胺 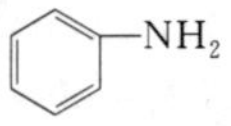　　　苯胺 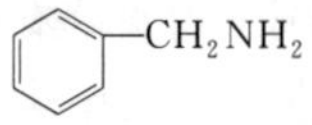　　　苄胺

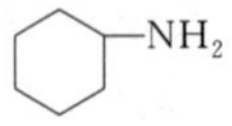

甲胺

当取代基相同时，可以在取代基的前面用数字来表示取代基数目。例如：

$(CH_3)_2NH$　　　$(C_2H_5)_3N$　　　二苯胺

二甲胺　　　三乙胺

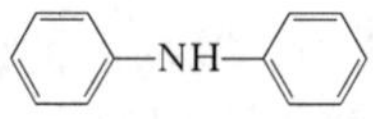

对于芳胺，如果苯环上存在其他取代基，命名时则应表示出该取代基的相对位置。例如：

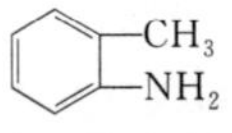

邻甲基苯胺 　　　对硝基苯胺 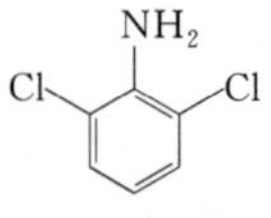　　　2,6-二氯苯胺

按照多官能团化合物的命名原则，在芳胺命名时，如果氨基的优先次序低于其他基团，则氨基作为取代基命名。例如：

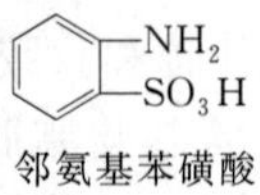

邻氨基苯磺酸 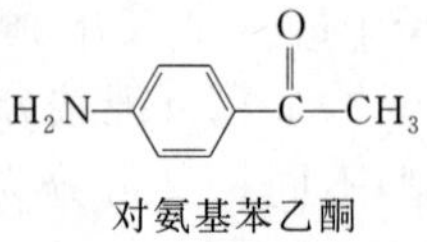　　　对氨基苯乙酮

当氮原子上存在脂肪族烃基取代基时，应在其取代基前冠以 *N*-标记，表明脂肪族烃基是直接连在氨基的氮原子上。例如：

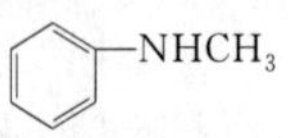

N-甲基苯胺 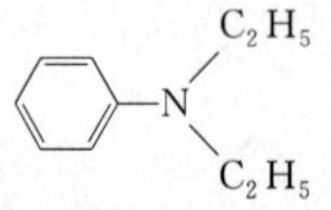　　　*N*,*N*-二乙基苯胺 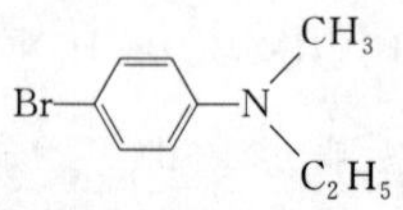　　　对溴-*N*-甲基-*N*-乙基苯胺

胺类命名的第二种方法是系统命名法。对于结构比较复杂的胺常采用此方法。在命名时，以烃为母体，以氨基或烷氨基作为取代基。例如：

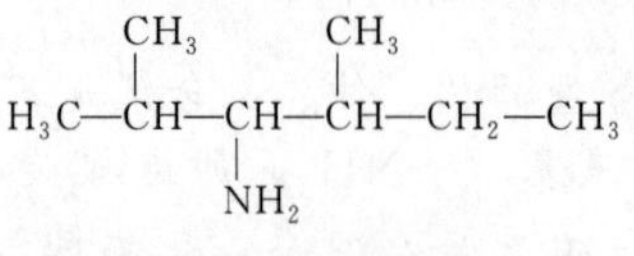

2,4-二甲基-3-氨基己烷 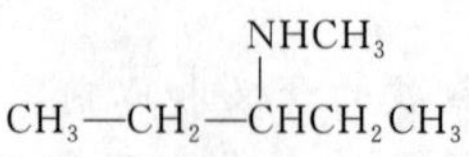　　　3-甲氨基戊烷

我国的系统命名法有时也会将胺作为母体。用阿拉伯数字标明氨基的位次来命名。例如，上面两个化合物还可命名为：

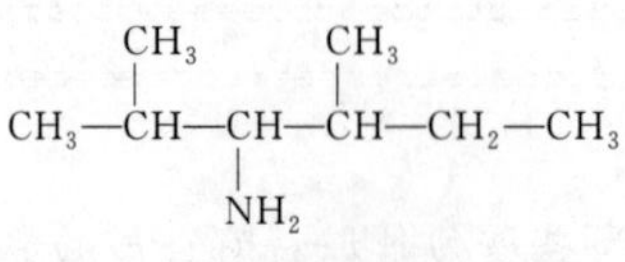

2,4-二甲基-3-己胺 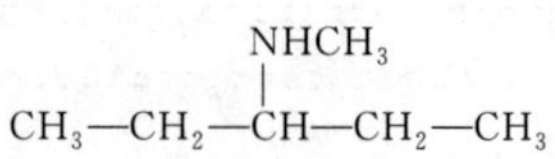　　　*N*-甲基-3-戊胺

胺的盐通常称为铵，并在前面加上负离子的名称。如：硫酸乙铵 $(C_2H_5\overset{+}{N}H_3)_2SO_4^{2-}$。

2. 胺的物理性质

室温下，低级的脂肪胺是气体或易挥发的液体，其他胺均为液体或固体，低级胺的气味与氨相似，较高级的胺有明显的鱼腥味。例如，三甲胺有鱼腥味；1,4-丁二胺（腐肉胺）、

1,5-戊二胺（尸胺）有恶臭味。高级的脂肪胺是固体，无臭味。芳香胺是高沸点的液体或低熔点的固体，有特殊的气味。芳香胺有毒，吸入芳香胺蒸气或者和皮肤接触都可能会引起中毒。有些芳香胺还有强烈的致癌作用，如联苯胺、萘胺等。与氨相似，伯胺和仲胺都可以通过分子间氢键而缔合。例如：

$$
\begin{array}{cc}
\text{H} & \text{H} \\
| & | \\
\text{H}\cdots\text{N}-\text{R} & \text{H}\cdots\text{N}-\text{R} \\
| & | \\
\text{R}-\text{N}-\text{H}\cdots\text{N}-\text{H} & \text{R}-\text{N}-\text{H}\cdots\text{N}-\text{R} \\
| & | \\
\text{H} & \text{R} & \text{R}'
\end{array}
$$

由于分子间存在氢键，伯胺和仲胺的沸点比分子量相近的醚的沸点要高，但氮的电负性比氧小，形成的氢键比较弱，因此比分子量相近的醇或酸的沸点要低。

而叔胺分子间不能形成氢键，因此沸点比分子量相近的伯胺和仲胺要低。伯、仲、叔胺都可以与水形成氢键，因此，低级胺都能溶于水。胺也可溶于醇、醚和苯等有机溶剂。

3. 胺的化学性质

胺的官能团是（—NH_2），它决定了胺类的化学性质。

(1) 碱性 和氨相似，由于胺分子中含有孤对电子的氮原子能接受质子，所以胺都是弱碱，其水溶液呈弱碱性。

$$R-NH_2 + HCl \longrightarrow R-\overset{+}{N}H_3Cl^-$$

$$R-NH_2 + HOSO_3H \longrightarrow R-\overset{+}{N}H_3\ ^-OSO_3H$$

碱性：脂肪胺＞氨＞芳香胺

脂肪胺的碱性：在气态时碱性为$(CH_3)_3N > (CH_3)_2NH > CH_3NH_2 > NH_3$；

在水溶液中碱性为$(CH_3)_2NH > CH_3NH_2 > (CH_3)_3N > NH_3$。

原因是气态时仅有烷基的供电子效应，烷基越多，供电子效应越大，故碱性次序如上。在水溶液中，碱性的强弱决定于电子效应、溶剂化效应等。

芳胺的碱性：$ArNH_2 > Ar_2NH > Ar_3N$

对取代芳胺，苯环上连供电子基时，碱性略有增强；连有吸电子基时，碱性则降低。

> **想一想**
>
> 指出下列各组物质碱性强弱顺序并解释原因。
>
> 苯胺　　二苯胺　　三苯胺　　N-甲基苯胺　　N,N-二甲基苯胺

胺是一种弱碱，它同强无机酸发生反应，生成相应的盐。例如：

$$CH_3NH_2 + HCl \longrightarrow [CH_3NH_3]^+Cl^-$$
甲胺盐酸盐

$$\text{C}_6\text{H}_5-NH_2 + HCl \longrightarrow [\text{C}_6\text{H}_5-NH_3]^+Cl^-$$
苯胺盐酸盐

它们是强酸弱碱盐，遇到强碱时，又可反应生成原来的胺。例如：

$$[\text{C}_6\text{H}_5-NH_3]^+Cl^- \xrightarrow[H_2O]{NaOH} \text{C}_6\text{H}_5-NH_2 + NaCl + H_2O$$

利用这个性质，可以把胺从其他非碱性物质中分离出来，也可定性地鉴别。

(2) 烷基化 胺与卤代烷、醇等烷基化试剂反应时，氨基上的氢原子被烷基取代生成仲胺、叔胺和季铵盐的混合物。例如：

$$CH_3NH_2 \xrightarrow{CH_3X} (CH_3)_2NH \xrightarrow{CH_3X} (CH_3)_3N \xrightarrow{CH_3X} [(CH_3)_4N]^+X^-$$

伯胺　　　　　仲胺　　　　　叔胺　　　　　季铵盐

工业上利用苯胺与甲醇在硫酸催化下，加热、加压制取 N-甲基苯胺和 N,N-二甲基苯胺：

$$C_6H_5NH_2 \xrightarrow[230℃, 2.5\sim3.0MPa]{H_2SO_4/CH_3OH} C_6H_5NHCH_3$$

$$C_6H_5NH_2 \xrightarrow[230℃, 2.5\sim3.0MPa]{H_2SO_4/2CH_3OH} C_6H_5N(CH_3)_2$$

苯胺过量时，主要产物为 N-甲基苯胺；甲醇过量时，主要产物为 N,N-二甲基苯胺。

(3) 酰基化 伯胺、仲胺与酰卤、酸酐或酯等酰基化试剂反应时，氨基上的氢原子被酰基所取代，生成 N-取代酰胺，我们把这一反应称为酰基化反应。由于叔胺的氮上没有氢原子，所以不能发生酰基化反应。

$$C_6H_5NH_2 + (CH_3CO)_2O \longrightarrow C_6H_5NHCOCH_3 + CH_3COOH$$
乙酰苯胺

$$C_6H_5NHCH_3 + (CH_3CO)_2O \longrightarrow C_6H_5N(CH_3)COCH_3 + CH_3COOH$$
N-甲基乙酰苯胺

酰胺水解后可生成原来的胺。

酰胺是具有一定熔点的固体，在强酸或强碱的水溶液中加热易水解生成胺。因此，此反应在有机合成上常用来保护氨基。（先把芳胺酰化，把氨基保护起来，再进行其他反应，然后使酰胺水解再变为胺）例如：

对甲基苯胺 $\xrightarrow{(CH_3CO)_2O}$ 对甲基苯甲酰胺 $\xrightarrow{KMnO_4}$ 对乙酰氨基苯甲酸 $\xrightarrow[H^+]{H_2O}$ 对氨基苯甲酸

(4) 磺酰化反应 与酰基化反应一样，伯胺或仲胺的氮原子上的氢可以被磺酰基（R—SO_2—）所取代，生成磺酰胺。我们把这一反应称为兴斯堡（Hinsberg）反应，该反应常用于合成磺胺类药物。

$$C_6H_5SO_2Cl + RNH_2 \xrightarrow{NaOH} C_6H_5SO_2NHR$$
苯磺酰氯　　　　　　　　　　苯磺酰胺

常用的磺酰化剂是苯磺酰氯或对甲苯磺酰氯，该反应需在氢氧化钠或氢氧化钾溶液中进行。伯胺磺酰化后的产物能与氢氧化钠发生反应生成盐，而使磺酰胺溶于碱液当中。仲胺生成的磺酰胺不与氢氧化钠反应成盐，也就不溶于碱液中而呈固体析出。叔胺的氮原子上没有能与磺酰基进行置换的氢，故与磺酰氯不起反应，因此该方法可用来分离和鉴别伯、仲、叔胺。

$$\begin{matrix} RNH_2 \\ R_2NH \\ R_3N \end{matrix} \xrightarrow{C_6H_5SO_2Cl} \begin{matrix} C_6H_5SO_2NHR \\ C_6H_5SO_2NR_2 \\ \text{无反应} \end{matrix} \xrightarrow{\text{水蒸气蒸馏}} \begin{matrix} \text{余物} \xrightarrow{\text{过滤}} \begin{matrix} \text{滤液} \xrightarrow{HCl} \text{伯胺} \\ \text{沉淀} \xrightarrow{HCl} \text{仲胺} \end{matrix} \\ \text{馏液(叔胺)} \end{matrix}$$

(5) 与亚硝酸反应 由于亚硝酸不稳定，易分解，一般选用亚硝酸钠与氢卤酸（或硫酸）反应生成亚硝酸。不同的胺与亚硝酸反应的产物也不同，反应如下：

① 伯胺的反应。脂伯胺与亚硝酸反应，放出氮气，生成醇、烯烃等混合物。例如：

$$RNH_2 \xrightarrow[0\sim 5℃]{NaNO_2/HX} RX + ROH + \text{烯} + N_2\uparrow$$

② 仲胺的反应。仲胺与亚硝酸反应都生成 N-亚硝基胺。

$$R_2NH \xrightarrow{NaNO_2/HX} \underset{N\text{-亚硝基胺}}{R_2N-NO} + H_2O \xrightarrow[\triangle]{H_2O/H^+} R_2NH + HNO_2$$

N-亚硝基胺为黄色油状液体或固体，是一种致癌物。N-亚硝基胺与稀盐酸共热则分解成原来的仲胺，因此该反应可用于鉴别、分离和提纯仲胺。叔胺在同样条件下，与 HNO_2 不发生类似的反应。因此，胺与亚硝酸的反应可以区别伯、仲、叔胺。

> **知识拓展**
>
> N-亚硝基化合物包括亚硝胺和亚硝酰胺两大类。亚硝酸盐在 pH 为 1～4 时和胃内胺类物质极易形成 N-亚硝胺。在经检验过的 100 多种亚硝基化合物中，有 80 多种有致癌作用，食物中过量的 N-亚硝基化合物是在食物贮存过程中或在人体内合成的。在天然食物中 N-亚硝基化合物的含量极微，对人体是安全的。目前发现含 N-亚硝基化合物较多的食品有：烟熏鱼、腌制鱼、腊肉、火腿、腌酸菜等。食物中常见的亚硝基化合物多具有挥发性，加热煮沸时随蒸汽一起挥发，同时可加快分解使其失去致癌作用。一般煮沸 15～20min，即可消除食物中绝大部分亚硝基化合物。阳光照射也能有效破坏食物或食品中的亚硝基化合物。

③ 芳胺与亚硝酸的反应：

$$C_6H_5NH_2 \xrightarrow[0\sim 5℃]{NaNO_2 + HCl} \underset{\substack{\text{氯化重氮苯(重氮盐)}\\\text{不稳定(故要在低温下反应)}}}{C_6H_5N_2^+Cl^-} + 2H_2O + NaCl$$

$$\xrightarrow{\triangle} C_6H_5OH$$

此反应称为重氮化反应。

芳香族仲胺与亚硝酸反应，生成棕色油状和黄色固体的亚硝基胺。芳香族叔胺与亚硝酸反应，生成绿色晶体的对亚硝基胺。芳胺与亚硝酸的反应也可用来区别芳香族伯、仲、叔胺。

> **知识拓展**
>
> 重氮和偶氮化合物分子中都含有—N═N—官能团。
>
> 重氮化合物是指重氮基（—N═N—）只有一端与芳香烃基相连，另一端与其他非碳原子或原子团相连，或与 1 个二价烃基直接相连的化合物。例如：
>
> H₂C=N₂　　　　　　　　　　　　　　　　　　　　⎯N═N—OH
> 重氮甲烷　　　　　　　　　　　　　　　　　　　　氢氧化重氮苯
>
> ⎯N⁺═NCl⁻　　　　　⎯N⁺═NHSO₄⁻　　　　⎯N⁺═NBF₄⁻
> 氯化重氮苯　　　　　　硫酸重氮苯　　　　　　氟硼酸重氮苯
> （重氮苯盐酸盐）　　　（重氮苯磺酸盐）　　　（重氮苯氟硼酸盐）
>
> 偶氮化合物是指—N═N—的两端直接与 2 个烃基相连的化合物。例如：
>
> H₃C—N═N—CH₃　　　　　　　H₂N—C(=O)—N═N—C(=O)—NH₂
> 偶氮甲烷　　　　　　　　　　　偶氮二甲酰胺 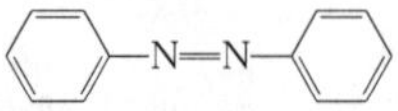
>
> ⎯N═N—⎯　　　　　　　　　　⎯N═N—⎯—OH
> 偶氮苯 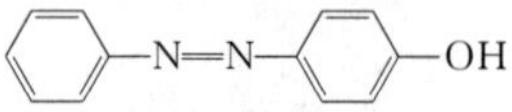　　　　　　　　　　　　对羟基偶氮苯 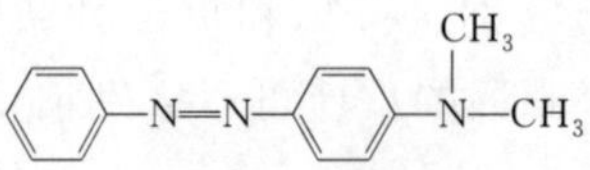
>
> ⎯N═N—⎯—N(CH₃)₂
> 对二甲氨基偶氮苯

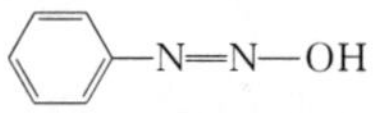

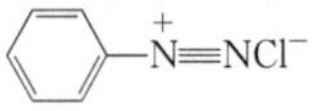

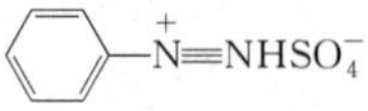

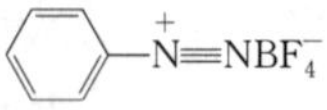

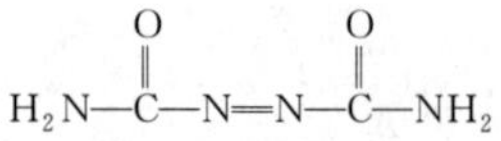

技能训练

提取茶叶中咖啡因

【仪器、试剂】

仪器　索氏提取器、蒸发皿、水浴锅、球形冷凝管（300mm）、圆底烧瓶（100mL）、蒸发皿、漏斗、电子天平、毛细管、熔点测定仪等。

试剂　绿茶叶末、生石灰粉、乙醇（95%）。

【操作步骤】

(1) 用索氏提取器提取粗咖啡因

① 称取绿茶叶末 10g，装入滤纸筒，上口用滤纸盖好，将滤纸筒放入提取器中，在圆底烧瓶内加乙醇 80mL。仪器装置如图 13-1 所示。

② 用水浴加热使乙醇沸腾。乙醇蒸气通过蒸气上升管进入冷凝管，蒸气被冷凝为液体滴入提取器中积聚起来，溶液流回烧瓶。经过多次虹吸，咖啡因被富集到烧瓶中。

③ 回流约 2~3h 后，当提取器内溶液的颜色变得很淡时，即可停止回流。待提取器内的溶液刚刚虹吸下去时，立即停止加热。

④ 将仪器改成蒸馏装置，蒸馏回收抽提液中的大部分乙醇。将残液倾入蒸发皿中，拌

入生石灰粉 4g,将蒸发皿移至灯焰上焙炒片刻,除去水分。冷却后,擦去沾在边上的粉末,以免在升华时污染产品。

(2) 用升华法提纯咖啡因

① 在装有粗咖啡因的蒸发皿上放一张穿有许多小孔的圆滤纸,再把玻璃漏斗盖在上面,漏斗颈部塞一小团疏松的棉花。装置如图 13-2 所示。

图 13-1　索氏提取器图

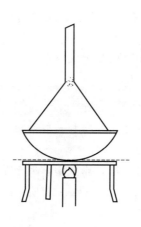
图 13-2　常压升华装置图

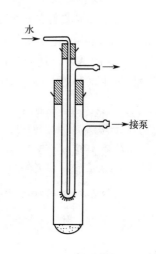
图 13-3　减压升华装置

在石棉网上或砂浴上小心地将蒸发皿加热,逐渐升高温度,使咖啡因升华。(温度不能太高,否则滤纸会炭化变黑,一些有色物质也会被带出来,使产品不纯)咖啡因通过滤纸孔,遇到漏斗内壁,重新冷凝为固体,附在漏斗内壁和滤纸上。当观察到纸上出现大量白色针状晶体时,停止加热。

② 冷到 100℃ 左右,揭开漏斗和滤纸,仔细地把附在纸上及漏斗内壁上的咖啡因用小刀刮下。

③ 将蒸发皿中残渣加以搅拌,重新放好滤纸和漏斗,用较大的火再加热片刻,使升华完全。此时火不能太大,否则蒸发皿内大量冒烟,产品既受污染,又遭损失。

④ 合并两次升华所收集的咖啡因,称量并测熔点。

咖啡因的升华提纯也可采用图 13-3 所示的减压升华装置。将粗咖啡因放入具支试管的底部,把装好的仪器放入油浴中,浸入的深度以直形冷凝管的底部与油表面在同一水平为佳。冷凝管通入冷却水,开动流水泵进行抽气减压,并加热油浴至 180~190℃。咖啡因升华凝结在直形冷凝管上。升华完毕,小心取出冷凝管,将咖啡因刮到洁净的表面皿上。数据记录见表 13-1。

表 13-1　茶叶中咖啡因的提取数据记录表

咖啡因的质量/g	
产率/%	
实验现象	

【注意事项】

① 待升华物质要经充分干燥，否则在升华操作时部分有机物会与水蒸气一起挥发出来，影响分离效果。

② 在蒸发皿上覆盖一层布满小孔的滤纸，主要是为了在蒸发皿上方形成一温差层，使逸出的蒸气容易凝结在玻璃漏斗壁上，提高物质升华的收率。必要时，可在玻璃漏斗外壁敷上冷湿布，以助冷凝。

③ 为了达到良好的升华分离效果，最好采取砂浴或油浴而避免用明火直接加热，使加热温度控制在待纯化物质的三相点温度以下。如果加热温度高于三相点温度就会使不同挥发性的物质一同蒸发，从而降低分离效果。

④ 氧化钙起吸水和中和的作用，以除去部分杂质。

想一想

① 索氏提取器萃取的原理是什么？它和一般的泡浸萃取比较有哪些优点？
② 进行升华操作时应注意什么问题？
③ 分组对不同种类茶叶进行提取，比较咖啡因含量差异。

练习思考

1. 命名下列化合物。

(1) 间硝基乙酰苯胺结构 (2) $CH_3NH_2 \cdot H_2SO_4$ (3) N-甲基-N-乙基苯胺结构 (4) 对甲基苄胺结构

(5) $\underset{CH_2CH_2NH_2}{\overset{CH_2CH_2NH_2}{|}}$ (6) CH_3NC (7) 2-萘胺结构 (8) 苯基异氰酸酯结构 N=C=O

2. 写出下列化合物的结构式。

(1) 2-甲基-3-硝基戊烷 (2) 丙胺 (3) 甲异丙胺 (4) N-乙基间甲苯胺

(5) 对氨基二苯胺 (6) 氢氧化三甲基异丙铵 (7) N-甲基苯磺酰胺

(8) 氯化三甲基对溴苯铵 (9) 对亚硝基-N,N-二甲基苯胺 (10) 丙烯腈

3. 完成下列各反应方程式。

(1) $H_3CO{-}\underset{}{\bigcirc}{-}NHCH_3 + CH_3COCl \longrightarrow ?$

(2) $\bigcirc{-}NHCH_2CH_3 + CH_3I \longrightarrow ?$

(3) $\bigcirc{-}NH_2 + HCl + NaNO_2 \xrightarrow[>5℃]{0\sim5℃} ? \xrightarrow{C_6H_5N(CH_3)_2 / CH_3COONa} ?$

(4) $\bigcirc{-}CONH_2 \xrightarrow[\Delta]{Br_2+NaOH} ? \xrightarrow[0\sim5℃]{NaNO_2+HCl} ? \xrightarrow{CuCN-KCN} ? \xrightarrow[H^+]{H_2O} ?$

(5)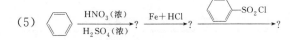

4. 用化学方法鉴别下列各组化合物。

(1) 乙醇　乙醛　乙酸　乙胺

(2) 邻甲苯胺　N-甲基苯胺　N,N-二甲基苯胺

(3) 环己烷　苯胺

附　录

附录一　常用元素国际原子量表

元素	符号	原子量	元素	符号	原子量	元素	符号	原子量
银	Ag	107.868 2	钆	Gd	157.25	铂	Pt	195.078
铝	Al	26.981 54	锗	Ge	72.61	镭	Ra	226.025 4
氩	Ar	39.948	氢	H	1.007 94	铷	Rb	85.467 8
砷	As	74.921 6	氦	He	4.002 60	铼	Re	186.207
金	Au	196.966 5	汞	Hg	200.59	铑	Rh	102.905 5
硼	B	10.811	碘	I	126.904 5	钌	Ru	101.072
钡	Ba	137.33	铟	In	114.82	硫	S	32.066
铍	Be	9.012 18	钾	K	39.098 3	锑	Sb	121.760
铋	Bi	208.980 4	氪	Kr	83.80	钪	Sc	44.955 91
溴	Br	79.904	镧	La	138.905 5	硒	Se	78.963
碳	C	12.011	锂	Li	6.941	硅	Si	28.085 5
钙	Ca	40.078	镥	Lu	174.967	钐	Sm	150.36
镉	Cd	112.41	镁	Mg	24.305	锡	Sn	118.710
铈	Ce	140.12	锰	Mn	54.938 0	锶	Sr	87.62
氯	Cl	35.453	钼	Mo	95.94	钽	Ta	180.947 9
钴	Co	58.933 2	氮	N	14.006 7	碲	Te	127.60
铬	Cr	51.996 1	钠	Na	22.989 77	钍	Th	232.038 1
铯	Cs	132.905 4	钕	Nd	144.24	钛	Ti	47.867
铜	Cu	63.546	氖	Ne	20.179 7	铊	Tl	204.383
镝	Dy	162.50	镍	Ni	58.69	铀	U	238.028 9
铒	Er	167.26	氧	O	15.999 4	钒	V	50.941 5
铕	Eu	151.964	磷	P	30.973 76	钨	W	183.84
氟	F	18.998 403	铅	Pb	207.2	钇	Y	88.905 85
铁	Fe	55.845	钯	Pd	106.42	锌	Zn	65.39
镓	Ga	69.723	镨	Pr	140.907 65	锆	Zr	91.224

附录二 化合物的式量表

分子式	式量	分子式	式量
AgBr	187.77	CdS	144.47
AgCl	143.32	$Ce(SO_4)_2$	332.24
AgCN	133.89	$CoCl_2$	129.84
AgSCN	165.95	$CoCl_2 \cdot 6H_2O$	237.93
Ag_2CrO_4	331.73	$Co(NO_3)_2 \cdot 6H_2O$	291.06
AgI	234.77	$CoSO_4$	154.99
$AgNO_3$	169.87	$CoSO_4 \cdot 7H_2O$	281.10
$AlCl_3$	133.34	$CO(NH_2)_2$	60.09
$AlCl_3 \cdot 6H_2O$	241.43	$CrCl_3$	158.36
$Al(NO_3)_3$	213.00	$Cr(NO_3)_3$	238.01
Al_2O_3	101.96	Cr_2O_3	151.99
$Al(OH)_3$	78.00	$CuCl_2$	134.45
$Al_2(SO_4)_3$	342.14	$CuCl_2 \cdot 2H_2O$	170.48
$Al_2(SO_4)_3 \cdot 18H_2O$	666.41	CuSCN	121.62
As_2O_3	197.84	CuI	190.45
As_2S_3	246.02	$Cu(NO_3)_2$	187.56
$BaCO_3$	197.34	CuO	79.55
BaC_2O_4	225.35	Cu_2O	143.09
$BaCl_2$	208.24	CuS	95.61
$BaCl_2 \cdot 2H_2O$	244.27	$CuSO_4$	159.60
$BaCrO_4$	253.32	$CuSO_4 \cdot 5H_2O$	249.68
BaO	153.33	$FeCl_2$	126.75
$Ba(OH)_2$	171.34	$FeCl_3$	162.21
$BaSO_4$	233.39	$NH_4Fe(SO_4)_2 \cdot 12H_2O$	482.18
$BiCl_3$	315.34	$Fe(NO_3)_3$	241.86
CO_2	44.01	FeO	71.85
CaO	56.08	Fe_2O_3	159.69
$CaCO_3$	100.09	$Fe(OH)_3$	106.87
CaC_2O_4	128.10	FeS	87.91
$CaCl_2$	110.99	Fe_2S_3	207.87
$CaCl_2 \cdot 6H_2O$	219.08	$FeSO_4$	151.91
$Ca(NO_3)_2 \cdot 4H_2O$	236.15	$FeSO_4 \cdot 7H_2O$	278.01
$Ca(OH)_2$	74.10	$(NH_4)_2Fe(SO_4)_2 \cdot 6H_2O$	392.13
$Ca_3(PO_4)_2$	310.18	H_3AsO_3	125.94
$CaSO_4$	136.14	H_3AsO_4	141.94
$CdCO_3$	172.42	H_3BO_3	61.83
$CdCl_2$	183.32	HBr	80.91

续表

分子式	式量	分子式	式量
HCOOH	46.03	$KHC_2O_4 \cdot H_2C_2O_4 \cdot H_2O$	254.19
$CH_3COOH(HAc)$	60.05	$KHSO_4$	136.16
H_2CO_3	62.03	KI	166.00
$H_2C_2O_4$	90.04	KIO_3	214.00
$H_2C_2O_4 \cdot 2H_2O$	126.07	$KMnO_4$	158.03
HCl	36.46	KNO_3	101.10
HF	20.01	KNO_2	85.10
HIO_3	175.91	K_2O	94.20
HNO_3	63.01	KOH	56.11
HNO_2	47.01	K_2SO_4	174.25
H_2O	18.02	$MgCO_3$	84.31
H_2O_2	34.02	$MgCl_2$	95.21
H_3PO_4	98.00	$MgCl_2 \cdot 6H_2O$	203.30
H_2S	34.08	MgC_2O_4	112.33
H_2SO_3	82.07	$Mg(NO_3)_2 \cdot 6H_2O$	256.41
H_2SO_4	98.07	$MgNH_4PO_4$	137.32
$HgCl_2$	271.50	MgO	40.30
Hg_2Cl_2	472.09	$Mg(OH)_2$	58.32
HgI_2	454.40	$Mg_2P_2O_7$	222.55
$Hg(NO_3)_2$	324.60	$MgSO_4 \cdot 7H_2O$	246.47
HgO	216.59	$MnCO_3$	114.95
HgS	232.65	$MnCl_2 \cdot 4H_2O$	197.91
$HgSO_4$	296.65	$Mn(NO_3)_2 \cdot 6H_2O$	287.04
Hg_2SO_4	497.24	MnO	70.94
$KAl(SO_4)_2 \cdot 12H_2O$	474.38	MnO_2	86.94
KBr	119.00	MnS	87.00
$KBrO_3$	167.00	$MnSO_4$	151.00
KCl	74.55	NO	30.01
$KClO_3$	122.55	NO_2	46.01
$KClO_4$	138.55	NH_3	17.03
KCN	65.12	CH_3COONH_4	77.08
KSCN	97.18	NH_4Cl	53.49
K_2CO_3	138.21	$(NH_4)_2CO_3$	96.09
K_2CrO_4	194.19	$(NH_4)_2C_2O_4$	124.10
$K_2Cr_2O_7$	294.18	$(NH_4)_2C_2O_4 \cdot H_2O$	142.11
$K_3Fe(CN)_6$	329.25	NH_4SCN	76.12
$K_4Fe(CN)_6$	368.35	NH_4HCO_3	79.06
$KFe(SO_4)_2 \cdot 12H_2O$	503.24	$(NH_4)_2MoO_4$	196.01
$KHC_2O_4 \cdot H_2O$	146.14	NH_4NO_3	80.04

分子式	式量	分子式	式量
$(NH_4)_2HPO_4$	132.06	$PbCO_3$	267.21
$(NH_4)_2S$	68.14	PbC_2O_4	295.22
$(NH_4)_2SO_4$	132.13	$PbCl_2$	278.11
NH_4VO_3	116.98	$PbCrO_4$	323.19
Na_3AsO_3	191.89	$Pb(CH_3COO)_2$	325.29
$Na_2B_4O_7$	201.22	$Pb(NO_3)_2$	331.21
$Na_2B_4O_7 \cdot 10H_2O$	381.37	PbO	223.20
$NaBiO_3$	297.97	PbO_2	239.20
$NaCN$	49.01	PbS	239.26
$NaSCN$	81.07	$PbSO_4$	303.26
Na_2CO_3	105.99	SO_3	80.06
$Na_2CO_3 \cdot 10H_2O$	286.14	SO_2	64.06
$Na_2C_2O_4$	134.00	$SbCl_3$	228.11
CH_3COONa	82.03	$SbCl_5$	299.02
$CH_3COONa \cdot 3H_2O$	136.08	Sb_2O_3	291.50
$NaCl$	58.44	Sb_2S_3	339.68
$NaClO$	74.44	SiO_2	60.08
$NaHCO_3$	84.01	$SnCl_2$	189.60
$Na_2HPO_4 \cdot 12H_2O$	358.14	$SnCl_2 \cdot 2H_2O$	225.63
$Na_2H_2Y \cdot 2H_2O$	372.24	$SnCl_4$	260.50
$NaNO_2$	69.00	SnO_2	150.69
$NaNO_3$	85.00	SnS_2	150.75
Na_2O	61.98	$SrCO_3$	147.63
Na_2O_2	77.98	SrC_2O_4	175.64
$NaOH$	40.00	$SrCrO_4$	203.61
Na_3PO_4	163.94	$SrSO_4$	183.68
Na_2S	78.04	$ZnCO_3$	125.39
Na_2SO_3	126.04	ZnC_2O_4	153.40
Na_2SO_4	142.04	$ZnCl_2$	136.29
$Na_2S_2O_3$	158.10	$Zn(CH_3COO)_2$	183.47
$Na_2S_2O_3 \cdot 5H_2O$	248.17	$Zn(NO_3)_2$	189.39
$NiCl_2 \cdot 6H_2O$	237.69	ZnO	81.39
NiO	74.69	ZnS	97.44
$NiSO_4 \cdot 7H_2O$	280.85	$ZnSO_4$	161.44
P_2O_5	141.95	$ZnSO_4 \cdot 7H_2O$	287.55

附录三 常见弱酸和弱碱的解离常数 (298.15K)

名 称	化学式	电离常数	名 称	化学式	电离常数
硼酸	H_3BO_3	$K_a = 5.7 \times 10^{-10}$ (20℃)	氢氰酸	HCN	$K_a = 6.2 \times 10^{-10}$
乙酸	CH_3COOH	$K_a = 1.8 \times 10^{-5}$ (20℃)	氢氟酸	HF	$K_a = 3.5 \times 10^{-4}$
碳酸	H_2CO_3	$K_{a_1} = 4.2 \times 10^{-7}$ $K_{a_2} = 5.6 \times 10^{-11}$	亚硫酸	H_2SO_3	$K_{a_1} = 1.5 \times 10^{-2}$ (18℃) $K_{a_2} = 1.0 \times 10^{-7}$ (18℃)
磷酸	H_3PO_4	$K_{a_1} = 7.5 \times 10^{-3}$ $K_{a_2} = 6.3 \times 10^{-8}$ $K_{a_3} = 4.4 \times 10^{-13}$	氢硫酸	H_2S	$K_{a_1} = 1.3 \times 10^{-7}$ $K_{a_2} = 7.1 \times 10^{-15}$
甲酸	HCOOH	$K_a = 1.8 \times 10^{-4}$ (20℃)	苯甲酸	C_6H_5COOH	$K_a = 6.2 \times 10^{-5}$
草酸	$H_2C_2O_4$	$K_{a_1} = 5.9 \times 10^{-2}$ $K_{a_2} = 6.4 \times 10^{-5}$	乙二胺	$H_2NCH_2CH_2NH_2$	$K_{b_1} = 8.5 \times 10^{-5}$ $K_{b_2} = 7.1 \times 10^{-8}$
氨水	$NH_3 \cdot H_2O$	$K_b = 1.79 \times 10^{-5}$	氢氧化钙	$Ca(OH)_2$	$K_{b_1} = 3.74 \times 10^{-3}$ $K_{b_2} = 4.0 \times 10^{-2}$

附录四 常用指示剂与指示液的配制

名 称	配 制 方 法
甲基红指示液	取甲基红 0.1g,加 0.05mol/L 氢氧化钠溶液 7.4mL 使溶解,再加水稀释至 200mL
甲基红-溴甲酚绿混合指示液	取 0.1% 甲基红的乙醇溶液 20mL,加 0.2% 溴甲酚绿的乙醇溶液 30mL,摇匀
甲基橙指示液	取甲基橙 0.1g,加水 100mL 使溶解
甲酚红指示液	取甲酚红 0.1g,加 0.05mol/L 氢氧化钠溶液 5.3mL 使溶解,再加水稀释至 100mL
荧光黄指示液	取荧光黄 0.1g,加乙醇 100mL 使溶解
钙紫红素指示剂	取钙紫红素 0.1g,加无水硫酸钠 10g,研磨均匀
结晶紫指示液	取结晶紫 0.5g,加冰醋酸 100mL 使溶解
酚酞指示液	取酚酞 1g,加乙醇 100mL 使溶解
铬黑 T 指示剂	取铬黑 T 0.1g,加氯化钠 10g,研磨均匀
铬酸钾指示液	取铬酸钾 10g,加水 100mL 使溶解
淀粉指示液	取可溶性淀粉 0.5g,加水 5mL 搅匀后,缓缓倾入 100mL 沸水中,随加随搅拌,继续煮沸 2min,放冷,倾取上层清液。本液应临用新制
硫酸铁铵指示液	取硫酸铁铵 8g,加水 100mL 使溶解
碘化钾淀粉指示液	取碘化钾 0.2g,加新制的淀粉指示液 100mL 使溶解

附录五 难溶电解质的溶度积（298.15K）

难溶化合物	K_{sp}	难溶化合物	K_{sp}
AgBr	5.0×10^{-13}	$HgCl_2$	1.3×10^{-18}
AgCl	1.8×10^{-10}	Hg_2I_2	4.5×10^{-29}
AgI	8.3×10^{-17}	Hg_2S	1.0×10^{-47}
AgOH	2.0×10^{-8}	HgS(红)	4.0×10^{-53}
Ag_2S	6.3×10^{-50}	HgS(黑)	1.6×10^{-52}
Ag_2SO_4	1.4×10^{-5}	$Hg_2(CN)_2$	5×10^{-40}
Ag_2CrO_4	1.1×10^{-12}	MgF_2	6.5×10^{-9}
Ag_2CO_3	8.1×10^{-12}	$MgCO_3$	3.5×10^{-8}
Ag_3PO_4	1.4×10^{-16}	$Mg(OH)_2$	1.8×10^{-11}
AgCN	1.2×10^{-16}	$MgNH_4PO_4$	2.5×10^{-13}
AgSCN	1.0×10^{-12}	$Mn(OH)_2$	1.9×10^{-13}
$Al(OH)_3$	1.3×10^{-33}	$MnCO_3$	1.8×10^{-11}
As_2S_3	2.1×10^{-22}	$Ni(OH)_2$	2.0×10^{-15}
$BaSO_4$	1.1×10^{-10}	NiS	1.4×10^{-24}
$BaCrO_4$	1.2×10^{-10}	$PbCl_2$	1.6×10^{-5}
$BaCO_3$	5.1×10^{-9}	PbF_2	2.7×10^{-8}
BaF_2	1.0×10^{-6}	PbS	8.0×10^{-28}
$Bi(OH)_3$	4×10^{-31}	$PbSO_4$	1.6×10^{-8}
$CaCO_3$	2.8×10^{-9}	$PbCrO_4$	2.8×10^{-13}
CaF_2	2.7×10^{-11}	$PbCO_3$	7.4×10^{-14}
$CaC_2O_4 \cdot H_2O$	4×10^{-9}	$Pb(OH)_2$	1.2×10^{-15}
$Ca_3(PO_4)_2$	2.0×10^{-29}	$Pb_3(PO_4)_2$	8.0×10^{-43}
$CaSO_4$	9.1×10^{-6}	$Pb_3(AsO_4)_2$	4.0×10^{-36}
$Cd(OH)_2$	2.5×10^{-14}	$Sb(OH)_3$	4×10^{-42}
CdS	8.0×10^{-27}	SnS	1.0×10^{-25}
$Co(OH)_2$	1.6×10^{-15}	$Sn(OH)_2$	1.4×10^{-28}
$Co(OH)_3$	2×10^{-44}	$Sn(OH)_4$	1.0×10^{-56}
$Cr(OH)_3$	6.3×10^{-31}	SrF_2	2.5×10^{-9}
CuI	1.1×10^{-12}	$SrSO_4$	3.2×10^{-7}
Cu_2S	2×10^{-48}	SrC_2O_4	5.61×10^{-8}
CuSCN	4.8×10^{-15}	$SrCO_3$	1.1×10^{-10}
$Cu(OH)_2$	2.2×10^{-20}	$Sr_3(PO_4)_2$	4.0×10^{-28}
CuS	6.3×10^{-36}	$SrCrO_4$	2.2×10^{-5}
$FeCO_3$	3.2×10^{-11}	$ZnCO_3$	1.4×10^{-11}
$Fe(OH)_2$	8.0×10^{-16}	$Zn(OH)_2$	1.2×10^{-17}
FeS	3.7×10^{-19}	$Zn_3(PO_4)_2$	9.0×10^{-33}
$Fe(OH)_3$	4.0×10^{-38}	ZnS	1.2×10^{-23}
$FePO_4$	1.3×10^{-22}	$Zn_2[Fe(CN)_6]$	4.0×10^{-16}

附录六 配离子的稳定常数 (298.15K)

配离子	K_f	$\lg K_f$	配离子	K_f	$\lg K_f$
$[AgCl_2]^-$	1.74×10^5	5.24	$[Hg(SCN)_4]^{2-}$	7.75×10^{21}	21.89
$[AgBr_2]^-$	2.14×10^7	7.33	$[Ni(CN)_4]^{2-}$	1.0×10^{22}	22.00
$[Ag(NH_3)_2]^+$	1.6×10^7	7.20	$[Ni(NH_3)_6]^{2+}$	5.5×10^8	8.74
$[Ag(S_2O_3)_2]^{3-}$	2.88×10^{13}	13.46	$[Ni(en)_2]^{2+}$	6.31×10^{13}	13.80
$[Ag(CN)_2]^-$	1.26×10^{21}	21.10	$[Ni(en)_3]^{2+}$	1.15×10^{18}	18.06
$[Ag(SCN)_2]^-$	3.72×10^7	7.57	$[SnCl_4]^{2-}$	30.2	1.48
$[AgI_2]^-$	5.5×10^{11}	11.7	$[SnCl_6]^{2-}$	6.6	0.82
$[AlF_6]^{3-}$	6.9×10^{19}	19.84	$[Zn(CN)_4]^{2-}$	5.0×10^{16}	16.70
$[Al(C_2O_4)_3]^{3-}$	2.0×10^{16}	16.30	$[Zn(NH_3)_4]^{2+}$	2.88×10^9	9.46
$[Au(CN)_2]^-$	2.0×10^{38}	38.30	$[Zn(OH)_4]^{2-}$	1.4×10^{15}	15.15
$[CdCl_4]^{2-}$	3.47×10^2	2.54	$[Zn(SCN)_4]^{2-}$	20	1.30
$[Cd(CN)_4]^{2-}$	1.1×10^{16}	16.04	$[Zn(C_2O_4)_3]^{4-}$	1.4×10^8	8.15
$[Cd(NH_3)_4]^{2+}$	1.3×10^7	7.11	$[Zn(en)_2]^{2+}$	6.76×10^{10}	10.83
$[Cd(NH_3)_6]^{2+}$	1.4×10^5	5.15	$[Zn(en)_3]^{2+}$	1.29×10^{14}	14.11
$[CdI_4]^{2-}$	1.26×10^6	6.10	$[AgY]^{3-}$	2.09×10^7	7.32
$[Co(SCN)_4]^{2-}$	1.0×10^3	3.00	$[AlY]^-$	2.0×10^{16}	16.30
$[Co(NH_3)_6]^{2+}$	1.29×10^5	5.11	$[BaY]^{2-}$	7.24×10^7	7.86
$[Co(NH_3)_6]^{3+}$	1.58×10^{35}	35.20	$[BiY]^-$	8.71×10^{27}	27.94
$[CuCl_2]^-$	3.6×10^5	5.56	$[CaY]^{2-}$	4.90×10^{10}	10.69
$[CuCl_4]^{2-}$	4.17×10^5	5.62	$[CoY]^{2-}$	2.04×10^{16}	16.31
$[CuI_2]^-$	5.7×10^8	8.76	$[CoY]^-$	1.0×10^{36}	36.00
$[Cu(CN)_2]^-$	1.0×10^{24}	24.00	$[CdY]^{2-}$	2.88×10^{16}	16.46
$[Cu(CN)_4]^{2-}$	2.0×10^{27}	27.30	$[CrY]^-$	2.5×10^{23}	23.40
$[Cu(NH_3)_2]^+$	7.4×10^{10}	10.87	$[CuY]^{2-}$	6.31×10^{18}	18.80
$[Cu(NH_3)_4]^{2+}$	2.08×10^{13}	13.32	$[FeY]^{2-}$	2.09×10^{14}	14.32
$[Cu(en)_2]^+$	1.0×10^{18}	18.00	$[FeY]^-$	1.26×10^{25}	25.10
$[Cu(en)_3]^{2+}$	1.0×10^{21}	21.00	$[HgY]^{2-}$	5.01×10^{21}	21.70
$[Fe(CN)_6]^{4-}$	1.0×10^{35}	35.00	$[MgY]^{2-}$	5.0×10^8	8.70
$[Fe(CN)_6]^{3-}$	1.0×10^{42}	42.00	$[MnY]^{2-}$	7.41×10^{13}	13.87
$[FeF_6]^{3-}$	1.0×10^{16}	16.00	$[NiY]^{2-}$	4.17×10^{18}	18.62
$[Fe(C_2O_4)_3]^{4-}$	1.66×10^5	5.22	$[PbY]^{2-}$	1.1×10^{18}	18.04
$[Fe(C_2O_4)_3]^{3-}$	1.59×10^{20}	20.20	$[PbY]^{2-}$	3.16×10^{18}	18.50
$[Fe(SCN)_6]^{3-}$	1.5×10^3	3.18	$[ScY]^{2-}$	1.26×10^{23}	23.10
$[HgCl_4]^{2-}$	1.2×10^{15}	15.08	$[SrY]^{2-}$	5.37×10^8	8.73
$[HgI_4]^{2-}$	6.8×10^{20}	20.83	$[SnY]^{2-}$	1.29×10^{22}	22.11
$[Hg(CN)_4]^{2-}$	3.3×10^{41}	41.52	$[ZnY]^{2-}$	3.16×10^{16}	16.50

参 考 文 献

[1] 高琳主编. 基础化学. 4版. 北京：高等教育出版社，2019：127.
[2] 李田霞. 无机与分析化学. 北京：化学工业出版社，2019：38-45，77-98.
[3] 吴华. 无机与分析化学. 北京：化学工业出版社，2018：38-67，14-138.
[4] 立春民. 无机与分析化学. 北京：中国林业出版社，2018：42-85，211-212，223-224.
[5] 潘亚芬. 基础化学. 北京：清华大学出版社，2012：151-166，277-291.
[6] 曾昭琼. 有机化学. 3版. 北京：高等教育出版社，1993.
[7] 黄涛. 有机化学实验. 2版. 北京：高等教育出版社，1998：200.
[8] 高职高专化学教材编写组. 有机化学实验. 5版. 北京：高等教育出版社，2020：84，48，18，23.
[9] 吴华. 基础化学. 北京：化学工业出版社，2020：116，182-220.
[10] 李明梅. 医药化学基础. 北京：化学工业出版社，2015：95-133.
[11] 程春杰. 有机化学. 北京：化学工业出版社，2021：152-165.
[12] 赵玉娥. 基础化学. 3版. 北京：化学工业出版社，2018：67-68.
[13] 袁加程. 基础化学. 北京：化学工业出版社，2017：139.
[14] 关小变. 基础化学. 北京：化学工业出版社，2018：162-163.
[15] 王静. 无机及分析化学. 北京：高等教育出版社，2015：153-154.
[16] 张龙. 化学分析技术. 北京：中国农业出版社，2009：46-47.
[17] 程春杰. 有机化学. 北京：化学工业出版社，2021：152-165.
[18] 刘丹赤. 基础化学实验. 北京：中国轻工业出版社，2020：31，34，48.
[19] 徐英岚. 无机与分析化学. 3版. 北京：中国农业出版社，2016：71.
[20] 刘斌. 无机及分析化学. 北京：高等教育出版社，2008：277.
[21] GB/T 601—2016.
[22] GB 8978—1996.
[23] HJ 828—2017.
[24] HJ 537—2009.
[25] HJ 484—2009.
[26] 王有志. 水质分析技术. 北京：化学工业出版社，2021.
[27] 方正军. 化学化工类课程思政精选案例. 北京：化学工业出版社，2021：79-81.
[28] 李强林. 化学与人生哲理. 重庆：重庆大学出版社，2020：22，44，76，103-105.